AutoUni – Schriftenreihe

Band 124

Reihe herausgegeben von / Edited by
Volkswagen Aktiengesellschaft
AutoUni

Die Volkswagen AutoUni bietet Wissenschaftlern und Promovierenden des Volkswagen Konzerns die Möglichkeit, ihre Forschungsergebnisse in Form von Monographien und Dissertationen im Rahmen der „AutoUni Schriftenreihe" kostenfrei zu veröffentlichen. Die AutoUni ist eine international tätige wissenschaftliche Einrichtung des Konzerns, die durch Forschung und Lehre aktuelles mobilitätsbezogenes Wissen auf Hochschulniveau erzeugt und vermittelt.

Die neun Institute der AutoUni decken das Fachwissen der unterschiedlichen Geschäftsbereiche ab, welches für den Erfolg des Volkswagen Konzerns unabdingbar ist. Im Fokus steht dabei die Schaffung und Verankerung von neuem Wissen und die Förderung des Wissensaustausches. Zusätzlich zu der fachlichen Weiterbildung und Vertiefung von Kompetenzen der Konzernangehörigen, fördert und unterstützt die AutoUni als Partner die Doktorandinnen und Doktoranden von Volkswagen auf ihrem Weg zu einer erfolgreichen Promotion durch vielfältige Angebote – die Veröffentlichung der Dissertationen ist eines davon. Über die Veröffentlichung in der AutoUni Schriftenreihe werden die Resultate nicht nur für alle Konzernangehörigen, sondern auch für die Öffentlichkeit zugänglich.

The Volkswagen AutoUni offers scientists and PhD students of the Volkswagen Group the opportunity to publish their scientific results as monographs or doctor's theses within the "AutoUni Schriftenreihe" free of cost. The AutoUni is an international scientific educational institution of the Volkswagen Group Academy, which produces and disseminates current mobility-related knowledge through its research and tailor-made further education courses. The AutoUni's nine institutes cover the expertise of the different business units, which is indispensable for the success of the Volkswagen Group. The focus lies on the creation, anchorage and transfer of knew knowledge.

In addition to the professional expert training and the development of specialized skills and knowledge of the Volkswagen Group members, the AutoUni supports and accompanies the PhD students on their way to successful graduation through a variety of offerings. The publication of the doctor's theses is one of such offers. The publication within the AutoUni Schriftenreihe makes the results accessible to all Volkswagen Group members as well as to the public.

Reihe herausgegeben von / Edited by
Volkswagen Aktiengesellschaft
AutoUni
Brieffach 1231
D-38436 Wolfsburg
http://www.autouni.de

Weitere Bände in der Reihe http://www.springer.com/series/15136

Martin Kumke

Methodisches Konstruieren von additiv gefertigten Bauteilen

 Springer

Martin Kumke
Wolfsburg, Deutschland

Zugl.: Dissertation, Technische Universität Braunschweig, 2018

Die Ergebnisse, Meinungen und Schlüsse der im Rahmen der AutoUni – Schriftenreihe veröffentlichten Doktorarbeiten sind allein die der Doktorandinnen und Doktoranden.

AutoUni – Schriftenreihe
ISBN 978-3-658-22208-6   ISBN 978-3-658-22209-3   (eBook)
https://doi.org/10.1007/978-3-658-22209-3

Die Deutsche Nationalbibliothek verzeichnet diese Publikation in der Deutschen National-bibliografie; detaillierte bibliografische Daten sind im Internet über http://dnb.d-nb.de abrufbar.

Springer ist ein Imprint der eingetragenen Gesellschaft Springer Fachmedien Wiesbaden GmbH und ist ein Teil von Springer Nature
Die Anschrift der Gesellschaft ist: Abraham-Lincoln-Str. 46, 65189 Wiesbaden, Germany

Methodisches Konstruieren
von additiv gefertigten Bauteilen

Von der Fakultät für Maschinenbau
der Technischen Universität Carolo-Wilhelmina zu Braunschweig

zur Erlangung der Würde

eines Doktor-Ingenieurs (Dr.-Ing.)

genehmigte Dissertation

von:	Martin Kumke
aus:	Weener (Ems)

eingereicht am:	11. September 2017
mündliche Prüfung am:	8. Februar 2018

Gutachter:	Prof. Dr.-Ing. Thomas Vietor
	Prof. Dr.-Ing. Sandro Wartzack

2018

Inhaltsverzeichnis

Abbildungsverzeichnis

Tabellenverzeichnis

Abkürzungsverzeichnis

3DP	3D Printing
AFS	Allgemeine Funktionsstruktur
AM	Additive Manufacturing
AMT	Additive Manufacturing Technology
CAD	Computer-Aided Design
CFK	Kohlenstofffaserverstärkter Kunststoff
CLIP	Continuous Liquid Interface Production
CNC	Computerized Numerical Control
CS	Cold Spray (Kaltgasspritzen)
DED	Directed Energy Deposition
DFA	Design for Assembly
DfAM	Design for Additive Manufacturing
DFM	Design for Manufacturing
DFMA	Design for Manufacturing and Assembly
DfX	Design for X
DLP	Digital Light Processing
DMD	Direct Metal Deposition
EBDM	Electron Beam Direct Manufacturing
EBF^3	Electron Beam Freeform Fabrication
EBM	Electron Beam Melting (Elektronenstrahlschmelzen)
EOP	End of Production
FDM	Fused Deposition Modeling
FEM	Finite-Elemente-Methode
FFF	Fused Filament Fabrication
FGM	Functionally Graded Material
FLM	Fused Layer Modeling/Manufacturing
FMEA	Failure Mode and Effect Analysis (Fehlermöglichkeits- und -einflussanalyse)
FVK	Faserverstärkter Kunststoff
GFK	Glasfaserverstärkter Kunststoff
LA	Laserauftragschweißen
LBM	Laser Beam Melting (Laser-Strahlschmelzen)
LENS	Laser Engineered Net Shaping
LLM	Layer Laminate Manufacturing (Schicht-Laminat-Verfahren)

LOM	Laminated Object Manufacturing
LS	Laser-Sintern
MJF	Multi-Jet Fusion
MJM	Multi-Jet Modeling
MPA	Metall-Pulver-Auftrag
NVH	Noise Vibration Harshness
PBF	Powder Bed Fusion (Pulverbettschmelzen)
PEP	Produktentstehungsprozess
PJM	Poly-Jet Modeling
PUR	Polyurethan
QFD	Quality Function Deployment
RM	Rapid Manufacturing
RP	Rapid Prototyping
RT	Rapid Tooling
SL	Stereolithografie
SLA	StereoLithography Apparatus
SLM	Selective Laser Melting (Selektives Laserschmelzen)
SLS	Selective Laser Sintering (Selektives Lasersintern)
SMS	Selective Mask Sintering (Selektives Maskensintern)
SOP	Start of Production
STL	Surface Tesselation Language, Standard Triangulation Language, Standard Tesselation Language
TRIZ	Theorie des erfinderischen Problemlösens
UV	Ultraviolett

Kurzfassung

Additive Fertigungsverfahren (Additive Manufacturing, AM) eignen sich durch aktuelle technologische Fortschritte zunehmend auch für die Herstellung von Werkzeugen und Endprodukten. Im Vergleich zu anderen Fertigungsverfahren eröffnen sie insbesondere neue Freiheiten in der Konstruktion, die beispielsweise zur Optimierung hinsichtlich Leichtbau, Effizienz und Funktionsintegration eingesetzt werden können. Zum Ausschöpfen der konstruktiven Potenziale ist ein Umdenken in der Bauteil- und Baugruppengestaltung erforderlich. Im jungen Forschungsfeld „Design for Additive Manufacturing" (DfAM) liegen erste Methoden und Hilfsmittel für das AM-gerechte Konstruieren vor, die unter anderem in Konstruktionsregelsammlungen und Ansätzen zur Nutzung der konstruktiven Freiheiten bestehen. Diese wurden jedoch weitgehend isoliert voneinander entwickelt, waren nicht in eine Gesamtmethodik integriert, förderten selten die simultane Berücksichtigung mehrerer Freiheiten und waren kaum für die praktische Konstruktionsarbeit aufbereitet, sodass Konstrukteure bei der Entwicklung innovativer AM-Produkte bislang unzureichend unterstützt wurden.

In dieser Arbeit werden die konstruktiven Freiheiten der additiven Fertigung im Vergleich zu anderen Fertigungsverfahren abgeleitet, hinsichtlich ihres konkreten Mehrwerts analysiert und gesamtheitlich klassifiziert. Darauf aufbauend wird eine an additive Fertigungsverfahren angepasste Konstruktionsmethodik entwickelt, die erstmals auf einem gesamtmethodischen Vorgehensmodell analog zu klassischen Ansätzen wie VDI-Richtlinie 2221 basiert. In dieses Rahmenwerk werden sowohl bestehende als auch neu entwickelte Methoden und Hilfsmittel integriert. Im Gegensatz zu bestehenden Forschungsarbeiten werden zahlreiche Konstruktionsarten, Anwendererfahrungen, Systemgrenzen und Konstruktionsziele berücksichtigt. Die angepasste Konstruktionsmethodik ermöglicht dadurch die systematische Ausnutzung der konstruktiven Möglichkeiten additiver Fertigungsverfahren. Alle Bestandteile der Methodik werden in Form eines interaktiven, Wiki-basierten Konstruktionskompendiums in die industrielle Praxis transferiert. Durch Beispielanwendungen und Zielgruppenbefragungen werden die praktische Einsetzbarkeit und der Mehrwert sowohl der Methodik als auch der interaktiven Umsetzung demonstriert.

Abstract

Due to current technological progress, additive manufacturing (AM) is increasingly suitable for producing tools and end-use products. Compared to other manufacturing technologies, it particularly offers new degrees of freedom in engineering design, which can, for example, be used for lightweight design, increased efficiency, and functional integration. Exploiting these potentials requires rethinking the design of parts and assemblies. For this purpose, the young research field "Design for Additive Manufacturing" (DfAM) has put forth some first methods and tools which include, amongst others, design rule collections and approaches for leveraging new degrees of freedom. However, these methods and tools were developed independently of each other, were not integrated into an overall methodology, did hardly foster the simultaneous consideration of more than one design potential, and did not focus explicitly on practical applicability. Design engineers were thus not sufficiently supported in developing innovative AM products.

In this thesis, additive manufacturing design potentials are derived from a comparison to other manufacturing processes, analyzed in terms of their benefits, and thoroughly classified. Based on this, a design methodology tailored to additive manufacturing is developed. For the first time, a generic methodological procedure model similar to well-established approaches such as guideline VDI 2221 serves as the basis. Existing as well as new methods and tools are then integrated into this framework. In contrast to previous research, multiple types of design problems, user expertise, system boundaries, and design goals are taken into account. The adapted design methodology thereby allows the systematic exploitation of additive manufacturing design potentials. All components of the methodology are transferred to industrial practice by means of an interactive, wiki-based design compendium. Practical applicability and additional benefit both of the methodology and the interactive implementation are demonstrated through example applications and target group surveys.

1 Einleitung

1.1 Motivation und Ausgangslage

Die additive Fertigung wird als disruptive Technologie deklariert, die sowohl einzelne Produkte und Geschäftsmodelle als auch ganze Branchen im Sinne einer industriellen Revolution nachhaltig verändern kann [Ber12; Man13b; Pil15; Vil14]. In der Vergangenheit wurden ihre Möglichkeiten anhand verschiedenster Bauteile demonstriert. Hierzu gehörten zum einen komplexe Serienanwendungen wie hochbelastete metallische Komponenten aus der Luft- und Raumfahrt oder patientenindividuelle Dentalimplantate und Prothesen [Guo13]. Zum anderen wurden weitere Potenziale der Technologie aufgezeigt, indem sie beispielsweise auf die Fertigung kompletter Fahrzeuge, Häuser oder Organe übertragen wurde [Kes15; Man13a; Mol17].

Hohe Erwartungen an die additive Fertigung werden von der aktuellen Marktentwicklung gefördert: Analysten rechnen von 2017 bis 2023 mit einem durchschnittlichen jährlichen Marktwachstum von 25,8 %, sodass der Gesamtwert von ca. 5 Milliarden US-Dollar im Jahr 2015 auf voraussichtlich ca. 33 Milliarden US-Dollar im Jahr 2023 wachsen wird [Mar17]. Zusätzlich zur wissenschaftlich fundierten Untersuchung der Möglichkeiten additiver Fertigungsverfahren haben in den vergangenen Jahren auch populärwissenschaftliche Medien zu einem Hype um die Technologie beigetragen [ED13; For13; The12]

Tatsächlich handelt es sich bei der additiven Fertigung (engl. „Additive Manufacturing", AM), die umgangssprachlich auch als „3D-Druck" bezeichnet wird, um einen Oberbegriff, unter dem eine Vielzahl unterschiedlicher Verfahren subsumiert wird. Die ersten wurden bereits in den 1980er-Jahren kommerzialisiert und für die Herstellung von Prototypenbauteilen im industriellen Produktentwicklungsprozess eingesetzt. Die Gemeinsamkeit aller additiven Fertigungsverfahren besteht in ihrem Grundprinzip: Bauteile werden durch Hinzufügen von Material Schicht für Schicht aufgebaut, ohne dass hierfür eine Form oder andere produktspezifische Vorbereitungen nötig sind, weshalb die Verfahren auch als „werkzeuglos" bezeichnet werden. Es gibt unzählige Verfahrensvarianten, bei denen beispielsweise flüssiges Harz gezielt belichtet und ausgehärtet wird, Metallpulver durch einen Laser aufgeschmolzen wird oder Kunststoffdrähte strangweise neben- und übereinander abgelegt werden, wodurch sukzessive die gewünschte Bauteilgeometrie entsteht [Geb13; Gib15].

Im industriellen Kontext bietet das Additive Manufacturing mehrere Vorteile gegenüber anderen Fertigungsverfahren. Zuallererst können kleine Stückzahlen wirtschaftlich und verhältnismäßig schnell hergestellt werden, da weder Investitionen noch Erstellungszeiten für Werkzeuge anfallen. Dadurch lassen sich weitere Potenziale realisieren, z. B. die kundenindividuelle Anpassung von Produkten und eine Reduktion von Lagerbeständen durch eine bedarfsgerechtere Produktion. Dieser Vorteil begründet den frühen Einsatz im sogenannten „Rapid Prototyping"; aufgrund höher Fertigungsgenauigkeiten und verbesserter Material-

© Springer Fachmedien Wiesbaden GmbH, ein Teil von Springer Nature 2018
M. Kumke, *Methodisches Konstruieren von additiv gefertigten Bauteilen*,
AutoUni – Schriftenreihe 124, https://doi.org/10.1007/978-3-658-22209-3_1

eigenschaften wird er zunehmend auf die Herstellung von Betriebsmitteln und Endprodukten übertragen [Geb13; Gib15].

Als weiteren wesentlichen Vorteil bieten additive Fertigungsverfahren neue Gestaltungsfreiheiten in der Konstruktion. Theoretisch können alle vom Konstrukteur erdachten Geometrien unmittelbar gefertigt werden – ähnlich wie beim 2D-Laserdruck, bei dem die Komplexität einer zu druckenden Zeichnung keine Rolle spielt [Bal13]. Dies steht in deutlichem Gegensatz zu anderen Fertigungsverfahren, bei denen zahlreiche Restriktionen des fertigungsgerechten Konstruierens beachtet werden müssen, die die herstellbare Formenvielfalt einschränken: Gussbauteile müssen nach dem Gießvorgang hinterschnittfrei aus ihrer Form entnehmbar sein, Bleche lassen sich nur begrenzt umformen, Bohrungen können nicht ihre Richtung ändern bzw. um die Ecke verlaufen. Additive Fertigungsverfahren ermöglichen dagegen weitgehend, Material ausschließlich dort zu platzieren, wo es aus funktionaler Sicht benötigt wird. Durch den gezielten Einsatz dieser konstruktiven Freiheiten können optimierte Produkte realisiert werden [Gao15].

Trotz seiner konstruktiven Potenziale hat das Additive Manufacturing sich noch nicht als anerkannte Alternative im industriellen Fertigungsverfahrenportfolio etabliert. Die Mehrheit der Konstrukteure kennt die Möglichkeiten und Grenzen klassischer Produktionsverfahren und beherrscht das fertigungsgerechte Konstruieren für diese Verfahren. Kenntnisse zu additiven Fertigungstechnologien und ihren Einsatzmöglichkeiten sind dagegen deutlich weniger verbreitet. Die fehlende Expertise im Konstruieren für additive Fertigungsverfahren ist ein wesentliches Hindernis für ihre flächendeckende Anwendung [Hua15]. Nicht zuletzt sind sie vielfach nach wie vor als reine Prototypenverfahren stigmatisiert und fristen daher insbesondere für einsatzfertige Produkte ein Nischendasein [Pet11].

1.2 Wissenschaftliche Einordnung und Problemstellung

Zur Berücksichtigung der Besonderheiten additiver Fertigungsverfahren in der Konstruktion hat sich das Forschungsfeld *Design for Additive Manufacturing* (DfAM) herausgebildet. Darin werden zum einen die konstruktiven Besonderheiten untersucht und häufig anhand von Beispielanwendungen veranschaulicht. Zum anderen werden Vorgehensweisen, Methoden und Hilfsmittel entwickelt, die Konstrukteure beim nötigen Umdenkprozess für additive Fertigungsverfahren unterstützen sollen. Gegenüber der Forschung zur technologischen Weiterentwicklung der additiven Fertigungsverfahren selbst ist die DfAM-Forschung jedoch deutlich jünger und stand bis vor kurzem weniger im Fokus, sodass die Konstruktionsmethodik der rasanten Weiterentwicklung der Verfahrenstechnik bislang nicht standhalten konnte.

Obwohl in der additiven Fertigung häufig das Paradigma vorherrscht, alles sei problemlos herstellbar, gibt es auch hier konstruktive Grenzen, deren Untersuchung die DfAM-Forschung bislang dominierte. Schwerpunkt ist die Ermittlung von Konstruktionsregeln, z. B. für minimal herstellbare Wanddicken [Ada15a]. Darüber hinaus werden im DfAM zur Ausschöpfung der konstruktiven Freiheiten beispielsweise allgemeine Richtlinien bereitgestellt oder angepasste Kreativitätsmethoden erarbeitet [Bec05; Lav15]. In einigen Ansätzen werden beide Elemente miteinander kombiniert, z. B. zur Topologieoptimierung [Lea14].

Im Design for Additive Manufacturing fehlt jedoch bislang eine detaillierte Untersuchung zu der ganz grundlegenden Fragestellung, welche konstruktiven Potenziale die additive Fertigung im Vergleich zu anderen Verfahren tatsächlich bietet. DfAM-Ansätze wurden außerdem weitgehend isoliert voneinander entwickelt und sind kaum durch geeignete Schnittstellen miteinander verbunden. Die Zersplitterung der Forschungslandschaft ist auch dadurch begründet, dass Autoren die allgemeine Konstruktionsmethodik nach Pahl/Beitz, VDI-Richtlinie 2221 und ähnlichen etablierten generischen – und somit gleichermaßen fertigungsverfahrensunabhängigen – Modellen bislang weder als natürliche gemeinsame Basis zugrunde legen noch eine Einordnung ihrer Ansätze in die typischen Phasen des Konstruktionsprozesses vornehmen. Sie lassen häufig auch allgemeine Methoden und Hilfsmittel des Konstruierens unberücksichtigt, obwohl viele davon beispielsweise das kreative Öffnen des Lösungsraums zur Nutzung neugewonnener Freiheiten fördern können. Der geringe Bezug zur allgemeinen Konstruktionsmethodik führt auch dazu, dass DfAM-Ansätze häufig nur ein einziges Konstruktionsziel fokussieren (z. B. Leichtbau), sodass das Erzielen innovativer Lösungen durch Ausschöpfen mehrerer konstruktiver Potenziale erschwert wird. Nicht zuletzt bleibt offen, wie der Transfer der neuen Methoden und Hilfsmittel in die industrielle Anwendung gelingen soll. Konsequenz der beschrieben Defizite ist, dass die konstruktiven Potenziale der additiven Fertigung in der Ingenieurspraxis mindestens teilweise ungenutzt bleiben.

1.3 Zielsetzung und Vorgehensweise

Aufbauend auf dem beschriebenen Forschungsdefizit ist das Ziel dieser Arbeit, eine an die Besonderheiten additiver Fertigungsverfahren angepasste und praktisch anwendbare Konstruktionsmethodik zu erarbeiten, um die Ausnutzung der konstruktiven Potenziale bestmöglich zu unterstützen. Konkret soll ein Beitrag zur Beantwortung folgender Forschungsfragen geleistet werden:

1. Worin bestehen die konstruktiven Potenziale additiver Fertigungsverfahren im Einzelnen?

2. Inwiefern ist der Konstruktionsprozess an die Eigenschaften additiver Fertigungsverfahren anzupassen? Welche Vorgehensweisen, Methoden und Hilfsmittel können Konstrukteure bei ihrer Arbeit unterstützen?

3. Auf welche Weise kann die Methodik zum Konstruieren für additive Fertigungsverfahren interessierten Anwendern in der Praxis zur Verfügung gestellt werden?

Um das Ziel zu erreichen und die einzelnen Forschungsfragen zu beantworten, werden der in Abbildung 1.1 dargestellte Aufbau und die nachfolgend beschriebene Vorgehensweise verwendet.

Zur Einordnung und Bewertung des Stands der Technik werden in Kapitel 2 zunächst die Grundlagen der additiven Fertigung vorgestellt. Hierdurch soll ein Verständnis für die

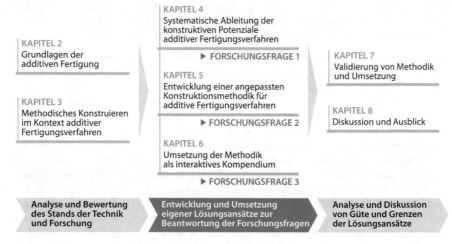

Abbildung 1.1: Aufbau der Arbeit

Prozesskette und die Charakteristika der verschiedenen Technologien geschaffen werden, nicht zuletzt um abschätzen zu können, inwiefern Potenziale und Restriktionen über alle additiven Verfahren verallgemeinerbar sind, und um gegebenenfalls bestimmte Verfahren im weiteren Verlauf der Arbeit zu fokussieren.

Anschließend werden in Kapitel 3 die Grundzüge der klassischen allgemeinen Konstruktionsmethodik vorgestellt, in die der Stand der Forschung im Konstruieren für additive Fertigungsverfahren eingeordnet wird. Durch eine umfassende Literaturauswertung im Design for Additive Manufacturing werden der Forschungsbedarf und das Vorhaben im Rahmen dieser Arbeit konkretisiert. Stets werden hierbei auch Aspekte der praktischen Anwendbarkeit einzelner Ansätze in der industriellen Produktentwicklung berücksichtigt.

Zur Beantwortung von Forschungsfrage 1 werden die konstruktiven Freiheiten additiver Fertigungsverfahren in Kapitel 4 aus ihren inhärenten Merkmalen sowie durch einen strukturierten Vergleich mit konventionellen Fertigungsverfahren ermittelt. Auf dieser Grundlage werden die Mehrwerte (Nutzenversprechen) für Produkte, Kunden und Unternehmen abgeleitet. Zusammen werden die Potenziale klassifiziert und in eine Systematik überführt, um Abhängigkeiten aufzuzeigen und die Grundlage für eine geeignete Konstruktionsmethodik zu schaffen.

In Kapitel 5 steht Forschungsfrage 2 im Fokus: Auf Basis der gewonnenen Erkenntnisse wird eine an die Besonderheiten additiver Fertigungsverfahren angepasste Konstruktionsmethodik erarbeitet, die sämtliche Konstruktionsphasen, -arten und -ziele sowie verschiedene Anwenderbedürfnisse abdeckt. In die Methodik werden Methoden und Hilfsmittel integriert, die aus allgemeinen und DfAM-spezifischen Ansätzen abgeleitet werden. Die Methodik wird durch ein Nutzungskonzept vervollständigt.

Zum Transfer der Ergebnisse gemäß Forschungsfrage 3 wird in Kapitel 6 ein Ansatz erarbeitet, der auf den Anforderungen aus der Praxis basiert. Das Konzept wird vollständig als sogenanntes Kompendium umgesetzt und für die industrielle Anwendung bereitgestellt.

Wenngleich die Eignung einer Methodik und ihrer praktischen Umsetzung kaum generisch nachweisbar ist, wird in Kapitel 7 eine teilweise Validierung der erarbeiteten Ansätze durchgeführt. Diese besteht zum einen in einer praktischen Anwendung der Methodik in verschiedenen Beispielprojekten, zum anderen in einer Akzeptanzuntersuchung des Kompendiums.

In Kapitel 8 werden die Ergebnisse der Arbeit vor dem Hintergrund der Forschungsfragen zusammengefasst und kritisch hinsichtlich ihres Mehrwerts für Theorie und Praxis sowie ihrer Limitationen diskutiert. Auf dieser Basis wird ein Ausblick auf zukünftige Forschungsarbeiten gegeben.

2 Grundlagen der additiven Fertigung

In diesem Kapitel wird der Stand der Technik additiver Fertigungsverfahren dargestellt. Nach einer kurzen Einführung (Abschnitt 2.1) und einer Beschreibung der additiven Prozesskette (Abschnitt 2.2) werden die verschiedenen Verfahrensarten erläutert und einander gegenübergestellt (Abschnitt 2.3). Anschließend werden Potenziale und Anwendungsbeispiele (Abschnitt 2.4) sowie aktuelle Restriktionen (Abschnitt 2.5) beschrieben.

2.1 Einführung und Abgrenzung

Verfahrensprinzip und Begriffsdefinitionen   Additive Fertigung wird wie folgt definiert [AST12; Bal13; Geb13, 3 f., 24; Gib15, 2, 7 ff.; VDI14]:

> **Definition 1:** *Additive Fertigungsverfahren* sind Fertigungsverfahren, bei denen das Bauteil – im Gegensatz zu subtraktiven Verfahren – durch Hinzufügen von Volumenelementen oder Schichten direkt aus digitalen 3D-Daten automatisiert aufgebaut wird oder auf einem bestehenden Werkstück weitere Volumenelemente aufgebaut werden. Wesentliches Merkmal aller Verfahren ist der Entfall produktspezifischer Werkzeuge und Vorbereitungen („werkzeuglose Fertigung").

In Wissenschaft und Praxis ist im Zusammenhang mit additiven Fertigungsverfahren eine Vielzahl an Begriffen üblich, die jedoch nur in wenigen Fällen eindeutig definiert bzw. genormt sind und deren Verwendung daher uneinheitlich ist. Bereits für die Klasse der Fertigungsverfahren haben sich verschiedene Begriffe etabliert. Während im Englischen in ASTM-Standard F2792 Additive Manufacturing (AM) bzw. Additive Manufacturing Technologies (AMT) als Oberbegriffe genormt sind [AST12], werden im Deutschen insbesondere die Begriffe generative Fertigung/Fertigungsverfahren und additive Fertigung/Fertigungsverfahren verwendet. Während „generative Fertigung" die deutschsprachige Literatur zunächst dominierte und auch in der zurückgezogenen VDI-Richtlinie 3404 verwendet wurde [VDI09a], setzt „additive Fertigung" sich als direkte Übersetzung aus dem Englischen zunehmend durch und wird auch in der neuen VDI-Richtlinie 3405 verwendet [VDI14].

Weitere umfassende Bezeichnungen sind unter anderem (Additive) Layer Manufacturing, Rapid-Technologien/-Verfahren, Schichtbauverfahren, Automated Fabrication, (Solid) Freeform Fabrication und Layer-Based Manufacturing [Bey14; Bre13, 11 ff.; Geb13, 3, 12 f.; Gib15, 7 ff.; Zäh06, 9 ff.]. In dieser Arbeit werden als Oberbegriffe stets additive Fertigung/Fertigungsverfahren sowie synonym Additive Manufacturing mit AM als etablierte Abkürzung verwendet.

Ungeachtet aller wissenschaftlichen Definitionen löst der Begriff 3D-Drucken, der seinen Ursprung im MIT-Patent zum 3D Printing hat und somit eigentlich eine Verfahrensvariante bezeichnet, zunehmend alle anderen Begriffe ab und wird mindestens in der Praxis aufgrund seiner Anschaulichkeit als Sammelbegriff für additive Fertigung verwendet [Geb13, 3]. Da

© Springer Fachmedien Wiesbaden GmbH, ein Teil von Springer Nature 2018
M. Kumke, *Methodisches Konstruieren von additiv gefertigten Bauteilen*,
AutoUni – Schriftenreihe 124, https://doi.org/10.1007/978-3-658-22209-3_2

nahezu alle additiven Technologien schichtweise arbeiten, handelt es sich jedoch genau genommen um 2,5-D-Verfahren [Ber13, 7].

Rapid Prototyping, Rapid Tooling und Rapid Manufacturing   Im Anfangsstadium ihrer Entwicklung wurden additive Fertigungsverfahren insbesondere zur Herstellung von Prototypenbauteilen angewendet. Da sie den bis dahin üblichen zeitaufwendigen Prozess zur Erstellung von Prototypen drastisch verkürzten – statt dem traditionellen manuellen Modellbau können Modelle automatisch direkt aus CAD-Daten generiert werden –, wird diese AM-Anwendung Rapid Prototyping genannt. Additive Fertigungsverfahren werden daher allgemein auch als Rapid-Technologien bezeichnet, wenngleich „schnell" lediglich in Relation zum klassischen Prototypenbau unumstritten ist [Bre13, 12; Bur05, 74; Geb13, 309 ff.; Gib15, 2, 8 f.; Fel13d]. Gemäß dem jeweiligen Anwendungsfall wird insbesondere unterschieden zwischen Rapid Prototyping und Rapid Manufacturing. Diese Begriffe werden folgendermaßen definiert:

Definition 2: *Rapid Prototyping (RP)* bezeichnet das Herstellen von Modellen/Prototypen durch additive Fertigungsverfahren. Prototypen sind Bauteile, die nicht als Endprodukte eingesetzt werden (können), sondern lediglich bestimmte zu evaluierende (z. B. optische oder geometrische) Eigenschaften eines in Entwicklung befindlichen Produkts besitzen und dadurch den Produktentstehungsprozess unterstützen [Bre13, 12; Geb13, 7 f., 309; Hop06, 1].

Definition 3: *Rapid Manufacturing (RM)* oder Direct Manufacturing bezeichnet die additive Fertigung von Endprodukten, die auch Ziel- oder Serienbauteile genannt werden. Endprodukte sind marktgängige Bauteile, die sämtliche in der Produktentwicklung festgelegte Eigenschaften aufweisen, z. B. hinsichtlich Werkstoff und Konstruktion [Bre13, 12; Geb13, 9 f., 421; Hop06, 1].

RP und RM können weiter untergliedert werden. Innerhalb des Prototypings wird unterschieden zwischen Design-/Konzeptmodellen, die vornehmlich zur Visualisierung und als Geometrieprototypen für Einbauuntersuchungen verwendet werden, und Funktionsprototypen, die bereits einige Funktionscharakteristika des späteren Serienbauteils zumindest für begrenzte Zeit erfüllen und somit zur Funktionsabsicherung zum Einsatz kommen [Geb13, 7 f.]. Eine noch detailliertere Einteilung der Modellklassen stellt beispielsweise VDI-Richtlinie 3404 zur Verfügung [VDI09a].

Eine Sonderrolle nimmt das Rapid Tooling ein, das teilweise auch als eigene Anwendungskategorie angesehen wird. Wird ein Werkzeug als Bauteil verstanden, kann es ebenfalls als Prototyp oder Serienprodukt vorliegen. Die Definition lautet daher:

Definition 4: *Rapid Tooling (RT)* bezeichnet das Herstellen von Werkzeugen, Werkzeugeinsätzen, Lehren und Formen durch additive Fertigungsverfahren. Handelt es sich um Prototypenwerkzeuge, zählen sie zum Prototyping (Prototype Tooling); stellen die Werkzeuge Endprodukte dar, werden sie dem Rapid Manufacturing zugeordnet (Direct Tooling) [Bre13, 12; Geb13, 10 f., 375 ff.].

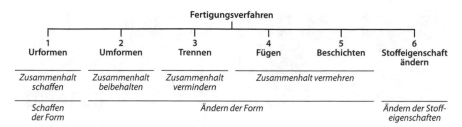

Fertigungsverfahren					
1	2	3	4	5	6
Urformen	Umformen	Trennen	Fügen	Beschichten	Stoffeigenschaft ändern
Zusammenhalt schaffen	Zusammenhalt beibehalten	Zusammenhalt vermindern	Zusammenhalt vermehren		
Schaffen der Form		Ändern der Form			Ändern der Stoffeigenschaften

Abbildung 2.1: Hauptgruppen der Fertigungsverfahren nach DIN 8580 [DIN03a]

Grundsätzlich können für RP, RT und RM dieselben additiven Technologien zum Einsatz kommen, solange die jeweils erforderlichen Bauteileigenschaften erreicht werden [Geb13, 421 ff.]. Näheres zur besonderen Eignung einzelner Verfahren für spezifische Anwendungen wird in Abschnitt 2.3 erläutert.

Einordnung in die Gesamtheit der Fertigungsverfahren Gemäß DIN 8580 werden Fertigungsverfahren in sechs Hauptgruppen eingeteilt, die auf den wesentlichen Unterscheidungsmerkmalen der Verfahren basieren (Abbildung 2.1). Entweder wird die Form aus formlosem Stoff geschaffen (Hauptgruppe 1), oder die Form wird unter Beibehaltung, Verminderung oder Vermehrung des Zusammenhalts geändert (Hauptgruppen 2–5), oder die Stoffeigenschaften werden verändert (Hauptgruppe 6). Die Hauptgruppen werden weiter in Gruppen und Untergruppen unterteilt [DIN03a].

Eine eindeutige Einordnung additiver Verfahren in die Hauptgruppenordnung ist nicht möglich. In der Literatur werden sie größtenteils dem Urformen zugeordnet [Fri12, 106; Mei04, 11]. Dies ist für einige Verfahren korrekt, trifft aber nicht bei allen Verfahren zu. Vielmehr kommt häufig eine Kombination zum Einsatz, z. B. aus Fügen und Trennen. Andere Verfahren wiederum sind eindeutig dem Beschichten zuzuordnen [Geb13, 91]. Aufgrund dessen würden additive Fertigungsverfahren genau genommen eine Strukturierung der Fertigungsverfahren auf anderer Grundlage oder eine Erweiterung um eine zusätzliche Hauptgruppe erfordern. Alternativ kann die im Englischen gebräuchliche Unterscheidung zwischen subtraktiven, formativen und additiven Fertigungsverfahren verwendet werden [Geb13, 1].

2.2 Prozesskette

Trotz der Unterschiede, die zwischen den additiven Fertigungsverfahren bestehen, kann eine allgemeine Prozesskette aufgestellt werden, die für alle Verfahren ähnlich ist. Additive Fertigung läuft in folgenden Schritten ab, die in Abbildung 2.2 veranschaulicht sind [Chu15, 20–28; Geb13, 26–46; Gib15, 3–6, 43–52; VDI14; Zäh06, 14–31]:

1. *CAD-Daten-Erzeugung:* Wie beim Einsatz anderer Fertigungsverfahren werden zunächst 3D-CAD-Daten generiert. Hierzu können einerseits etablierte allgemeine oder AM-

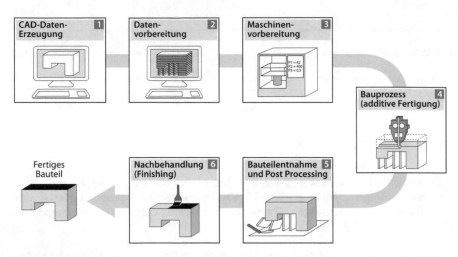

Abbildung 2.2: Prozesskette der additiven Fertigung

spezifische neue CAD-Systeme zum Einsatz kommen, andererseits können auch 3D-Scans bestehender Bauteile verwendet werden. Die Konstruktion kann sowohl mittels Volumenelementen als auch mittels Flächen erfolgen. Um eine erfolgreiche Fertigung zu gewährleisten, müssen die CAD-Modelle in einem geeigneten Format vorliegen.

2. *Datenvorbereitung:*

a) *Datenkonvertierung und -reparatur:* Das STL-Dateiformat ist der aktuelle De-facto-Standard bei Einsatz additiver Fertigungsverfahren. Grundkonzept dieses Formats ist die Darstellung der Modelloberflächen durch Dreiecksfacetten. Gekrümmte Geometrien, z. B. Radien und Kugeln, werden durch Dreiecke angenähert. Die Auflösung, d. h. die Größe der Dreiecke, ist somit sorgfältig festzulegen. Bei der Konvertierung in das STL-Format entstehen häufig Fehler (z. B. nicht geschlossene Flächen oder invertierte Dreiecke), sodass eine Reparatur der STL-Datei mithilfe spezieller Software erforderlich ist. Trotz großer Automatisierungserfolge erfordert die Datenreparatur nicht selten manuelle Eingriffe. AM-spezifische Dateiformate wie das AMF-Format mit erweitertem Informationsgehalt (z. B. Mehrfarbigkeit von Modellen) sollen das STL-Format langfristig ablösen.

b) *Erstellung von Fertigungsdaten:* Mit diesem Schritt übernimmt in der Regel der Fachbereich Produktion oder ein externer Fertigungsdienstleister die Verantwortung für die AM-Prozesskette. Im Rahmen der Datenvorbereitung werden für jedes Bauteil zunächst die Position im Bauraum der AM-Maschine („Nesting") und die Orientierung festgelegt. Letztere ist eine zentrale Einflussgröße, da die Oberflächenqualität bei vielen AM-Verfahren in Abhängigkeit von der Orientierung variiert. Ferner erfordern viele additive Fertigungsverfahren sogenannte Stützstrukturen („Supports"), die das

Bauteil an die Bauplattform anbinden, es im Bauprozess stabilisieren und/oder der Wärmeabfuhr dienen. Die Stützstrukturen werden nach Festlegung der Orientierung von der Datenvorbereitungssoftware generiert. Nicht zuletzt wird ggf. die Größe des Bauteils angepasst, z. B. in Abhängigkeit von bekannten Schrumpfungseffekten. Bei Bedarf werden weitere Modifikationen am CAD-Modell vorgenommen, indem beispielsweise Löcher zur Entfernung von überschüssigem Baumaterial aus Hohlräumen ergänzt werden. Trotz spezieller Softwarefunktionen zur automatischen Positionierung und Orientierung (z. B. zur gezielten Stützstrukturminimierung) erfordert die Datenvorbereitung häufig ein hohes Maß an Erfahrung. Im letzten Schritt wird das Bauteil mithilfe der Software in Schichten geschnitten („Slicing") und für jede Schicht die Informationen zu ihrer Erzeugung definiert, z. B. die Bewegungskonturen des Lasers („Hatching").

3. *Maschinenvorbereitung:* Neben der Einstellung der Maschinenparameter (z. B. Belichtungszeiten des Lasers), die in der Regel auf Basis von Standardparametersätzen vorgenommen wird, ist für einige Verfahrensarten eine physische Maschinenvorbereitung erforderlich, z. B. Einbau und Ausrichten der Bauplattform. Die Schritte zur virtuellen und physischen Maschinenvorbereitung sind zurzeit nur teilweise automatisiert.

4. *Bauprozess (additive Fertigung):* Die eigentliche Bauteilgenerierung erfolgt vollautomatisch mithilfe eines additiven Fertigungsverfahrens. Die Verfahrensarten werden in Abschnitt 2.3 beschrieben. Gegebenenfalls ist eine regelmäßige Prozessüberwachung durch den Maschinenbetreiber erforderlich.

5. *Bauteilentnahme und Post Processing:* Nach Fertigstellung des Bauprozesses (und einer teilweise erforderlichen Abkühlzeit) werden die Bauteile aus der Maschine entnommen sowie ggf. gereinigt und nachbearbeitet. Dieser Schritt kann in Abhängigkeit von der Verfahrensart zeit- und kostenintensiv sein. Vor der Bauteilentnahme muss bei vielen Verfahren beispielsweise überschüssiges Baumaterial entfernt werden (z. B. Absaugen von Pulver). Im Rahmen des Post Processings sind ggf. das Entfernen von Stützstrukturen sowie Nachbearbeitungsschritte zur Verbesserung der Werkstoffeigenschaften (z. B. Infiltration) erforderlich, bis das Bauteil einsatzbereit ist.

6. *Nachbehandlung (Finishing):* Während das Post Processing die zwingend erforderlichen Schritte zur Herstellung der technologisch erreichbaren Bauteileigenschaften enthält [VDI14], werden im Rahmen der Nachbehandlung ggf. weitere Schritte durchgeführt, z. B. zur Verbesserung der Oberflächenqualität. Hierfür werden weitere Fertigungsverfahren angewendet, z. B. spanende Verfahren zur Bearbeitung von Funktionsflächen.

In der Prozesskette sind verschiedene Fachbereiche beteiligt, insbesondere die Konstruktion und die Fertigung. Darüber hinaus ist die Ausprägung einzelner Prozessschritte, z. B. ihr zeitlicher Aufwand, verfahrensabhängig. Dies hat Einfluss auf die vergleichende Bewertung der Verfahrensarten (Abschnitt 2.3.2).

2.3 Verfahrensarten

In diesem Abschnitt wird eine Übersicht über die verschiedenen additive Fertigungsverfahren vorgestellt (Abschnitt 2.3.1). Auf Basis ihrer Eigenschaften werden die Verfahren anschließend bewertet und einander gegenübergestellt (Abschnitt 2.3.2). Darüber hinaus wird die Bedeutung von Weiter- und Neuentwicklungen aufgezeigt (Abschnitt 2.3.3).

2.3.1 Übersicht

Ähnlich wie bei der Einordnung in die Gesamtheit der Fertigungsverfahren ist auch die Klassifikation innerhalb der additiven Fertigungsverfahren in der Literatur nicht einheitlich. Unter anderem werden folgende Klassifizierungsmöglichkeiten vorgeschlagen: Aggregatzustand/ Form des verwendeten Ausgangsmaterials, Art des Modellaufbaus, Anwendungsgebiet, verarbeitbaren Werkstoffen sowie physikalischem/technologischem Wirkprinzip [Chu15, 6 ff.; Geb13, 47, 92; Kru91; Mei04, 14; Pha03; Zäh06, 33]. In Wissenschaft und Praxis hat sich die kombinierte Einteilung nach Aggregatzustand/Form des Ausgangsmaterials und Wirkprinzip durchgesetzt [Bre13, 26; Geb13, 47, 92; Kir11, 20–21; Mei04, 14]. Aus dieser Kombination lassen sich Oberbegriffe für *Verfahrensfamilien* ableiten. Zur weiteren Unterteilung dient das schichterzeugende Element, wobei sich in der Vergangenheit aus der Vielzahl an Kombinationsmöglichkeiten innerhalb der Familien jeweils nur wenige schichterzeugende Elemente als geeignet herausgestellt haben [Emm13a; Geb13, 90]. Diese Klassifikation ist in Abbildung 2.3 dargestellt und wird im Rahmen dieser Arbeit verwendet.

In der Abbildung sind die Verfahrensabkürzungen aus VDI-Richtlinie 3405 verwendet [VDI14]. In der Praxis werden häufig andere Bezeichnungen als generischer Oberbegriff für ihre jeweilige Verfahrensfamilie verwendet; diese sind jedoch häufig von Maschinenherstellern als eingetragene Markenzeichen geschützt [Geb13, 102]. Neben den ausgewählten Verfahren existieren zum Teil weitere, die jedoch entweder wieder vom Markt verschwunden sind oder lediglich leichte Abwandlungen der bekannten Verfahren darstellen. Diese Verfahren werden nicht näher betrachtet.

Ausführliche Beschreibungen der Verfahrensprinzipien inkl. verarbeitbaren Werkstoffen, spezifischen Vorteilen und Nachteilen sowie Einsatzbereichen befinden sich in Anhang A. Stellvertretend wird an dieser Stelle lediglich das Prinzip des Laser-Strahlschmelzens (Laser Beam Melting, LBM) kurz vorgestellt, das in Abbildung 2.4 grafisch dargestellt ist. Beim LBM-Verfahren, auch bekannt als Selective Laser Melting (SLM), befindet sich in einem Baubehälter metallisches Pulver, das gemäß der jeweiligen Schichtinformation durch eine Laser-Scanner-Einheit lokal belichtet wird. Dadurch werden die Pulverpartikel aufgeschmolzen und verbinden sich nach einer kurzen Abkühlung zu einer festen Schicht. Nach Fertigstellung einer Schicht wird die Bauplattform um eine Schichtdicke abgesenkt. Durch einen Auftragsmechanismus wird aus einem Vorratsbehälter neues Pulver aufgebracht und der Prozess beginnt erneut. Um Oxidation und Verzug vorzubeugen, wird der Bauraum teilweise vorgeheizt und unter Schutzgasatmosphäre gesetzt. Zusätzlich zum nicht verschmolzenen Pulver sind solide Stützstrukturen erforderlich, um lokale Aufhärtungen,

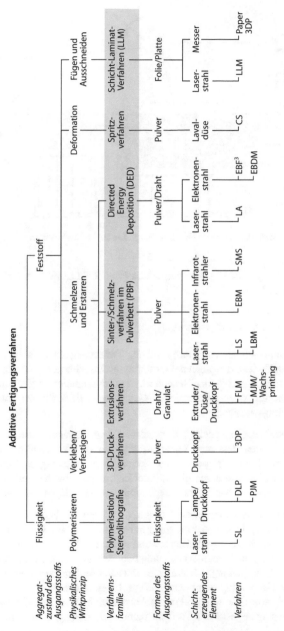

Abbildung 2.3: Klassifikation additiver Fertigungsverfahren nach Aggregatzustand/Form des Ausgangsmaterials und physikalischem Wirkprinzip

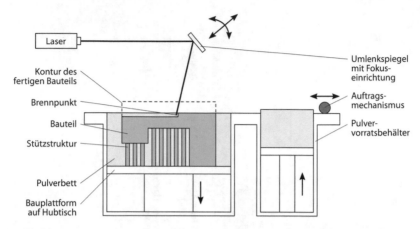

Abbildung 2.4: Prinzip des additiven Fertigens durch Laser-Strahlschmelzen

Spannungen, Verzüge und Risse zu vermeiden [Bre13, 31 f.; Fel13d; Geb13, 59 f.; Gib15, 112–122; Hag13, 3]

2.3.2 Gegenüberstellung und Bewertung

AM-Verfahren unterscheiden sich aufgrund der Verfahrensprinzipien hinsichtlich ihrer Eigenschaften. Die Verfahren können auf Grundlage verarbeitbarer Werkstoffe, ihrer Vorteile und Nachteile sowie spezifischer Besonderheiten miteinander verglichen werden. Tabelle 2.1 enthält eine aus Anhang A abgeleitete Gegenüberstellung für die aktuell verbreitetsten additiven Fertigungsverfahren.

Die vergleichende Bewertung zeigt insbesondere die verfahrensspezifischen Vor- und Nachteile. Es ist zu beachten, dass auch Verfahren mit einer verhältnismäßig schlechten Gesamtbewertung aufgrund anderer spezifischer Vorteile ihre Berechtigung haben, im Fall von 3D Printing beispielsweise durch die Möglichkeit, vollfarbige Modelle herzustellen. Die Auswahl des geeignetsten Verfahrens hängt somit vom jeweiligen Anwendungsfall ab.

Für viele Anwendungen sind insbesondere die Materialeigenschaften von hoher Bedeutung, zumal diese in der Regel nicht oder nur unter hohem Aufwand im Nachhinein verbessert werden können oder durch das physikalische Wirkprinzip des Verfahrens grundlegend begrenzt werden. Maßhaltigkeit und Oberflächenqualität eines Bauteils lassen sich hingegen in vielen Fällen durch Nachbearbeitungsschritte (z. B. Fräsen) erhöhen, wenngleich dadurch höhere Fertigungskosten in Kauf genommen werden müssen. Auch das Kriterium der aktuellen Werkstoffauswahl spielt für viele praktische Anwendungen eine Rolle, da beispielsweise für die Bauteilauslegung abgesicherte Werkstoffkennwerte vorliegen müssen.

Über die vergleichende Bewertung hinaus gibt es weitere charakteristische Eigenschaften, die Verfahren voneinander abgrenzen. Dies sind die grundsätzliche Eignung eines Verfahrens für

Tabelle 2.1: Gegenüberstellung additiver Fertigungsverfahren

	Stereolithografie (SL)	Poly-Jet/Multi-Jet Modeling (PJM/MJM)	3D Printing	Fused Layer Modeling (FLM)	Laser-Sintern (LS)	Laser-Strahlschmelzen (LBM)	Elektronenstrahlschmelzen (EBM)	Directed Energy Deposition (DED)	Kaltgasspritzen (CS)	Schicht-Laminat-Verfahren (LLM)
Werkstoffe										
Kunststoff	•	•	•	•	•					•
Metall					•	•	•	•	•	•
Keramik	•		•		•					
Sand			•		•					
Papier										•
Vergleichende Bewertung										
Mechanische Eigenschaften	−	−	−−	+	++	++	++	++	++	−
Thermische Eigenschaften	−	−	−−	++	++	++	++	++	++	o
Chemische Eigenschaften	o	−−	−−	++	++	++	++	++	++	−−
Genauigkeit	++	+	o	−	+	+	+	−	o	o
Oberflächenqualität	++	++	o	−	o	o	o	−	o	−
Bearbeitbarkeit	o	+	o	o	+	++	++	++	+	o
Werkstoffauswahl	−	−	+	+	+	+	o	+	+	+
Multimaterialfähig	Nein	Ja	Nein	Ja	Begrenzt	Begrenzt	Begrenzt	Ja	Ja	Nein
Stützstrukturen	Ja	Ja	Nein	Ja	Nein	Ja	Ja	Teilweise	Ja	Nein
Kammergebunden	Ja	Ja	Ja	Nein	Ja	Ja	Ja	Nein	Nein	Ja
Fokus in dieser Arbeit				✓	✓	✓	✓	✓		

Legende: Werkstoffe: • Werkstoff verarbeitbar; Bewertung: ++ sehr gut, + gut, o durchschnittlich, − schlecht, −− sehr schlecht
Bewertung auf Basis der Verfahrensbeschreibungen in Anhang A sowie [Bre13, 39; Geb13, 329; Gru15, 47; Kir11, 43; Man15; Sov13; VDI14]

die Verarbeitung mehrerer Werkstoffe in einem einzigen Bauteil (Multimaterialfähigkeit), die Notwendigkeit der Fertigung von Stützstrukturen, die insbesondere Einfluss auf konstruktive Freiheiten und Post Processing hat, sowie die Möglichkeit, Bauteile ohne Beschränkung auf eine Baukammer aufzubauen, was beispielsweise die Skalierbarkeit beeinflusst.

Der Schwerpunkt liegt in dieser Arbeit auf Verfahren, die eine Eignung für das Rapid Manufacturing aufweisen und darüber hinaus kommerzialisiert sind. Diese Anforderung erfüllen das Extrusionsverfahren Fused Layer Modeling (FLM), die Pulverbettverfahren Laser-Sintern (LS), Laser-Strahlschmelzen (LBM) und Elektronenstrahlschmelzen (EBM) sowie das Pulverdüseverfahren Directed Energy Deposition (DED), die daher als zentrale betrachtete Verfahren ausgewählt werden. Das Kaltgasspritzen (CS) steht trotz seiner RM-Eignung nicht im Fokus, da die Maschinen aktuell nur von einem Anbieter hergestellt und zudem nicht vertrieben, sondern nur für Dienstleistungen durch den Anbieter selbst eingesetzt werden.

Die Gegenüberstellung in Tabelle 2.1 stellt eine Momentaufnahme des aktuellen Stands der Technik dar. Weiter- und Neuentwicklungen können die Bewertung zugunsten anderer Verfahren verschieben.

2.3.3 Bedeutung neuer Verfahren

Die bislang vorgestellten Verfahren sind in der industriellen Anwendung überwiegend bereits seit längerem etabliert. Darüber hinaus gibt es zahlreiche Verfahrensvarianten sowie aktuelle Weiter- und Neuentwicklungen.

Zu den Varianten bestehender AM-Verfahren gehören beispielsweise die Mikro- und Nano-stereolithografie als SL-Spezialverfahren [Bre13, 28; Cic11; Geb13, 131 ff.] oder das Bio-printing von Geweben und Organen, welches beispielsweise mit Sonderformen der Extrusi-onsverfahren möglich ist [Mur14]. Darüber hinaus werden kontinuierlich neue Materialien für die AM-Verarbeitung entwickelt und qualifiziert [Bre13; Geb13; Gib15].

In zahlreichen Forschungsarbeiten werden bekannte Verfahren weiterentwickelt, insbesonde-re zur Verringerung aktueller Nachteile. Beispielsweise besteht beim LBM-Verfahren ein Ansatz zur Erhöhung der Baugeschwindigkeit darin, nicht nur im Sinne einer evolutionären Entwicklung die Leistung einzelner Laser-Scanner-Einheiten zu erhöhen [Buc11], sondern stattdessen Diodenlaser in einem Druckkopf als schichterzeugendes Element zu verwenden [Fri15]. Verfahrensweiterentwicklungen beim FLM-Verfahren bestehen beispielsweise in der Einbettung von Endlos-Kohlefasern sowie in der Verwendung von 6-Achs-Robotern zur Extruderbewegung, die es im Gegensatz zur konventionellen Führung auf zwei Linearachsen ermöglicht, auf Freiformgeometrien bestehender Bauteile aufzubauen [Fis15; Prü15].

Darüber hinaus werden regelmäßig neue AM-Verfahren veröffentlicht und patentiert; teil-weise handelt es sich hierbei um Kombinationen aus verschiedenen Verfahrensfamilien (Abbildung 2.3). Aktuelle Beispiele sind das Kunststoff-Freiformen der Firma Arburg – ein Drop-on-Demand-Verfahren, das als Ausgangsstoff Standardgranulat verwendet, dieses in einer Schnecke extrudiert und über eine Piezodüse tröpfchenweise aufträgt [Gau15] –, das

Verfahren Multi-Jet Fusion (MJF) der Firma Hewlett Packard [Gor15], das Verfahren Continuous Liquid Interface Production (CLIP) von Carbon3D [Tum15] und die Verarbeitung metallischer Werkstoffe im FLM-Verfahren [Lie16].

Verbesserte oder neue Verfahren verschieben insbesondere die Verfahrensgrenzen und beeinflussen die Wirtschaftlichkeit des AM-Einsatzes. Sie ändern jedoch nichts am allgemeinen Prinzip der additiven Bauteilerzeugung (Abschnitt 2.1) und nur in seltenen Fällen, d. h. nur bei revolutionären Neuentwicklungen, die grundsätzlichen AM-inhärenten Potenziale (Abschnitt 2.4).

2.4 Potenziale und Anwendungsbeispiele

Additive Fertigungsverfahren bieten zahlreiche Potenziale, die neben der schnellen Herstellung von Prototypen zunehmend auch die Fertigung von Endprodukten umfassen. Große Mengen an Anwendungsbeispielen aus Wissenschaft und Praxis reichen von der Demonstration der technischen Möglichkeit, bestimmte Produkte additiv zu fertigen, bis hin zu innovativen Geschäftsmodellen, in denen durch den Einsatz additiver Verfahren ein besonderer Nutzen generiert wird. In diesem Abschnitt erfolgt daher nicht nur eine einfache Aufzählung einzelner Vorteile und Anwendungsbeispiele, sondern auch eine Einordnung in eine Klassifikation.

BALDINGER ET AL. (2013) stellen einen Ansatz zur Bewertung der strategischen Relevanz von AM vor, dessen Grundidee darin besteht, die Potenziale – dort als Hebel und Nutzenversprechen bezeichnet – systematisch aus den besonderen Eigenschaften der Technologie abzuleiten [Bal13]. Die folgende Analyse fußt auf dieser Grundidee und orientiert sich an der grafischen Gesamtdarstellung in Abbildung 2.5.

Die identifizierten *Eigenschaften additiver Fertigungsverfahren* sind in Erweiterung von Definition 1:

E1. *Additiv:* punkt- oder schichtweises Hinzufügen von Material ohne abtragendes Werkzeug oder Formen;

E2. *Digital:* CAD-Daten als direkter Input für die Maschine ohne Zwischenschritt über physische Hilfsmittel/Werkzeuge;

E3. *Generisch:* Herstellung unterschiedlicher Produkte auf derselben Maschine ohne produktspezifische Modifikationen;

E4. *Direkt:* vollständige Bauteilfertigung auf einer einzigen Maschine, abgesehen von Nachbearbeitung.

Damit ein Fertigungsverfahren als additives Verfahren gilt, müssen alle vier Eigenschaften erfüllt sein. Beim CNC-Fräsen beispielsweise handelt es sich zwar ebenfalls um ein digitales, direktes und weitgehend generisches Verfahren, das jedoch subtraktiv und nicht additiv arbeitet. Dies bedeutet somit gleichzeitig, dass einzelne Potenziale auch anderen

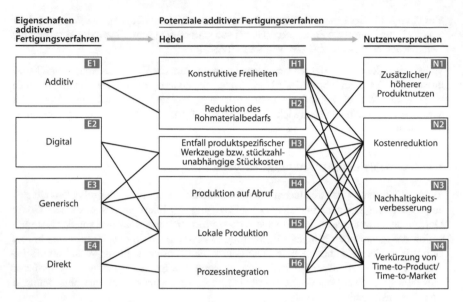

Abbildung 2.5: Ableitung von Potenzialen aus den Eigenschaften additiver Fertigungsverfahren
(auf Grundlage von [Bal13])

Fertigungsverfahren zugeschrieben werden können, in Kombination jedoch nur für additive
Fertigungsverfahren gelten.

Die AM-Eigenschaften führen als Konsequenz zu sogenannten *Hebeln*, die bereits Potenziale
– d. h. per Definition noch nicht ausgeschöpfte Möglichkeiten [Dud17] – sind. Die Hebel sind
jedoch nur „Mittel zum Zweck" und haben keinen unmittelbaren Nutzen für ein fertigendes
Unternehmen oder seine Kunden. Folgende Hebel können identifiziert werden:

H1. *Konstruktive Freiheiten:* AM bietet die Möglichkeit, komplexe konstruktive Lösun-
gen umzusetzen, die mit anderen Fertigungsverfahren nicht bzw. nur unter hohem
Aufwand realisierbar wären [Pop15]. AM-spezifische Gestaltungsfreiheiten ermögli-
chen beispielsweise, bionisch inspirierte oder innenliegende Strukturen sowie feine
Gitterstrukturen zu fertigen, Funktionsintegration zu betreiben oder mehrere Werkstoffe
in einem Bauteil einzusetzen [AK08; Bec05; Bre13; Emm11a; Pet11; Prü15; Reh10;
Ris14; Sch15; Vid13; Wan13]. Die konstruktiven Freiheiten als Schwerpunkt dieser
Arbeit werden in Kapitel 4 im Detail untersucht.

H2. *Reduktion des Rohmaterialbedarfs:* Bei subtraktiven Prozessen (z. B. Fräsen) wird
zur Bauteilherstellung Material sukzessive von einem Ausgangskörper entfernt, wodurch je nach Bauteil erhebliche Mengen an Abfallmaterial entstehen (beim Fräsen:
Zerspanvolumen), die recycelt werden müssen. Im Gegensatz dazu wird bei AM nur
dort Material hinzugefügt, wo es für Bauteilgeometrie oder Stützstruktur benötigt wird;
überschüssiges Material kann häufig ohne aufwendige Aufbereitung wiederverwendet

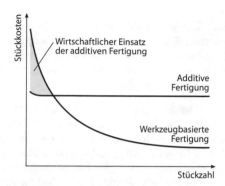

Abbildung 2.6: Einfluss der Stückzahl auf die Stückkosten in Abhängigkeit vom Fertigungsverfahren (in Anlehnung an [Atz10; Hop03; Pop15])

werden (Anhang A). Der Bedarf an Ausgangsmaterial kann somit im Vergleich zu anderen Fertigungsverfahren reduziert werden [Ree08; Pet11].

H3. *Entfall produktspezifischer Werkzeuge/stückzahlunabhängige Stückkosten:* Durch den Entfall produktspezifischer Werkzeuge, Hilfsmittel und Vorbereitungen sind die Kosten pro Bauteil beim Einsatz additiver Verfahren nahezu unabhängig von der produzierten Stückzahl. Beim Einsatz werkzeugbasierter Fertigungsverfahren hingegen sind Werkzeuginvestitionen erforderlich, die sich mit zunehmender Stückzahl amortisieren; die Fertigungskosten pro Bauteil nähern sich asymptotisch den variablen Kosten an [Atz10; Hop03; Ree08]. Dieser Zusammenhang ist in Abbildung 2.6 dargestellt.

H4. *Produktion auf Abruf:* Der Entfall produktspezifischer Produktionsvorbereitungen ermöglicht die Herstellung von Produkten genau zu dem Zeitpunkt, zu dem sie benötigt werden („On-Demand-Produktion") [Ach15; AK08; Eye10; Lin13; Ree08].

H5. *Lokale Produktion:* Da mit einer AM-Anlage die unterschiedlichsten Produkte gefertigt werden können, als Eingangsdaten lediglich CAD-Dateien benötigt werden und der Prozess weitgehend automatisiert abläuft, kann auf eine zentralisierte Produktion mit großem Maschinenpark verzichtet werden. Stattdessen können Produkte an dem Ort produziert werden, an dem sie benötigt werden („On-Location-Produktion") [Ach15; Gao15; Pet13; Pet11; Pil15; Ree08].

H6. *Prozessintegration:* Durch den Einsatz von AM ist teilweise eine Verkürzung von Produktionsprozessketten möglich, d. h. eine Integration mehrerer vormals auf separaten Maschinen ausgeführten Prozessschritten in einen AM-Prozess. Beispielsweise ermöglichen einige Verfahren die Fertigung vollfarbiger Modelle, wodurch nachträgliches Einfärben entfällt; einige Maschinen kombinieren additive und subtraktive Fertigung, wodurch die Nachbearbeitung von Funktionsflächen automatisiert in der Anlage erfolgt. Darüber hinaus können vormals manuelle Prozesse im Sinne einer digitalen Prozesskette integriert werden [Bal13; Nag10].

Die Anwendung der Hebel in einem Produkt sollte nicht Selbstzweck sein. Aus den Hebeln erwachsen jedoch sogenannte *Nutzenversprechen* („value propositions"), die fertigendem Unternehmen oder seinen Kunden konkrete Mehrwerte bieten und somit den AM-Einsatz rechtfertigen. Die Nutzenversprechen, von denen einige exemplarisch in Abbildung 2.7 dargestellt sind, lassen sich in vier Kategorien einteilen:

N1. *Zusätzlicher/höherer Produktnutzen:* Insbesondere konstruktive Freiheiten können zur Herstellung verbesserter Produkte verwendet werden, die den Kunden einen zusätzlichen oder höheren Nutzen bieten. Der Produktnutzen kann unter anderem in den Bereichen Leichtbau, Effizienz, Design und Individualisierung/Mass Customization bestehen [Ari12; AK08; Emm11a; Emm11b; Eye10; Gao15; Gem15; Gem16; Hag03a; Hag04; Pet13; Pet11; Pet12; Ree08; Ree11; Sch15; Tan15a; Tuc08; Wat06]. In Abhängigkeit vom Einzelfall können hierfür auch höhere Fertigungskosten in Kauf genommen bzw. höhere Verkaufspreise verlangt werden.

N2. *Kostenreduktion:* Durch die Unabhängigkeit von Stückkosten und Stückzahl sowie durch den Entfall von Werkzeuganfertigungszeiten kann AM für die Fertigung kleiner Stückzahlen wirtschaftlicher sein als andere Fertigungsverfahren (Abbildung 2.6). Zugehörige Anwendungsbeispiele umfassen unter anderem das klassische Rapid Prototyping sowie kundenindividuelle Bauteile wie Dentalimplantate. Individualisierung/ Mass Customization kann in zahlreichen Ausprägungen betrieben werden; diese reichen von einfachen kosmetischen Modifikationen bis zur unmittelbaren Einbindung des Kunden in den Produktentwicklungsprozess („Co-Design") [Ari12; Eye10; Geb13, 426; Gem15; Gem16; Hag03a; Pet13; Ree11; Tuc08]. Individualisierungsmöglichkeiten können auch als zusätzlicher Produktnutzen angesehen werden, wenn sie ohne AM gar nicht angeboten worden wären. Daneben können durch den AM-Einsatz Kosten in zahlreichen weitere Bereichen reduziert werden, u. a. Montagekosten durch die Verringerung der Bauteilanzahl, Transportkosten durch lokale Produktion oder Lagerhaltungskosten durch Produktion auf Abruf [Atz10; Bec05; Cam13; Deh13; Fra14; Lin12; Ree08].

N3. *Nachhaltigkeitsverbesserung:* AM kann alle drei Dimensionen der Nachhaltigkeit (Wirtschaft, Umwelt und Gesellschaft) beeinflussen. Beispielsweise führt eine AM-ermöglichte Gewichtsreduktion in Fahrzeugen zu geringeren CO_2-Emissionen, durch einen höheren Materialausnutzungsgrad werden Abfälle verringert oder der hohe Automatisierungsgrad von AM bewirkt eine Rückführung der Produktion in Hochlohnländer [Cam11; Die10; Fra14; Geb14; Ree08].

N4. *Verkürzung von Time-to-Product/Time-to-Market:* Zahlreiche Hebel ermöglichen eine kürzere Herstellungs- oder Produkteinführungszeit, was seit der Einführung additiver Verfahren als ihr zentraler Vorteil im Sinne des Rapid Prototypings genutzt wird. Dieses Nutzenversprechen wird beispielsweise durch die entfallende Werkzeuganfertigungszeit oder Prozessintegration erreicht [Ach15; Con14; Geb13; Pet11].

Zusätzlich zu den Beziehungen zwischen Hebeln und Nutzenversprechen bestehen auch Abhängigkeiten innerhalb der Hebel und innerhalb der Nutzenversprechen (z. B. führt Leichtbau

(a) Leichtbau-Motorradrahmen erzeugt mithilfe von Topologieoptimierung (AP Works „Light Rider"; eigenes Foto)

(b) Warmumformwerkzeug mit konturnahen Kühlkanälen für höhere Effizienz und kürzere Taktzeiten (Quelle: InnoCaT/Volkswagen)

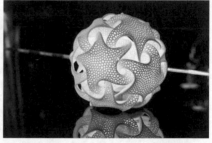

(c) Kraftstoffdüse optimiert hinsichtlich Leichtbau, Effizienz und Zuverlässigkeit (Foto mit freundlicher Genehmigung von GE Aviation)

(d) Design-Leuchte mit komplexen Formen (Designer: Bathsheba Grossman; Foto mit freundlicher Genehmigung von Materialise)

(e) Patientenindividuelle Dentalimplantate (Quelle: EOS)

(f) Rapid-Prototyping-Bauteil zur Verkürzung der Time-to-Product im Produktentstehungsprozess (Quelle: Volkswagen)

Abbildung 2.7: Anwendungsbeispiele additiver Fertigungsverfahren mit unterschiedlichen Nutzenversprechen

zu geringeren Kosten und verringerten Emissionen im Betrieb). In erfolgreichen Anwendungsfällen werden häufig mehrere Nutzenversprechen gleichzeitig realisiert. Dennoch zeigen viele aktuell veröffentlichte Fallbeispiele insbesondere auf, dass die additive Fertigung eines Produktes technologisch möglich ist, unabhängig vom besonderen Nutzen der AM-Anwendung. Die in diesem Abschnitt vorgestellte Potenzialstrukturierung ermöglicht somit auch eine Einordnung und Bewertung von Fallbeispielen hinsichtlich ihres konkreten Vorteils gegenüber konventioneller Fertigung.

2.5 Restriktionen

Zusätzlich zu den in Abschnitt 2.3 erläuterten verfahrensspezifischen Nachteilen teilen sich viele additive Fertigungsverfahren einige zentrale Restriktionen und Forschungsbedarfe. Ihre Ausprägung ist dennoch verfahrensabhängig und durch den technologischen Fortschritt zeitlich veränderlich. Aktuell bestehen folgende Restriktionen:

- *Werkstoffe und Fertigungstechnologie:* Bei vielen Verfahrensarten entstehen anisotrope Materialeigenschaften, die beispielsweise die Berechnung von Bauteileigenschaften erschweren [Gao15]. Bei einigen Technologien sind die Materialeigenschaften prinzipbedingt insgesamt schlechter als bei konventionellen Fertigungsverfahren. Ferner ist die Auswahl verfügbarer qualifizierter und umfassend charakterisierter Werkstoffe zurzeit eingeschränkt [Abe11, 83; Hua15; Gau13, 77 ff.; Pet11]. Aufgrund des Treppenstufeneffekts ist bei vielen Verfahren die Oberflächenqualität in Abhängigkeit von der Schichthöhe relativ gering, was häufig eine Nachbearbeitung erforderlich macht [Emm13b; Gao15; Pet11]. Fertigungstechnologisch bestehen Herausforderungen aktuell hinsichtlich Prozessstabilität und Reproduzierbarkeit, Prozesssimulation und -überwachung, Schwindung und thermisch induzierten Eigenspannungen sowie der erreichbaren Genauigkeit [Abe11, 81 f.; Gau13, 77 ff.; Hua15; War10]. Nicht zuletzt sind viele Verfahren kammergebunden (Tabelle 2.1), was zu einer Beschränkung der Bauteilgröße führt [Emm13b; Hua15].

- *Wirtschaftlichkeit:* Für viele Anwendungsfälle mit größeren Stückzahlen ist AM aktuell mit hohen Kosten verbunden (Abbildung 2.6). Bei der Analyse der Fertigungskosten wurden als wesentliche Kostentreiber zum einen technologische Merkmale identifiziert: Insbesondere geringe Baugeschwindigkeiten führen zu einer geringen Ausbringung pro Anlage und damit zu hohen Maschinenkosten. Die häufig fehlende Prozessintegration (Einbindung in bestehende Fertigungsabläufe) sowie der zurzeit geringe Automatisierungsgrad in der Prozesskette führen unter anderem zu hohen Personalkosten, z. B. für Bauteilentnahme, Stützstrukturentfernung und Nachbearbeitung. Zudem liegen die Preise für das Ausgangsmaterial häufig um ein Vielfaches über den Materialpreisen bei anderen Fertigungsverfahren. Nicht zuletzt hat der Bauraumausnutzungsgrad einen starken Einfluss auf die Gesamtkosten. Als Einheiten zur bauteilunabhängigen Kostenabschätzung werden häufig €/cm^3 bzw. €/kg verwendet [Abe11, 82 f.; Atz10; Atz12; Bau12; Bau16; Emm13b; Gao15; Gau13, 77 ff.; Hop03; Hua15; Lin12; Pet11; Pop15; Ric13; Ruf06; Ruf07].

- *Konstruktion:* Für die Erzeugung und Simulation AM-optimierter Bauteile besteht aktuell ein Mangel an Konstruktionswissen, Richtlinien und CAD-Werkzeugen, insbesondere für komplexe Geometrien und Multimaterialbauweisen [Abe11, 81 f.; Bey14; Gao15; Gau13, 78 f.; Pet11; See14].

• *Standardisierung:* Fehlende Standards für Qualitätssicherung sowie Werkstoff- und Prozesszertifizierung stellen insbesondere ein Hindernis für den Rapid-Manufacturing-Einsatz dar. Aktuelle ISO-, ASTM- und VDI-Projekte thematisieren die Erarbeitung von Standards [Abe11, 82 f.; Gao15; Gau13, 79; Mon15].

Über diese Restriktionen/Forschungsbedarfe hinaus bestehen weitere Einschränkungen. Hierzu gehören unter anderem organisationale Hemmnisse (z. B. die geringe Bekanntheit von AM-Verfahren allgemein und ihr Stigma als RP-Technologie [Pet11]), der begrenzte Umfang AM-spezifischer Ausbildungsinhalte an Hochschulen [Hua15] sowie ungeklärte Fragen zur Urheberrechtssicherung bei AM-optimierten CAD-Daten [Bra10]. Für Details zu derartigen weiterführenden Restriktionen sei auf die entsprechende Literatur verwiesen [Gao15; Gau13; Hua15].

2.6 Zusammenfassung

Additive Fertigung (Additive Manufacturing, AM) ist ein Sammelbegriff für eine Vielzahl an Fertigungsverfahren, bei denen Bauteile durch punkt- oder schichtweises Hinzufügen von Material ohne produktspezifische Werkzeuge hergestellt werden. AM wurde traditionell für das Rapid Prototyping verwendet, kommt jedoch zunehmend auch für Werkzeuge und Endprodukte zum Einsatz (Rapid Manufacturing). Durch verschiedene physikalische Prinzipien (u. a. Extrusion von Drähten, selektives Schmelzen feiner Pulverpartikel oder Polymerisation) lassen sich insbesondere Kunststoffe und Metalle verarbeiten. Die unterschiedlichen AM-Verfahren weisen spezifische Vor- und Nachteile auf, vor allem in Bezug auf Werkstoffeigenschaften, Genauigkeit und Oberflächenqualität. Zahlreiche Weiter- und Neuentwicklungen zielen auf die Verringerung aktueller Verfahrensgrenzen ab, z. B. durch Maximierung der herstellbaren Bauteilgröße. Im Fokus dieser Arbeit stehen das Extrusionsverfahren Fused Layer Modeling (FLM), die Pulverbettverfahren Laser-Sintern (LS), Laser-Strahlschmelzen (LBM) und Elektronenstrahlschmelzen (EBM) sowie das Pulverdüseverfahren Directed Energy Deposition (DED), da diese Verfahren kommerzialisiert sind und sich für die Herstellung von Endprodukten eignen. Prinzipbedingt bieten alle additiven Fertigungsverfahren folgende Potenziale: Neue konstruktive Freiheiten, eine Reduktion des Rohmaterialbedarfs, stückzahlunabhängige Stückkosten, Produktion auf Abruf, lokale Produktion und Prozessintegration ermöglichen es, einen zusätzlichen/höheren Produktnutzen zu realisieren, Fertigungskosten zu senken, die Nachhaltigkeit zu verbessern oder die Time-to-Product/Time-to-Market zu verkürzen.

3 Methodisches Konstruieren im Kontext additiver Fertigungsverfahren

Als ein wesentliches Potenzial additiver Fertigungsverfahren wurden im vorherigen Kapitel neue konstruktive Freiheiten im Vergleich zu anderen Fertigungsverfahren identifiziert. Die Produktentwicklung als frühe Produktlebenszyklusphase hat bei der Ausschöpfung AM-spezifischer Potenziale somit einen hohen Stellenwert. Die zielgerichtete Produktentwicklung kommt insbesondere im methodischen Konstruktionsprozess zum Ausdruck.

In diesem Kapitel werden daher zunächst die Grundlagen des klassischen methodischen Konstruierens dargestellt (Abschnitt 3.1). Anschließend werden typische Merkmale der Produktentwicklung in der Praxis am Beispiel der Automobilindustrie herausgestellt (Abschnitt 3.2). Schwerpunkt des Kapitels ist die Analyse bestehender Ansätze zum Konstruieren für additive Fertigungsverfahren (Abschnitt 3.3). Auf Grundlage der Ergebnisse aus diesem und dem vorigen Kapitel wird abschließend der Forschungsbedarf konkretisiert (Abschnitt 3.4).

3.1 Grundlagen des methodischen Konstruierens

Ausgehend von der allgemeinen Konstruktionsmethodik sowie typischen Vorgehensmodellen (Abschnitt 3.1.1) werden Methoden und Hilfsmittel im Konstruktionsprozess (Abschnitt 3.1.2) sowie das zielgerichtete Design for X (Abschnitt 3.1.3) vorgestellt. Passend zum Schwerpunkt dieser Arbeit wird abschließend das fertigungs- und montagegerechte Konstruieren näher erläutert (Abschnitt 3.1.4).

3.1.1 Konstruktionsmethodik und Vorgehensmodelle

Zur Strukturierung des Konstruktionsprozesses im Maschinenbau dienen die Ansätze der allgemeinen Konstruktionsmethodik, die in der internationalen Forschung umfassender als *Design Theory and Methodology (DTM)* bezeichnet wird. Wenngleich es keine eindeutige Definition des Begriffs DTM gibt, besteht folgende klassische Auffassung: In der Konstruktionstheorie geht es darum, das Konstruieren zu modellieren und zu verstehen, während Konstruktionsmethodiken beschreiben, auf welche Weise zu konstruieren ist. Bei DTM handelt es sich um einen Sammelbegriff für eine Vielzahl an Vorgehensmodellen, Methoden, Hilfsmitteln und Werkzeugen für das Konstruieren sowie Beschreibungen des Konstruktionsprozesses [Tom09]. In Anlehnung an bestehende Definitionen [And15, 52; Ehr13, 112, 146, 748; Lin09, 57 f.; Pah07, 784] gilt in dieser Arbeit folgendes Begriffsverständnis:

Definition 5: Eine *Methode* (engl. „method") ist ein planmäßiges bzw. regelbasiertes Vorgehen zum Erreichen eines bestimmten Ziels. Zusätzliche *Hilfsmittel/Werkzeuge* (engl. „tools") unterstützen Methoden und machen ihre Anwendung einfacher oder effizienter.

© Springer Fachmedien Wiesbaden GmbH, ein Teil von Springer Nature 2018
M. Kumke, *Methodisches Konstruieren von additiv gefertigten Bauteilen*,
AutoUni – Schriftenreihe 124, https://doi.org/10.1007/978-3-658-22209-3_3

Tabelle 3.1: Kategorisierung von Design Theory and Methodology (DTM) nach [Tom09][1]

	Allgemein	Spezifisch
Abstrakt	Allgemeine Konstruktionstheorie (General Design Theory)	Mathematikbasierte Methoden (z. B. Axiomatisches Konstruieren)
Konkret	• Allgemeine präskriptive Konstruktionsmethodik (z. B. Pahl/Beitz-Ansatz) • Methodik zur Erreichung konkreter Ziele (z. B. Design for X) • Prozessmethodiken (z. B. Concurrent Engineering)	Konstruktionsmethoden (konkrete Hinweise zur Konstruktion eines spezifischen Produkts, z. B. eines Verbrennungsmotors)

[1] Nachdruck aus [Tom09] mit Genehmigung von Elsevier.

Eine *Methodik* (engl. „methodology") ist ein planmäßiges Vorgehen unter Einschluss/ Zusammenwirken mehrerer Methoden und Hilfsmittel.

Im Gegensatz zu anderen Wissenschaftsbereichen herrscht in der DTM-Forschungslandschaft wenig Konsens darüber, welche Ansätze gemeinhin als richtig und anerkannt gelten. Daraus resultiert eine deutliche Fragmentierung: Weltweit und selbst innerhalb eines Landes/ Sprachraums unterscheiden sich DTM-Ansätze teilweise erheblich [Fin89a; Tom09; Bir11a]. Zur Kategorisierung der Theorien und Methodiken existieren verschiedene Ansätze [Fin89a; Fin89b; Hor04; Tom06; Tom09]. Aufgrund ihrer Aktualität und ihres Umfangs wird die Übersicht von TOMIYAMA ET AL. (2009) verwendet, die in Tabelle 3.1 dargestellt ist. Im Rahmen dieser Arbeit liegt der Schwerpunkt auf den konkreten DTM-Ansätzen; abstrakte Ansätze werden nicht näher betrachtet.

Die Kategorisierung zeigt, dass *Konstruktionsmethodik* als eines von mehreren DTM-Elementen zu verstehen ist. Sie vermittelt „Verfahren und Leitfäden zum grundsätzlichen Vorgehen beim Konstruieren und auch Lösungsmethoden für spezielle Probleme während des Konstruktionsprozesses" [Sch12a]. Im Gegensatz zu deskriptiven Modellen, die den Konstruktionsprozess auf Basis von Beobachtungen lediglich beschreiben, gehört die Konstruktionsmethodik zu den präskriptiven Modellen, die den Konstrukteur dazu anhalten, einem systematischen Ablauf zu folgen [Cro00, 29, 34; Fin89a]. Deutschsprachige Arbeiten zur Konstruktionsmethodik haben seit jeher einen hohen Stellenwert in der DTM-Forschung. Nach Herausbildung verschiedener Schulen seit Beginn der 1970er Jahre mündeten die unterschiedlichen Ansätze [Fra76; Kol98; Pah07; Rod91; Rot00] schließlich in den VDI-Richtlinien 2221 und 2222 [VDI82; VDI93; VDI97], die seitdem – obwohl insbesondere heutzutage nicht unumstritten (siehe unten) – die anerkannteste und in Lehre und Industrie am weitesten verbreitete Konstruktionsmethodik enthalten [Tom09].

Analog zu zahlreichen anderen Konstruktionsmethodiken fußen die VDI-Richtlinien auf einem *Vorgehensmodell*, das als organisatorischer Leitfaden dient und komplexe Abläufe strukturiert [Ehr13, 176]. Das Vorgehensmodell nach VDI 2222 Blatt 2 enthält vier Konstruktionsphasen [VDI82]:

I. *Planen* (auch: Spezifikationsphase),

II. *Konzipieren* (auch: Konzeptphase, funktionelle/prinzipielle Phase),

III. *Entwerfen* (auch: Gestaltungsphase),

IV. *Ausarbeiten* (auch: Ausarbeitungsphase).

Im Vorgehensmodell nach VDI 2221, das in Abbildung 3.1 dargestellt ist, werden die Phasen in sieben Arbeitsschritte weiter untergliedert [VDI93]:

1. *Klären und Präzisieren der Aufgabenstellung:* Im ersten Arbeitsschritt wird die durch den Kunden oder die Produktplanung formulierte Aufgabenstellung konkretisiert und in Anforderungen an das zu entwickelnde Produkt übersetzt. Diese werden in einer

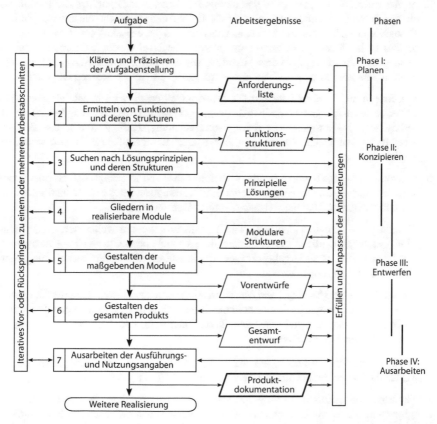

Abbildung 3.1: Generelles Vorgehen beim Entwickeln und Konstruieren nach VDI 2221 [VDI93] (wiedergegeben mit Erlaubnis des Verein Deutscher Ingenieure e. V.)

Anforderungsliste strukturiert aufbereitet und dienen als Grundlage für den folgenden Entwicklungsprozess. Aufgrund neuer Erkenntnisse im Entwicklungsablauf sind eine regelmäßige Überprüfung und ggf. Anpassung der Anforderungsliste erforderlich.

2. *Ermitteln von Funktionen und deren Strukturen:* Zunächst wird die Gesamtfunktion des zu entwickelnden Produkts festgelegt, anschließend seine Teilfunktionen (hierarchische Funktionsgliederung). Eine Funktionsstruktur wird beispielsweise erzeugt, indem die Einzelfunktionen über ein- und ausgehenden Energie-, Stoff- und Informationsflüsse miteinander verbunden werden. Eine Möglichkeit zur Veranschaulichung ist die sogenannte Allgemeine Funktionsstruktur (AFS) [Rot00], die vergleichbar ist mit einem Schaltbild. Funktionsstrukturen enthalten somit noch keine Aussage zur technischen Lösung, sondern lediglich abstrahierte Darstellungen der einzelnen Funktionen eines Produkts.

3. *Suchen nach Lösungsprinzipien und deren Strukturen:* Auf Grundlage der Funktionsstrukturen werden Lösungsprinzipien für die Teilfunktionen gesucht, die anschließend zu Gesamtlösungen kombiniert werden. Es entstehen üblicherweise mehrere Lösungsvarianten. Nach einer Lösungsbewertung und -auswahl liegen eine oder mehrere prinzipielle Lösungen als Arbeitsergebnis dieses Schrittes vor. Eine prinzipielle Lösung wird auch als Konzept bezeichnet und beispielsweise durch grobmaßstäbliche Skizzen dargestellt.

4. *Gliedern in realisierbare Module:* Die prinzipielle Lösung wird in Module unterteilt, zwischen denen geeignete Schnittstellen definiert werden. Die Gliederung in Module ist insbesondere bei komplexen Produkten von Bedeutung, da die weitere Konstruktionsarbeit dadurch aufgeteilt werden kann. Arbeitsergebnis dieses Schritts ist eine modulare Produktstruktur.

5. *Gestalten der maßgebenden Module:* In diesem Arbeitsschritt erfolgt die Vor- oder Grobgestaltung der wesentlichen Bauteile oder Baugruppen, sodass sukzessive funktionsfähige, herstellbare und maßstäblich gestaltete Vorentwürfe entstehen.

6. *Gestalten des gesamten Produkts:* Die Vorentwürfe werden weiter detailliert (Fein-/Endgestaltung). Darüber hinaus werden die noch nicht bearbeiteten Elemente ergänzt. Der Gesamtentwurf als Ergebnis dieses Arbeitsschritts wird durch Verknüpfung aller Bauteile und Baugruppen erzeugt.

7. *Ausarbeiten der Ausführungs- und Nutzungsangaben:* Im letzten Schritt werden auf Basis des endgültigen Entwurfs die wesentlichen Informationen zu Abmessungen, Fertigung und Nutzung festgelegt und durch detaillierte Unterlagen, z. B. Fertigungszeichnungen und Stücklisten, dokumentiert.

Ausgehend vom Gesamtprozess werden in VDI 2222 Blatt 1 das Konzipieren und in VDI 2223 das Entwerfen detaillierter beschrieben [VDI97; VDI04b].

Das konstruktionsmethodische Vorgehen und die Bearbeitungstiefe sind insbesondere abhängig von der *Konstruktionsart.* Hierbei wird unterschieden zwischen Neukonstruktion, Anpassungskonstruktion und Variantenkonstruktion (Abbildung 3.2). Der Gesamtablauf von VDI 2221 wird nur bei Neukonstruktionen durchlaufen, d. h. bei innovativen Produkten ohne vergleichbares Vorgängermodell. Bei Anpassungskonstruktionen wird die prinzipielle

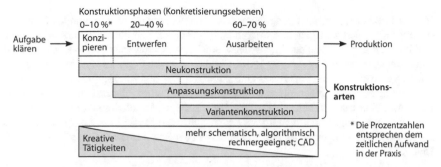

Abbildung 3.2: Zuordnung der Konstruktionsarten zu den Konstruktionsphasen [Ehr13, 271] (Nachdruck mit Genehmigung des Carl Hanser Verlags)

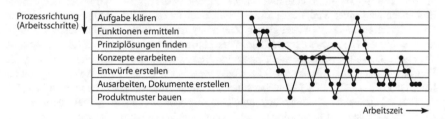

Abbildung 3.3: Realer Ablauf einer Neukonstruktion (exemplarisch) [Ehr13, 273] (Nachdruck mit Genehmigung des Carl Hanser Verlags)

Lösung (Konzept) von einem Vorgänger übernommen. Geometrie, Abmessungen, Werkstoff und Fertigungsverfahren hingegen werden angepasst, sodass der Konstruktionsprozess in Phase III (Entwerfen) beginnt. Bei Variantenkonstruktionen ist lediglich Phase IV (Ausarbeiten) zu bearbeiten [Ehr13, 269–273; Sch12a].

Der *reale Konstruktionsablauf* kann deutlich von dem Vorgehensmodell abweichen, da die Konstruktionsphasen/Arbeitsschritte nicht starr sequenziell ablaufen. Häufig ist ein iteratives Vor- und Zurückspringen erforderlich (linker Teil von Abbildung 3.1) [Ehr13, 272 f.; VDI93]. In Abbildung 3.3 ist exemplarisch der reale Ablauf einer Neukonstruktion dargestellt. Darüber hinaus verschwimmen Entwurfs- und Ausarbeitungsphase zunehmend aufgrund des CAD-Einsatzes [Ehr13, 267].

Der Einfluss eines methodischen Vorgehens auf die Qualität der resultierenden Lösung ist umstritten, zumal sich die Wirksamkeit der Konstruktionsmethodik kaum quantifizieren lässt. Erschwerend kommt hinzu, dass in der Regel nur „Erfolgsgeschichten" dokumentiert und veröffentlicht werden [Tom09]. Teilweise wird die Notwendigkeit der Konstruktionsmethodik, insbesondere der Vorgehensmodelle, sogar gänzlich infrage gestellt [Fin89a; McM11]. Vorgehensmodellen wie dem aus VDI 2221 wird zum Teil vorgeworfen, problemorientiert und nicht lösungsorientiert gestaltet zu sein [Cro00, 42]. Als Schwerpunkt der Konstruktionsmethodik dominiert bislang die generierende Lösungssuche, die vor allem bei

Neukonstruktionen zur Erzeugung innovativer Produkte mit neuen prinzipiellen Lösungen benötigt wird. Das korrigierende Vorgehen, das eher der betrieblichen Praxis entspricht und für die häufig anfallenden Anpassungs- und Variantenkonstruktionen verwendet wird, spielt hingegen eine untergeordnete Rolle. Für das Gestalten liegen zu wenige methodische Hilfsmittel vor. Trotz des Hinweises zum iterativen Vor- und Rückspringen vermittelt die Darstellung durch Vorgehenspläne häufig den Eindruck eines algorithmischen und strikt definierten Konstruktionsablaufs. Zusätzlich zur geringen Validierbarkeit neuer Methoden ist ihre Entwicklung zeitaufwendig. Es dauert außerdem häufig mehr als zehn Jahre, bis Forschungsergebnisse ihren Weg über die Lehre in die Praxis finden [Bir11b; Ehr13, 12 ff.; Lin09, 43 f.].

Auf Grundlage der Kritik an bestehenden konstruktionsmethodischen Ansätzen wurden neue Modelle entwickelt. Stellvertretend sei das Münchener Vorgehensmodell nach LINDE-MANN (2009) genannt, in dem als Darstellung ein Netzwerk aus sich überschneidenden Elementen verwendet wird, um den iterativen Charakter realer Prozesse besser abzubilden. Die sieben Elemente heißen Ziel planen, Ziel analysieren, Problem strukturieren, Lösungs-ideen ermitteln, Eigenschaften ermitteln, Entscheidungen herbeiführen und Zielerreichung absichern. Diese Reihenfolge stellt zwar den Standardweg durch das Netzwerk dar, die Elemente können jedoch auch ausgelassen oder mehrfach und in flexibler Reihenfolge durch-laufen werden [Lin09, 46 ff.]. Darüber hinaus wird die Notwendigkeit hervorgehoben, bei der Produktentstehung sämtliche beteiligte Unternehmensbereiche zu berücksichtigen, d. h. neben Entwicklung und Konstruktion auch Produktion, Vertrieb usw. Die zugehörige Metho-dik bezeichnen EHRLENSPIEL UND MEERKAMM (2013) als Integrierte Produkterstellung [Ehr13]. Trotz dieser und anderer neuer Ansätze ist aus den vergangenen Jahrzehnten nahezu kein allgemein akzeptierter Quantensprung auf dem Gebiet der klassischen Konstruktions-methodik bekannt [McM11]. Statt der Erarbeitung neuer Konstruktionsmethodiken wurde in den letzten Jahren vornehmlich die Entwicklung von rechnergestützten Ansätzen und Design-for-X-Methoden (Abschnitt 3.1.3) vorangetrieben [McM11; Mee11; Tom06].

Konstruktionsmethodik wird überwiegend als abstrakte Allgemeinmethodik verstanden, d. h. sie zielt auf die Gültigkeit für jede Produktart, Komplexität, Tätigkeit, Konstruktions-erfahrung usw. ab. Es existieren jedoch auch Methoden und Modelle, die spezifisch für ihren Einsatz in der Praxis oder für die Entwicklung bestimmter Produkte modifiziert oder neu entwickelt wurden. Das V-Modell nach VDI-Richtlinie 2206 [VDI04a] beispielsweise beschreibt das Vorgehen bei der Entwicklung mechatronischer Produkte. Darüber hinaus existieren zahlreiche unternehmens- oder produktspezifische Vorgehensmodelle [Ehr13, 12, 174–181, 283].

3.1.2 Methoden und Hilfsmittel

Die zielgerichtete und effiziente Bearbeitung der Arbeitsschritte im Konstruktionsprozess kann durch Methoden und Hilfsmittel unterstützt werden. Während die in Abschnitt 3.1.1 vorgestellten Vorgehensmodelle beschreiben, was zu tun ist, unterstützen Methoden dabei, wie etwas zu tun ist. Sie umfassen ein breites Spektrum und liegen in zahlreichen Ausprä-gungen vor: Sie können beispielsweise vorliegen als allgemeingültig anwendbare Hilfsmittel

Tabelle 3.2: Auszug aus der Konstruktionsmethodensammlung [Ehr13, A3; Pah07, 776 f.; VDI93]

	Konstruktionsphasen			
	I	II	III	IV
Analyse- und Zielvorgabe-Methoden				
ABC-Analyse	•	o	•	o
Anforderungsliste	•	•	•	o
QFD (Quality Function Deployment)	•	•	•	o
...				
Methoden zur Lösungsfindung				
Brainstorming	o	•	o	
Methode 635		•	o	
Bionik		•	o	
TRIZ (Theorie des erfinderischen Problemlösens)	o	•		
Morphologischer Kasten		•	o	
Checklisten	•	•	•	•
Konstruktionskataloge	•	•	•	
Gestaltungsregeln und -richtlinien			•	•
...				
Bewertungsverfahren und Entscheidungstechniken				
Nutzwertanalyse	o	•	•	o
FMEA (Failure Mode and Effect Analysis)	•	•	•	o
...				
Optimierungswerkzeuge und Berechnungsverfahren				
Auslegungsberechnungswerkzeuge		o	•	
Topologieoptimierung			•	
FEM (Finite-Elemente-Methode)			•	o
...				

Legende: • sehr gut geeignet, o geeignet

zur Anforderungsermittlung, Kreativitätstechniken zur Lösungsfindung, Kataloge/Listen mit Konstruktionshinweisen und -prinzipien, Methoden zur Bewertung von Lösungsalternativen, spezialisierte Berechnungswerkzeuge und vieles mehr. Zur gezielten Verwendung sollten die unter den gegebenen Rahmenbedingungen und Anforderungen am besten geeigneten Methoden ausgewählt und an die Einsatzsituation angepasst werden [Ehr13, 148 ff., 359 ff.; Lin09, 57 ff.; Pon07; Sch99b; VDI93].

In zahlreichen Forschungsarbeiten wurden Methodensammlungen, Methodenbeschreibungen sowie Ansätze zur Auswahl und Anpassung von Methoden vorgestellt, die teilweise Einzug in rechnerbasierte Methodenportale [Bav16; Oel15; Pon06] gefunden haben, die ihre Anwender bei der Methodenauswahl und -durchführung unterstützen. Tabelle 3.2 enthält einen Auszug aus der Methodensammlung sowie eine Bewertung der Anwendbarkeit in den Konstruktionsphasen nach VDI 2222. Für sämtliche Arten stehen noch zahlreiche weitere Methoden und Hilfsmittel zur Verfügung, die in der einschlägigen Literatur klassifiziert und beschrieben sind [Ehr13; Lin09; Pah07; Pon07; VDI93].

Methoden lassen sich anhand verschiedener Attribute charakterisieren, z. B. hinsichtlich Einsatzsituation und Zeitpunkt der Anwendung im Konstruktionsprozess, Zweck/Konstruktionsziel (z. B. allgemeine Ideengenerierung, Funktionsintegration, Leichtbau), Zielgruppe/ erforderlicher Methodenerfahrung bzw. Praxisnähe, Konstruktionsart und Systemgrenze (Einzelteil/Baugruppe), benötigter Ressourcen zur Durchführung (Zeit, Personenanzahl, materielle Hilfsmittel usw.), zu erwartender Ergebnisart/-qualität sowie typischer Vor- und Nachteile. Auf Basis der Attribute können standardisierte Methodensteckbriefe erstellt werden, die beispielsweise die Methodenauswahl erleichtern [Fra04; Lin09, 59–62].

Im Gegensatz zu den Vorgehensmodellen aus Abschnitt 3.1.1 sind die Methoden und Hilfsmittel wenig umstritten und finden sich in ähnlicher Form in allen konstruktionsmethodischen Quellen [Cro00; Ehr13; Pah07]. Auch aktuelle Forschungsarbeiten werden häufig von „Methodenklassikern" sowie ihren evolutionären Weiterentwicklungen dominiert [Bav16; Pon07; Oel15]. Daneben können jedoch auch spezialisierte rechnergestützte Werkzeuge, z. B. die Topologieoptimierung, zu den konstruktionsmethodischen Hilfsmitteln gezählt werden [Mee11].

Nicht zuletzt weisen einige Konstruktionsmethoden Schnittstellen zum Wissensmanagement auf. Dieses besteht nach PROBST ET AL. (2012) aus sechs Kernprozessen: Wissensidentifikation, Wissenserwerb, Wissensentwicklung, Wissens(ver)teilung, Wissensnutzung und Wissensbewahrung [Pro12, 30 ff.]. Insbesondere werden im Wissensmanagement und in der Konstruktionsmethodik teilweise dieselben Instrumente genutzt. Beispielsweise sind Lösungsfindungs- und Kreativitätsmethoden typische Instrumente, die zur Wissensentwicklung empfohlen werden. In den Bereichen Wissens(ver)teilung und Wissensbewahrung kommen unter anderem Kataloge, Datenbanken und andere rechnergestützte Systeme (z. B. Wikis) zum Einsatz [Fur14; Nor11, 177 ff., 315 ff.; Pro12, 120 ff., 157 ff., 199 ff.; VDI09b]. Diese können auch als Wissensspeicher für konstruktionsmethodische Inhalte genutzt werden, z. B. für Gestaltungsregeln, Checklisten, Konstruktionskataloge und Dokumentationen bewährter Vorgehensweisen und Lösungen („Best Practices").

3.1.3 Design for X

Der Begriff Design for X (DfX) subsumiert eine Gruppe von Methoden und Hilfsmitteln für das zielgerichtete Konstruieren hinsichtlich einer spezifischen Hauptanforderung, die ein Produkt neben seiner eigentlichen Funktion erfüllen muss. Das „X" in DfX steht für die entsprechende Hauptanforderung und kann eine *Produkteigenschaft* (z. B. Kosten) oder eine *Produktlebenszyklusphase* (z. B. Fertigung) bezeichnen. DfX ist somit auch ein Ansatz zur Implementierung des Simultaneous/Concurrent Engineering, der zielgerichteten parallelen Entwicklung von Produkt, Produktion und Vertrieb im interdisziplinären Team [Ehr13, 227; Hua96c; Pon11, 181; Mee12; Rot01, 196 f.]. Abbildung 3.4 enthält eine Auswahl an DfX-Aspekten; umfassendere Sammlungen finden sich in der Literatur [Bau09; Hua96c].

Design for X wird überwiegend als Teilbereich des methodischen Gestaltens/Entwerfens verstanden. Zur eindeutigen Abgrenzung und Begriffsdefinition werden folgende Begriffe unterschieden [Gro13; Pon11, 437 f.; Sch12a]:

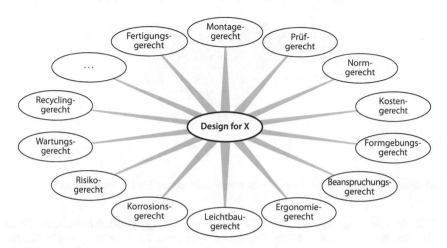

Abbildung 3.4: Aspekte des Design for X (Auswahl) [Ehr13, 357 f.; Pah13; Mee12]

Definition 6: *Gestaltungsgrundregeln* („eindeutig", „einfach" und „sicher") sind immer anzuwendende allgemeine Regeln und führen zu funktionsfähigen, wirtschaftlichen und sicheren Produkten. *Gestaltungsprinzipien* sind ebenfalls übergeordnete/allgemeine Grundsätze der Produktgestaltung, geben jedoch konkretere Hinweise in Form von Prinzipien der Kraftleitung, Aufgabenteilung, Selbsthilfe, Stabilität und Fehlerminimierung. *Gestaltungsrichtlinien* (engl. „design guidelines") sind wiederum spezifischer und bestehen in Sammlungen an Vorgaben zur gezielten Erreichung bestimmter Hauptanforderungen. Hierzu gehören beispielsweise das leichtbaugerechte und das fertigungsgerechte Gestalten. Die Beachtung von Gestaltungsrichtlinien wird auch als restriktionengerechtes Gestalten [Kol98, 189] oder Design for X bezeichnet.

Über diese Kategorisierung hinaus gibt es die üblicherweise synonym verwendeten Begriffe *Gestaltungsregel* und *Konstruktionsregel* (engl. „design rule"), die nicht mit dem Begriff Gestaltungsgrundregel zu verwechseln sind. Gestaltungsregeln bezeichnen allgemeine oder themenspezifische Vorgaben auf unterschiedlichen Konkretisierungsebenen zur optimalen Produktgestaltung [Pon11, 437], z. B. die minimal realisierbare Wandstärke in einem bestimmten Gussverfahren. Sie sind tendenziell konkreter und beinhalten auch Konstruktionshinweise für das Ausarbeiten [Alb05]. Gestaltungsregeln werden somit als Subkategorie innerhalb der Gestaltungsrichtlinien bzw. des Design for X definiert. Abbildung 3.5 enthält eine Übersicht über die Begriffsdefinitionen mit zunehmender Konkretisierung, die im Rahmen dieser Arbeit verwendet wird. Entgegen obigen Definitionen werden sämtliche Begriffe in Forschung und Praxis jedoch nicht einheitlich verwendet [Alb05; Fu15]. Insbesondere die Begriffe Gestaltungsrichtlinie und Gestaltungsregel sowie Konstruktionsrichtlinie und Konstruktionsregel sind tatsächlich nicht klar voneinander abgrenzbar und werden daher häufig gleichbedeutend verwendet.

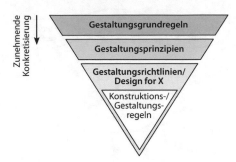

Abbildung 3.5: Einordnung der Begriffe Grundregeln, Prinzipien, Richtlinien und Regeln

DfX-Hinweise entstammen zumeist Erkenntnissen aus vergangenen Projekten, aus denen Best Practices abgeleitet wurden. Sie werden ihren Anwendern in Form von Methoden, Strategien und Werkzeugen zur Verfügung gestellt. Als DfX-Werkzeuge werden praktische Hilfsmittel für den Konstrukteur bezeichnet, die häufig rechnergestützt vorliegen und in denen die DfX-Methoden umgesetzt werden. Aufgrund der Vielzahl existierender Werkzeuge wird auch vom DfX-Werkzeugkasten („Toolbox") gesprochen. DfX-Wissen kann in den Werkzeugen unter anderem in Form von Methoden- und Prozessbeschreibungen, Sammlungen vorgefertigter Lösungen/Features, Checklisten, Tabellenwerken und Konstruktionskatalogen mit Positiv- und Negativ-Beispielen, Methoden zur Entscheidungsunterstützung sowie Konstruktions-Assistenzsystemen und CAD-Zusatzfunktionen bereitgestellt werden [Bau09, 7 f.; Hua96c; Hua96a; Mee11; Mee12]. Sie weisen somit eine enge Verknüpfung zu dem in Abschnitt 3.1.2 erwähnten Wissensmanagement auf.

Während die Auswahl relevanter DfX-Ansätze und zugehöriger Werkzeuge auf Grundlage der Hauptanforderungen relativ leicht durchgeführt werden kann, stellen die Reihenfolge und insbesondere die Priorisierung ihrer Anwendung eine Herausforderung dar, weil verschiedene DfX-Aspekte konträr zueinander sein können und dadurch Zielkonflikte hervorrufen [Bau09; Hua96b; Mee11]. Nicht zuletzt liegt den DfX-Methoden teilweise auch eine modifizierte Variante des Vorgehensmodells nach VDI 2221 zugrunde, z. B. eine spezifische Systematik für das leichtbaugerechte Konstruieren [Kle13, 12]. Insbesondere das Konzipieren im klassischen konstruktionsmethodischen Sinne spielt dann jedoch häufig eine untergeordnete Rolle; bei der Konzeptfindung geht es vielmehr um die Konkretisierung eines Optimierungsproblems.

3.1.4 Fertigungs- und montagegerechtes Konstruieren

Das fertigungs- und montagegerechte Konstruieren wird auch als *Design for Manufacturing (DFM)* und *Design for Assembly (DFA)* sowie zusammenfassend als *Design for Manufacturing and Assembly (DFMA)* bezeichnet. Bei DFMA handelt es sich um einen der frühesten und am weitesten entwickelten DfX-Aspekte [Hua96c; Tom09]. Er beschreibt, wie ein Produkt konstruiert sein sollte, damit es anschließend möglichst problemlos produziert werden kann.

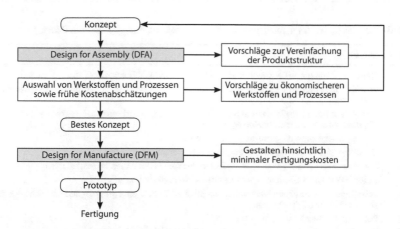

Abbildung 3.6: Einordnung und typische Arbeitsschritte des DFMA (in Anlehnung an [Boo11])

Da das Konstruieren für spezifische Fertigungsverfahren Schwerpunkt dieser Arbeit ist, wird DFMA im Folgenden näher erörtert, wodurch gleichzeitig Funktions- und Darstellungsweise des im vorherigen Abschnitt abstrakt eingeführten DfX-Oberbegriffs anhand einer prominenten Ausprägung exemplarisch konkretisiert werden. Anders als in DIN 8580 (Abbildung 2.1), in der der Begriff Fertigung als Oberbegriff verwendet wird und beispielsweise das Fügen einschließt, wird im Zusammenhang mit DFMA üblicherweise nur die Werkstückfertigung im engeren Sinne als Fertigung bezeichnet und die Montage (inkl. Nebenprozessen wie der Handhabung) separat betrachtet [Pah07, 446].

Um konstruktive Lösungen zu erzielen, die zum einen mit dem gewählten Fertigungsverfahren in bestmöglicher *Qualität* herstellbar sind und zum anderen zu geringstmöglichen *Kosten* führen, liegt eine Vielzahl an Gestaltungsrichtlinien vor. Basis für das fertigungsgerechte Konstruieren sind jedoch die Gestaltungsgrundregeln „einfach" und „eindeutig", deren Beachtung sich in der Regel automatisch positiv auf Fertigungs- und Montageeigenschaften auswirkt [Pah07, 446].

Im Übergang zwischen Phase II (Konzipieren) und Phase III (Entwerfen) wird die prinzipielle Lösung in realisierbare Module gegliedert (Abbildung 3.1). Hierdurch entsteht die Produkt-/Baustruktur, bei der bereits erste Entscheidungen zu Werkstoffen und Fertigungsablauf getroffen werden und deren Umsetzbarkeit durch die Anwendung der DFA-Richtlinien sicherstellt wird. Bei der Festlegung der Baustruktur werden insbesondere die Differenzialbauweise – die Aufteilung eines Bauteils in mehrere fertigungstechnisch einfachere Werkstücke – und die Integralbauweise – das Vereinigen mehrerer Einzelteile zu einem Werkstück – unterschieden. Welche Baustruktur vorzuziehen ist, muss im Einzelfall sorgfältig abgewogen werden [Mee12; Pah07, 446–453].

Die vornehmlich kostenorientierten DFMA-Methoden nach BOOTHROYD UND DEWHURST gehören zu den verbreitetsten Ansätzen des fertigungs- und montagegerechten Konstruierens.

Tabelle 3.3: Regeln für das montagegerechte Konstruieren von Baugruppen nach [Hes12]

Nr.	Hinweis
1	Strebe ein Minimum an Bauteilen an und bilde möglichst Multifunktionsteile aus.
2	Vermeide separate Verbindungsmittel, integriere sie in Einzelteile und Baugruppen oder fasse sie zusammen.
3	Vermeide unnötig enge Toleranzen und Überbestimmungen und vermaße Baugruppen mit Fügetoleranzen zwischen den Montagepunkten.
4	Strebe einfache Bewegungsmuster für das Fügen an.
5	Gestalte prüf- und testfreundliche Baugruppen, die für sich prüfbar sind.
6	Strebe nach rationellen Verbindungsverfahren, wie zum Beispiel Snap-in-Verbindungen.
7	Gestalte Wiederholbaugruppen mit vereinheitlichten Schnittstellen.
8	Bevorzuge den einstufigen Baugruppenaufbau ohne Zwischenbaugruppen. Jedoch kann auch das Gegenteil im Einzelfall richtig sein.
9	Reduziere die Anzahl von Fügeteilen.
10	Vermeide fügefremde Arbeitsvorgänge in der Montage oder schränke sie ein.
11	Minimiere die Montagerichtungen.
12	Gestalte fertige Baugruppen standsicher und gut magazinierbar.
13	Gestalte Baugruppen so, dass sie eine abgeschlossene Funktion mit möglichst wenigen Schnittstellen zu anderen Baugruppen erfüllen.
14	Vereinfache das Positionieren durch Fügefasen und Vorzentrierungen.

[1] Nachdruck aus [Hes12] mit Genehmigung von Springer.

Die zugehörige grobe Einordnung von DFA und DFM in den Konstruktionsprozess ist in Abbildung 3.6 dargestellt. Die Autoren schlagen ebenfalls vor, Entscheidungen zur geeigneten Produktstruktur im Anschluss an die Konzeptphase im Rahmen der DFA-Analyse zu treffen. Sie gehen allerdings tendenziell von der Annahme aus, dass die Integralbauweise der Differenzialbauweise vorzuziehen ist, um die Fertigungskosten durch geringeren Montageaufwand zu verringern. Zur Reduktion der Bauteilanzahl können für jedes Einzelteil folgende Kriterien verwendet werden: (1) Sind Relativbewegungen zwischen dem betreffenden und anderen Bauteilen erforderlich? (2) Muss das Bauteil aus einem anderen Werkstoff als die anderen Bauteile bestehen? (3) Ist eine Bauteiltrennung aus Montage- oder Demontagegründen erforderlich? Lautet die Antwort auf eine oder mehrere der Fragen Ja, ist die Differenzialbauweise einzusetzen [Boo11]. Darüber hinaus kann die theoretische minimale Teileanzahl eines Produkts ermittelt werden [Kol98, 276 f.]. An dieser Stelle werden noch keine Kostenanalysen durchgeführt, sondern lediglich Anregungen zur Produktvereinfachung gegeben, von denen einige nach eingehender Analyse jedoch auch aufgrund fehlender Realisierbarkeit wieder verworfen werden können. Erst anschließend folgen die Ermittlung von Montagezeiten und die Abschätzung der zugehörigen Kosten. Weitere bekannte Methoden für die montagegerechte Produktgestaltung sind die Assemblability Evaluation Method von Hitachi [Miy86] und die Lucas-DFA-Methode [Mil89].

Schwerpunkt der DFA-Methoden sind die Analyse und quantitative Bewertung bestehender Konzepte sowie die Konstruktionsanpassung zur Montageverbesserung. Als Grundlage dienen allgemeine Gestaltungsrichtlinien für das montagegerechte Konstruieren, die allerdings auch bereits beim Erstentwurf zum Einsatz kommen können. Die Richtlinien liegen

Tabelle 3.4: Regeln für das gussgerechte Konstruieren (Auswahl)

Konstruktionsregel	Ungünstige Lösung	Günstige Lösung
Hinterschnitte vermeiden und Rippen so anordnen, dass das Modell ausgehoben werden kann		
Entformungsschrägen vorsehen		
Materialanhäufungen vermeiden und gleichmäßige Wanddicken anstreben		

in Form von Checklisten, Lösungskatalogen und Beispielsammlungen vor [And85; Hes12; Kol98, 230–244]. In Tabelle 3.3 ist exemplarisch eine Gestaltungsregelsammlung für das montagegerechte Konstruieren von Baugruppen aufgeführt.

DFA-Hinweise haben unmittelbaren Einfluss auf die Gestaltung jedes einzelnen Bauteils, die in Konstruktionsphase III durchgeführt wird. Hier erfolgt das eigentliche fertigungsgerechte Gestalten von Einzelteilen im Sinne der DFM-Richtlinien. Diese sind für jedes Fertigungsverfahren nach DIN 8580 in der Literatur umfangreich dokumentiert und liegen in beliebigem Detaillierungsgrad vor [Bod96; Boo11; Bra99; Kol98; Mat57; Oeh66; Rög68; Rot01]. So gibt es beispielsweise Richtlinien für das gussgerechte Gestalten im Allgemeinen und detaillierte Richtlinien für einzelne Gussverfahren. Auch in aktuellen Publikationen wird häufig auf ältere Quellen Bezug genommen [Pah13; Ros12], in denen umfangreiche Regelsammlungen zur (theoretischen) Herstellbarkeit sowie Hinweise zur Erreichung einer möglichst günstigen Fertigung enthalten sind. Anders als im DFMA-Ansatz nach BOOTHROYD UND DEWHURST ist der Schwerpunkt jedoch weniger die nachträgliche Bewertung einer Lösung hinsichtlich ihrer Wirtschaftlichkeit, sondern die frühzeitige Berücksichtigung fertigungstechnischer Restriktionen im Erstentwurf. Neben umfangreichen Listen mit Beschreibungen der Gestaltungsrichtlinien kommen insbesondere Konstruktionskataloge/Tabellen zum Einsatz, in denen jede Konstruktionsregel anhand von Skizzen eines Positiv- und eines Negativbeispiels veranschaulicht wird. Exemplarisch ist dies in Tabelle 3.4 für einige Regeln des gussgerechten Gestaltens dargestellt.

Neben den Gestaltungsrichtlinien, die beim eigentlichen Konstruieren Anwendung finden, stehen auch für DFM Hilfsmittel zur Analyse bestehender Entwürfe zur Verfügung. Die DFM-Methode nach BOOTHROYD UND DEWHURST besteht in der Bewertung alternativer Lösungen sowie alternativer Fertigungsprozesse. Der Schwerpunkt liegt – wie bei der zugehörigen DFA-Methode und analog zu alternativen Ansätzen [Bra99; Pol01] – auf der

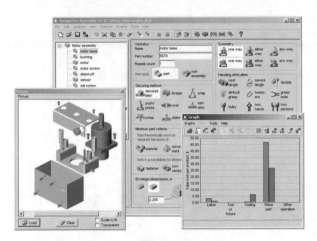

Abbildung 3.7: DFA-Softwarewerkzeug von Boothroyd Dewhurst
(Nachdruck mit freundlicher Genehmigung von Boothroyd Dewhurst, Inc.)

Quantifizierung von Fertigungskosten basierend auf experimentell erarbeiteten Methoden zur groben Kostenabschätzung [Boo94; Dew89; Kni91]. Kritisch ist in diesem Zusammenhang, dass durch Anwendung der Konstruktionsregeln zwar einfach fertigbare Geometrien entstehen, die jedoch gleichzeitig zu einer komplizierteren Produktstruktur führen können. Zudem ist selten eindeutig definiert, welche Nachteile/Strafkosten mit der Nichteinhaltung einzelner Konstruktionsregeln einhergehen [Boo96].

Wie für viele DfX-Ansätze (Abschnitt 3.1.3) sind auch für DFMA umfangreiche rechnergestützte Werkzeuge verfügbar, z. B. die DFMA-Software von BOOTHROYD DEWHURST INC. Ein Ausschnitt ist exemplarisch in Abbildung 3.7 dargestellt.

3.2 Produktentwicklung in der Praxis am Beispiel der Automobilindustrie

In diesem Abschnitt werden die typischen Merkmale der Produktentwicklung in der Automobilindustrie herausgestellt. Hierdurch werden erstens eine Einordnung der Konstruktionsmethodik in den Produktentstehungsprozess sowie zweitens ein Verständnis der Produktentwicklung in der industriellen Praxis ermöglicht.

Das Konstruieren ist eingegliedert in einen umfassenden *Produktentstehungsprozess (PEP)*, der als Vorgehensmodell für die Entwicklung von Fahrzeugen und anderen komplexen Großserienprodukten dient. Der PEP wird typischerweise in mehrere aufeinanderfolgende und sich überschneidende Phasen eingeteilt, während derer ein neues Fahrzeug von seiner Idee bis zur Marktreife entwickelt wird [Han99]. Am Ende jedes Teilprozesses wird die Durchführung an einem Zwischenziel überprüft und über die weitere Freigabe entschieden (Meilenstein/Gate). In Literatur und Praxis existieren zahlreiche Prozessmodellvarianten mit unterschiedlich abgegrenzten Entwicklungsphasen und Schwerpunkten, die sich in ihrer

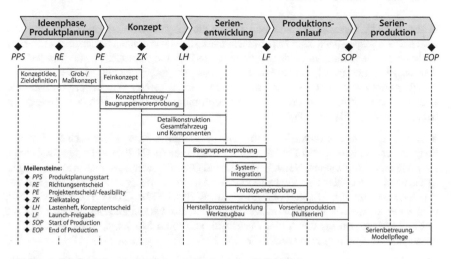

Abbildung 3.8: Produktentstehungsprozess in der Automobilindustrie
(in Anlehnung an [Bra13a; Gro03, 190; Kuc12, 4; Mon00, 5; Pri11, 53, 58; Sch12b, 86; Ste05, 31; Web09, 8 f.; Wil04, 266])

Grundstruktur jedoch ähneln. Abbildung 3.8 zeigt beispielhaft einen möglichen PEP, der im Folgenden erläutert wird.

In der ersten Phase, der *Ideen-/Initialphase* oder *Produktplanungsphase*, werden basierend auf den strategischen Unternehmenszielen und der Positionierung des neuen Fahrzeugs im Markt mehrere Fahrzeugideen generiert, die sowohl aus internen als auch aus externen Quellen stammen können und aus denen in einem Bewertungsprozess die erfolgversprechendsten herausgefiltert und auf technische Realisierbarkeit überprüft werden. Nach einem Richtungsentscheid werden die Eigenschaften des zu entwickelnden Fahrzeugs konzeptionell spezifiziert und in einem Rahmenheft dokumentiert. Zusätzlich entstehen erste Entwürfe zum Produktdesign sowie zum Maß- und Grobkonzept. Die erste PEP-Phase endet mit einer eindeutigen Produktdefinition und einer in der Regel auf wirtschaftlichen Kennzahlen beruhenden Projektentscheidung [Bra13a; Gro03, 172 ff.; Han99; Ste05, 30; Wes06, 119 ff.].

Es schließt sich die *Konzeptentwicklungsphase* (frühe Entwicklungsphase) an, in der Fahrzeugkonzept und Gesamtfahrzeugarchitektur festgelegt werden. Im Gegensatz zur Definitionsphase werden bereits konkrete technische Lösungsansätze zur Realisierung der Anforderungen erarbeitet und mit CAD-Modellen dargestellt. Zu diesem Zeitpunkt setzt auch das Simultaneous Engineering ein. Außerdem werden richtungsweisende Design-Entscheidungen getroffen, die auf dem Maßkonzept aus der Definitionsphase basieren. Die Konzeptentwicklung endet mit einem Lastenheft, das neben serientauglichen technischen und designorientierten Eigenschaften auch Informationen zu Target Costing, Herstellung und Vermarktung beinhaltet [Bra13a; Gro03, 176 f., 188; Ste05, 30].

In der folgenden *Serienentwicklungsphase* findet die endgültige Entwicklung des Fahrzeugs samt seiner Komponenten statt. Neben einem marktfähigen erprobten Serienprodukt werden in dieser Phase parallel auch der Fertigungs- und Montageprozess sowie erforderliche Werkzeuge ausgestaltet. Nach der Beendigung von Designtätigkeiten (Design-Freeze) und Detailkonstruktionen findet die Systemintegration der getesteten Baugruppen und Module statt, was den Aufbau von Prototypen zur Erprobung des Gesamtfahrzeugs ermöglicht [Bra13a; Gro03, 180 ff.; Ste05, 30 f.].

Es folgt die *Produktionsanlauf- oder Serienvorbereitungsphase*, in der nach der Launch-Freigabe erste Fahrzeuge der Produktionsvorbereitungsserie (Nullserie) hergestellt werden, um Werkzeuge, Maschinen, Herstellprozesse und Qualität unter seriennahen Bedingungen zu testen. Während der eigentliche Entwicklungsprozess mit der Fertigungsfreigabe der Kundenproduktion endet (Start of Production, SOP) [Bra13a; Gro03, 184 ff.; Ste05, 30], wird der Produktentstehungsprozess nach Beginn der Produktion im Rahmen eines Product Lifecycle Managements durch eine *Serienbetreuung und Modellpflege* bis zum End of Production (EOP) fortgesetzt [Bra13a; Wil04, 266].

Obwohl diese Darstellung des PEPs das sequenzielle Vorgehen betont und die in der Praxis dominierenden Parallelprozesse vernachlässigt, hat sie sich aufgrund ihrer Anschaulichkeit als praktikabel erwiesen. In dem in der Realität deutlich komplexeren Entwicklungsprozess kommen insbesondere zahlreiche Korrektur- und Iterationsschleifen sowie Überschneidungen hinzu [Cla92, 287 ff.; Ste05, 32].

Der PEP ist stets an ein konkretes Fahrzeugprojekt gebunden. Zusätzlich gibt es in der Automobilindustrie in der Regel eine *Forschung* und eine *Vorentwicklung*, deren Aktivitäten dem PEP vorgelagert und teilweise fahrzeugprojektungebunden sind. Idealtypisch werden in der Forschung die technologischen Grundlagen für Produkt- und Prozessinnovationen erarbeitet. Diese werden von der Vorentwicklung aufgegriffen, hinsichtlich der prinzipiellen technischen Realisierbarkeit bewertet und zur Integration in zukünftige Fahrzeuge weiterentwickelt. Im Anschluss werden sie als Innovationsangebote an die fahrzeugprojektgebundene Entwicklung transferiert [Bra13a; Ers99; Sch99a; Spe02].

Hinsichtlich des *Einsatzes der Konstruktionsmethodik* und zugehöriger Methoden und Hilfsmittel lassen sich in der Automobilindustrie folgende Besonderheiten beobachten:

- Der Stellenwert von Anforderungen ist im PEP sehr hoch. Ausgehend von den in der Produktplanung definierten Fahrzeugeigenschaften werden die Anforderungen zunehmend spezifiziert, z. B. in funktionalen Lastenheften für einzelne Bauteile/Baugruppen. Auch die enge Einbindung von Zulieferern in den Entwicklungsprozess und die Fremdvergabe von Entwicklungsaufgaben machen ein robustes Anforderungsmanagement unabdingbar. Das Klären und Präzisieren der Aufgabenstellung (Phase I nach VDI 2222) hat in der Automobilentwicklung somit eine hohe Relevanz [Bra13a; Ers99; Ers13a].

- Zwar gibt es auch im PEP den Begriff des (Fahrzeug-)Konzepts; dieses ist jedoch nicht mit dem Konzipieren aus VDI 2221 zu verwechseln [Ehr13, 265]. Während in VDI 2221 die prinzipielle Lösung auf Basis einer Funktionsstruktur gemeint ist, ist ein Fahrzeugkonzept der „konstruktive Entwurf einer Produktidee[,] mit dem die grundsätzliche Realisierbarkeit abgesichert wird. Der Entwurf umfasst die ‚Komposition' bzw. Zusammenstellung der wesentlichen, die Fahrzeugeigenschaften und die Fahrzeugcharakteristik beeinflussenden Parameter, Hauptmodule und Komponenten" [Ach13]. In der Fahrzeugkonzeptentwicklung kommen spezifische Hilfsmittel und Methoden zum Einsatz, z. B. parametrische Fahrzeugentwurfsmodelle [Bra85; Kuc12]. Im PEP tritt das eigentliche Konzipieren in den Hintergrund, da die prinzipielle Lösung im konstruktionsmethodischen Sinne häufig über mehrere Fahrzeuggenerationen unverändert bleibt. In Forschung und Vorentwicklung hingegen werden auch neue prinzipielle Lösungen auf Basis von Funktionsstrukturen entwickelt, die anschließend von der fahrzeugprojektgebundenen Entwicklung übernommen werden [Ers99; Ers13a; Neh14, 60]. Zur Lösungsfindung kommen auch Methoden wie Brainstorming, Ideenwettbewerbe und interdisziplinäre Innovationsworkshops zum Einsatz [Bra13a; Vol15b].

• Der PEP ist in seinen Hauptphasen und untergeordneten Prozessen stark standardisiert. Einige der in Abschnitt 3.1.2 erwähnten Methoden und Hilfsmittel sind fester PEP-Bestandteil, insbesondere die Methoden FMEA zur Identifikation möglicher Schwachstellen sowie QFD zur Überführung von Kundenstimmen in technische Produktanforderungen. Allgemein ist der Stellenwert der Qualitätssicherung im Entwicklungsprozess stark gestiegen, da beispielsweise im Sinne des Total Quality Managements eine hohe Produkt- und Prozessqualität bereits von vornherein sichergestellt werden soll. Hierzu verantworten Qualitätssicherungsabteilungen auch umfangreiche Methodensammlungen, die z. B. die Kreativmethode „Lautes Denken" zur frühzeitigen Berücksichtigung von Kundeneindrücken beinhalten [Bra13a; Ers99; Vol15b].

• Optimierungs- und Simulationsverfahren bzw. die virtuelle Entwicklung und Absicherung sind von hoher Bedeutung. Leistungsfähige Werkzeuge werden unter anderem eingesetzt zur Berechnung von Fahrdynamik, Schwingungen, Aerodynamik, Akustik, Klimakomfort, Sitzkomfort sowie zur Crash- und Strukturberechnung, d. h. zur Parameteroptimierung (z. B. Wanddickenoptimierung), Gestalt-/Formoptimierung und Topologieoptimierung. Darüber hinaus werden bereits frühzeitig Fertigungssimulationen, z. B. Umform- und Gießsimulationen, durchgeführt [Bra13a; Vol15b].

• In Entwurfs- und Ausarbeitungsphase werden als Hilfsmittel schwerpunktmäßig Gestaltungsrichtlinien/Konstruktionsregeln eingesetzt, wobei diese häufig bereits bauteilbezogen und nicht zwingend in allgemeiner Form (z. B. in Abhängigkeit vom Fertigungsverfahren) bereitgestellt werden. Aufgrund der starken Arbeitsteilung sind viele Konstruktionshinweise nur innerhalb von einzelnen Abteilungen als Best Practices veröffentlicht oder gar nicht dokumentiert. Für häufig wiederkehrende Aufgaben existieren auch spezifische Hilfsmittel, z. B. in der Karosserieentwicklung ein Berechnungswerkzeug für Flanschgeometrien. Ferner kommen Checklisten regelmäßig zum Einsatz, z. B. für die umweltgerechte Bauteilentwicklung [Bra13a; Fur14, 42; Vol15b].

In der Automobilindustrie kommt die klassische Konstruktionsmethodik, wie sie erforscht und in ihrer reinen Form in der universitären Ausbildung gelehrt wird (Abschnitt 3.1.1), somit in eher geringem Maße zum Einsatz. Diese Tatsache lässt sich gleichermaßen auch in anderen Branchen beobachten. Neben der fehlenden Akzeptanz abstrakter Allgemeinmethoden ist dies vor allem darauf zurückzuführen, dass im industriellen Kontext primär Anpassungs- und Variantenkonstruktionen durchführt werden, bei denen Funktionsstruktur und prinzipielle Lösung vom Vorgängerprodukt übernommen werden. Hierdurch liegt der Schwerpunkt auf Routinetätigkeiten in Entwurfs- und Ausarbeitungsphase mit intuitiven, erfahrungsbasierten Vorgehensweisen und weniger auf lösungsoffenen Aufgaben der Konzeptphase. Methoden und Hilfsmittel (Abschnitt 3.1.2) werden häufig an die Art des zu entwickelnden Produkts angepasst und für die spezifischen Bedürfnisse der praktischen Anwendung modifiziert, indem sie beispielsweise auf eine vereinfachte, rudimentäre Form reduziert werden. Von hoher praktischer Relevanz sind insbesondere die zielgerichteten DfX-Methoden (Abschnitte 3.1.3 und 3.1.4) [BS11; Bir05; Bir11b; Tom09].

3.3 Konstruieren für additive Fertigungsverfahren (DfAM)

In diesem Abschnitt werden bestehende wissenschaftliche Ansätze zum Konstruieren für additive Fertigungsverfahren vorgestellt. Diese werden in Analogie zu Design for X unter dem Begriff *Design for Additive Manufacturing (DfAM)* subsumiert. Dieser Begriff wird in der Literatur unterschiedlich weit gefasst und dadurch nicht einheitlich verstanden, insbesondere weil die bestehenden DfAM-Ansätze bislang weitgehend unabhängig voneinander entwickelt wurden. ROSEN (2007) definiert DfAM als „synthesis of shapes, sizes, geometric mesostructures, and material compositions and microstructures to best utilize manufacturing process capabilities to achieve desired performance and other life-cycle objectives" [Ros07]. LAVERNE ET AL. (2015) sehen DfAM als „a set of methods and tools that help designers take into account the specificities of AM (technological, geometrical, etc.) during the design stage" [Lav15]. Ungeachtet dieser Unterschiede wird DfAM nicht nur als weitere Ausprägung des klassischen fertigungsgerechten Konstruierens (DFM, siehe Abschnitt 3.1.4) verstanden, da der Fokus neben der Beachtung von Restriktionen auch auf dem Ausschöpfen neuer Möglichkeiten liegt. In dieser Arbeit wird folgende DfAM-Definition verwendet:

Definition 7: *Design for Additive Manufacturing (DfAM)* bezeichnet Methoden und Hilfsmittel, die den gesamten methodischen Konstruktionsprozess betreffen können und als Unterstützung bei der Identifikation und Nutzung AM-spezifischer konstruktiver Möglichkeiten sowie bei der Umsetzung unter Berücksichtigung AM-spezifischer Restriktionen dienen.

Zur Einordnung existierender und neuer Ansätze ist zunächst eine Klassifizierung innerhalb der DfAM-Disziplin erforderlich. In einigen Quellen werden dazu unterschiedliche Möglichkeiten vorgeschlagen [Yan15b; Lav14; Lav15]. Eine erweiterte Klassifizierung wird in KUMKE ET AL. (2016) vorgestellt [Kum16]. Diese ist in Abbildung 3.9 dargestellt und unterscheidet folgende Kategorien:

- *DfAM im engeren Sinne* enthält Ansätze, die den Konstrukteur durch Richtlinien und Hilfsmittel im eigentlichen Prozess der Lösungserarbeitung unterstützen. Sie enthält folgende Subkategorien:

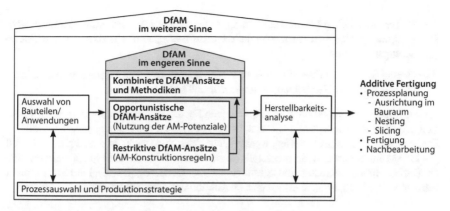

Abbildung 3.9: Klassifikation bestehender DfAM-Ansätze (in Anlehnung an [Kum16])

– *Restriktive DfAM-Ansätze:* Die Konstruktionsregeln enthalten im Wesentlichen die AM-spezifischen Restriktionen und müssen als Grundlage immer beachtet werden, da ihre Nichteinhaltung die Herstellbarkeit eines Bauteils im AM-Verfahren erschweren oder verhindern würde. Die Beachtung der Konstruktionsregeln stellt somit die „Pflicht" des AM-gerechten Konstruierens dar.

– *Opportunistische DfAM-Ansätze:* Diese Kategorie enthält Ansätze zur Nutzung der konstruktiven AM-Potenziale, d. h. Möglichkeiten, die den Konstrukteur bei der systematischen Ausnutzung neuer gestalterischer Freiheiten unterstützen. Im Gegensatz zu den Konstruktionsregeln kann diese Kategorie als höherwertig angesehen werden und stellt somit die „Kür" des AM-gerechten Konstruierens dar.

– *Kombinierte DfAM-Ansätze und Methodiken:* Nur wenn sowohl die AM-Konstruktionsregeln eingehalten als auch die spezifischen Gestaltungsfreiheiten ausgenutzt werden, entsteht eine vollständig AM-gerechte Konstruktion. Daher werden restriktive und opportunistische Ansätze von einigen Autoren simultan betrachtet. Diese Kategorie enthält darüber hinaus AM-spezifische Methoden und Vorgehensmodelle.

• *DfAM im weiteren Sinne* enthält Ansätze, die zusätzlich vor- und nachgelagerte sowie übergeordnete DfAM-Aspekte betreffen. Sie werden in einer umfassenden DfAM-Definition berücksichtigt, da i. d. R. konstruktive Entscheidungskriterien herangezogen werden und die Ergebnisse der Methoden direkten Einfluss auf den Konstruktionsprozess haben. Diese Kategorie enthält DfAM im engeren Sinne als Kern und des Weiteren folgende Subkategorien:

– *Auswahl von Bauteilen/Anwendungen:* Häufig beginnt der AM-Konstruktionsprozess im Anschluss an einen vorgelagerten Auswahlprozess.

– *Prozessauswahl und Produktionsstrategie:* Geeignete AM-Verfahren oder alternative Fertigungsverfahren werden unter anderem auf Basis technischer/konstruktiver Anforderungen ermittelt.

– *Herstellbarkeitsanalyse:* Erarbeitete konstruktive Lösungen können im Nachhinein hinsichtlich ihrer Herstellbarkeit untersucht und bewertet werden.

Anhand dieser Klassifikation werden bestehende Forschungsarbeiten im Folgenden vorgestellt. Ansätze, die nachgelagerte Schritte wie die Fertigungsvorbereitung oder den additiven Fertigungsprozess selbst betreffen, werden nicht näher untersucht. In Abschnitt 3.3.1 wird das DfAM im engeren Sinne vorgestellt, in Abschnitt 3.3.2 das DfAM im weiteren Sinne. Darüber hinaus werden rechnergestützte DfAM-Werkzeuge in Abschnitt 3.3.3 separat betrachtet. In Abschnitt 3.3.4 erfolgt eine Diskussion und Gegenüberstellung der Ansätze.

3.3.1 DfAM im engeren Sinne

Abbildung 3.10 liefert eine Übersicht über die Subkategorien der im Folgenden vorgestellten Ansätze.

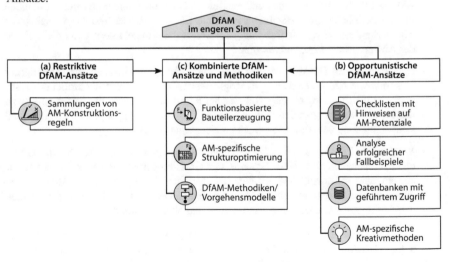

Abbildung 3.10: Übersicht über die DfAM-Ansätze im engeren Sinne

(a) Restriktive DfAM-Ansätze   Trotz großer Gestaltungsfreiheiten bestehen für additiv herzustellende Bauteile oder Baugruppen – wie beim Einsatz anderer Fertigungsverfahren – spezifische Richtlinien und Regeln, die bei der Konstruktion berücksichtigt werden müssen. Einschränkungen entstehen vor allem durch das physikalische Prinzip des schichtweisen Aufbaus, den verarbeiteten Werkstoff und die eingesetzte Maschine. In Anlehnung an das klassische DFM (Abschnitt 3.1.4) wird das Gestalten unter Berücksichtigung der AM-

Tabelle 3.5: Übersicht über Quellen für AM-Konstruktionsregeln

	AM-Verfahren				
	MJM	FLM	LS	LBM	EBM
Wissenschaftliche Primärquellen					
Adam und Zimmer (2012–2015) [Ada14; Ada15a; Ada15b; Zim12; Zim13]		•	•	•	
Aumund-Kopp und Petzoldt (2008) [AK08]				•	
Gerber und Barnard (2008) [Ger08]			•		
Hochschule Bremen (2008) [Hoc08]	•				
Kirchner (2011) [Kir11]	•				
Kranz et al. (2015) [Kra15]				•	
Meisel und Williams (2015) [Mei15]	•				
Seepersad et al. (2012) [See12]			•		
Süß et al. (2016) [Süß16]					•
Thomas (2009) [Tho09]				•	
Vayre et al. (2013) [Vay13]					o
Wegner und Witt (2012) [Weg12]				•	
Lehrbücher					
Breuninger et al. (2013) [Bre13, 121–128]				•	
Gibson et al. (2015) [Gib15, 55–59]			o	o	o
Zäh (2006) [Zäh06, 110–115]			o	o	o
Zäh et al. (2012) [Zäh12, 917–923]				o	o
Normen/Richtlinien					
VDI-Richtlinie 3405 Blatt 3 [VDI15]				•	•
AM-Dienstleister (Auswahl)					
FKM (2015) [FKM15]				•	•
LBC (2013) [LBC13]				•	
Quickparts (2015) [Qui15]					
Stratasys (2015) [Str15]	•				

Legende: o nur allgemeine/qualitative Betrachtung, • auch detaillierte/quantitative Betrachtung

Konstruktionsregeln von einigen Autoren als (restriktives) DfAM bezeichnet [Lav15]. Insbesondere an universitären Forschungseinrichtungen wurden in aufwendigen Versuchsreihen zahlreiche Regeln für das AM-gerechte Gestalten erarbeitet. Tabelle 3.5 enthält eine Übersicht über die Quellen samt berücksichtigten AM-Verfahren und veranschaulicht gleichzeitig die Fragmentiertheit der Regelsammlungen [Emm13b].

Einige der Quellen sind aufgrund ihres Umfangs und ihrer Detailtiefe hervorzuheben. THOMAS (2009) analysiert die geometrischen Restriktionen bei der Fertigung im LBM-Verfahren in umfangreichen Versuchsreihen und ermittelt darin sowohl zahlreiche quantitative Richtwerte, z. B. minimale Radien und Wandstärken, als auch allgemeine Empfehlungen für hochwertige Fertigungsergebnisse, z. B. die Oberflächenqualität als Funktion des Winkels zwischen Bauteilgeometrie und Bauplattform [Tho09]. KRANZ ET AL. (2015) führen spezi-

Tabelle 3.6: Exemplarische Konstruktionsregeln für das LBM-Verfahren

Regel	Beschreibung	Ungünstige Lösung	Günstige Lösung
Stützstrukturen	Ab einem kritischen Winkel zwischen Bauteilgeometrie und Bauplatte sind Stützstrukturen zur Wärmeabfuhr erforderlich, die nachträglich entfernt werden müssen.		
Pulverentfernung	Um nicht verschmolzenes Pulver entfernen zu können, müssen Hohlräume mit Öffnungen versehen werden. Ferner sind komplex verzweigte Hohlräume aufgrund der aufwendigeren Pulverentfernung zu vermeiden.		
Minimale Wanddicke	Beim Einsatz dünner Wände darf eine Mindestdicke nicht unterschritten werden. Dünne Wände müssen ggf. durch Rippen gestützt werden.	$d < d_{min}$	$d \geq d_{min}$

fische Untersuchungen für die Verarbeitung der Titanlegierung TiAl6V4 im LBM-Verfahren durch und ermitteln zugehörige quantitative Restriktionen [Kra15]. Ähnliche Untersuchungen werden von GERBER UND BARNARD (2008), WEGNER UND WITT (2012) sowie SEEPERSAD ET AL. (2012) für das LS-Verfahren durchgeführt [Ger08; See12; Weg12]. Ausführliche Konstruktionsrichtlinien für das FLM-Verfahren wurden zuerst von der HOCHSCHULE BREMEN (2008) veröffentlicht [Hoc08].

Besonders umfangreich sind die Arbeiten von ADAM UND ZIMMER (2012–2015). Die Autoren führen standardisierte Experimente für LBM, LS und FLM durch und ermöglichen dadurch erstmals eine Gegenüberstellung der technologiespezifischen Konstruktionsregeln. Die verwendeten Probekörper basieren auf sogenannten Standardelementen, die in Form von Basiselementen, Elementübergängen und aggregierten Strukturen (Anordnungen von mindestens zwei Basiselementen und deren Elementübergängen) vorliegen. Aus den Versuchsreihen werden detaillierte Konstruktionsregeln abgeleitet, deren Anwendbarkeit und quantitative Ausprägung jeweils für die drei betrachteten Verfahren angegeben wird [Ada14; Ada15a; Ada15b; Zim12; Zim13]. Dennoch betonen sowohl ADAM UND ZIMMER als auch alle anderen Autoren, dass insbesondere die quantitativen Werte in den abgeleiteten Konstruktionsregeln lediglich unter den verwendeten Randbedingungen (Maschine, Werkstoff, Fertigungsparameter) vollständige Gültigkeit besitzen.

Die erarbeiteten Konstruktionsregeln erhalten zunehmend Einzug in Lehrbücher [Bre13; Gib15; Zäh06; Zäh12] sowie Normen und Richtlinien, z. B. VDI-Richtlinie 3405 Blatt 3 [VDI15]. Darüber hinaus werden sie in komprimierter Form auch von Dienstleistungsfertigern an Kunden herausgegeben [FKM15; LBC13]. Hersteller von AM-Anlagen veröffentlichen hingegen nur selten Konstruktionshinweise.

Die Regeln werden, wie für konventionelle Fertigungsverfahren bekannt (Tabelle 3.4), zumeist in Form von Konstruktionskatalogen bereitgestellt, die zu jeder Regel eine Beschreibung, je eine Zeichnung für eine ungünstige und eine günstige konstruktive Lösung sowie weitere Details enthalten. Ein Auszug aus einem Konstruktionskatalog für das LBM-Verfahren ist exemplarisch in Tabelle 3.6 dargestellt.

(b) Opportunistische DfAM-Ansätze Im Vergleich zu konventionellen Fertigungsverfahren bietet AM neue Gestaltungsfreiheiten. In einigen Quellen wird daher die DfAM-Definition propagiert, dass primär die Identifikation und Nutzung dieser konstruktiven Potenziale im Fokus stehen müsse und weniger die neuen verfahrensspezifischen Restriktionen, die im Sinne klassischer DFM-Methoden in den Konstruktionsregeln enthalten sind [Ros07]. Hierbei handelt es sich um das opportunistische DfAM mit dem Ziel innovativer Lösungen [Lav15]. Dieser DfAM-Ansatz wurde bereits in frühen Quellen verfolgt. HAGUE ET AL. (2003/2004) sowie MANSOUR UND HAGUE (2003) stellen die konstruktiven Potenziale insbesondere im Vergleich zum Spritzguss heraus [Hag03b; Hag04; Man03]. Die Gestaltungsfreiheiten werden von BECKER ET AL. (2005) in einer *Checkliste* mit allgemeinen Hinweisen zusammengefasst, aus der sich ein Auszug in Tabelle 3.7 befindet. Die Hinweise sind ähnlich generisch wie die Richtlinien des montagegerechten Gestaltens in Tabelle 3.3.

Ein weiterer Ansatz zur Nutzung konstruktiver Potenziale besteht darin, durch die *Analyse erfolgreicher Fallbeispiele* die Erarbeitung neuer Lösungsideen anzuregen. Dieser Ansatz wird beispielsweise von LEUTENECKER ET AL. (2013) und KLAHN ET AL. (2014) anhand von AM-gerechten Anpassungskonstruktionen bestehender Serienbauteile verwendet. Die Systematik besteht lediglich in der kriterienbasierten Bauteilauswahl (siehe auch Abschnitt 3.3.2) und der Klassifizierung der Fallbeispiele hinsichtlich zentraler Konstruk-

Tabelle 3.7: Allgemeine Gestaltungshinweise für die Nutzung konstruktiver AM-Potenziale (in Anlehnung an [Bec05])

Nr.	Hinweis
1	Nutze die spezifischen Vorteile des Rapid Manufacturing.
2	Fertige nicht dieselben Bauteile nur mit anderen Verfahren. Überdenke die gesamte Baugruppe, reduziere sie auf ihre Funktion und erarbeite daraus direkt eine Integrallösung.
3	Beachte keine traditionellen Konstruktionsregeln (z. B. Abmessungen von Halbzeugen, Koordinatensysteme und Symmetrieachsen für das Spanen).
4	Reduziere die Bauteilanzahl durch Funktionsintegration. Beispielsweise können Gelenke und flexible Regionen in einem Schritt gefertigt werden. Dies reduziert Montagekosten deutlich.
5	Wirf einen Blick auf passende bionische Beispiele, da diese Hinweise auf bessere konstruktive Lösungen liefern können.
6	Nutze Freiformflächen, da ihre Herstellung nicht mehr aufwendig ist.
7	Optimiere die Gestalt hinsichtlich höchster Festigkeit bei geringstem Gewicht.
8	Nutze Hinterschnitte und Hohlstrukturen, falls diese sinnvoll sind. Verschwende keine Zeit für das Nachdenken über fertigungsgerechte Konstruktionen.
9	Beachte nicht die Herstellung klassischer Werkzeuge, da diese nicht mehr benötigt werden.
10	Platziere nur dort Material, wo es aufgrund von Beanspruchungen erforderlich ist.
11	Strebe von Beginn an nach der besten Lösung.

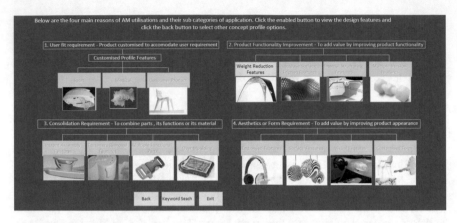

Abbildung 3.11: Inhalte der DfAM-Konstruktionsmerkmale-Datenbank nach [BM11; BM12]

tionsziele, z. B. Bauraumreduktion [Leu13; Kla14]. Darüber hinausgehende methodische Ansätze zur Potenzialnutzung werden nicht geliefert.

Ein Versuch zur systematischen Nutzung eines oder mehrerer konstruktiver AM-Potenziale wird erstmals von BURTON (2005) unternommen, indem in der konzeptionellen Phase des Konstruktionsprozesses ein standardisierter Fragebogen als Hilfsmittel eingesetzt wird. Zunächst werden Fragen zu Stückzahl, Individualisierung, Funktion, Geometrie und Logistik des zu entwickelnden Produkts gestellt. Ausgehend von den Antworten werden dann sowohl die Eignung additiver Verfahren zur Fertigung des Produkts ermittelt als auch konstruktive Merkmale/Lösungen zur Ausnutzung der Gestaltungsfreiheiten vorgeschlagen, z. B. in Form von Fallbeispielen. Abschließend erfolgt eine quantitative Bewertung verschiedener Konzepte auf Grundlage der Ausnutzung von AM-Vorteilen [Bur05].

Einen ähnlichen Ansatz verfolgen BIN MAIDIN (2011) bzw. BIN MAIDIN ET AL. (2012), die eine *Datenbank für DfAM-Konstruktionsmerkmale* („DfAM Design Feature Database") entwickeln. Diese basiert auf 106 bestehenden AM-spezifischen Lösungen, die vorab anhand der Anforderungen Individualisierung, Funktionalitätsverbesserung, Bauteilanzahlreduktion sowie Ästhetik/Form kategorisiert werden. Die Anwendung der Datenbank besteht darin, dass in der konzeptionellen Phase durch die Beantwortung einfacher geschlossener Fragen (z. B. „Soll das Produkt leicht sein?") ein sogenanntes Konzeptprofil ermittelt wird. Auf dessen Basis werden in der Datenbank zugehörige Konstruktionsmerkmale vorgeschlagen (zum Konzeptprofil „Leichtbau" z. B. das Merkmal „variable Wanddicke"), die durch kurze Steckbriefe und Illustrationen bereitgestellt werden und zu kreativen Lösungen inspirieren sollen. Die Validierung der Datenbank erfolgt über Rückmeldungen von studentischen und professionellen Testanwendern [BM11; BM12]. Ein Ausschnitt ist in Abbildung 3.11 dargestellt.

DOUBROVSKI ET AL. (2012) identifizieren als wesentlichen Nachteil des Ansatzes von BIN MAIDIN ET AL., dass die Richtigkeit und Vollständigkeit der Informationen in einer statischen zentralisierten Datenbank vor dem Hintergrund der schnellen Weiterentwicklung der AM-Technologien nicht gewährleistet werden könne. Sie erweitern daher den Ansatz, indem sie als Datenbank ein Wiki-System verwenden, das kollaborativ und kontinuierlich durch seine Nutzer angepasst und ergänzt werden kann [Dou12].

Der Ansatz von LAVERNE ET AL. (2015) basiert auf einer Trennung zwischen einzelteil- und baugruppenorientierten DfAM-Methoden. Einzelteilorientierte Methoden („component-based DfAM") berücksichtigen die konstruktiven AM-Potenziale zur Optimierung eines Produkts und stellen die Fertigbarkeit sicher. Baugruppenorientierte Methoden („assembly-based DfAM") kommen in der konzeptionellen Phase zum Einsatz und dienen dem Auffinden neuer AM-spezifischer Produktstrukturen. Die Autoren argumentieren, dass radikale Innovationen nur durch eine Modifikation der Funktions- und Produktstruktur möglich werden und hierbei auch neue kinematische/dynamische Lösungen analysiert werden müssen. Sie schlagen daher eine als „early assembly-based DfAM" bezeichnete *Kreativmethode* vor, die Produktanforderungen als Eingangsdaten verwendet und als Ergebnisse die Produktstruktur und Konstruktionsmerkmale für nachfolgende einzelteilorientierte Methoden liefert. Die wesentliche Erkenntnis einer ersten Testanwendung im Rahmen einer Fallstudie ist, dass die Art und der Umfang des Wissens, das Konstrukteuren zu den konstruktiven Potenzialen zur Verfügung gestellt wird, ebenso wie der Zeitpunkt der Wissensbereitstellung maßgeblich die Qualität und Innovativität der Konzeptphasenergebnisse bestimmen [Lav15]. Letzterer Aspekt wird in LAVERNE ET AL. (2016) weiter vertieft [Lav16]. In einem vergleichbaren Ansatz von RIAS ET AL. (2016) werden Ideen zur Erzeugung innovativer Produkte auf Basis von Beispielanwendungen aus dem Bereich AM und aus anderen Disziplinen generiert, anschließend weiter ausgearbeitet und ausgewählt. Zur Evaluation werden physische RP-Modelle verwendet [Ria16].

KAMPS ET AL. (2016) stellen einen TRIZ-basierten Ansatz für DfAM vor, der Bionik als Inventionsmethodik nutzt. Darin wird beispielsweise die TRIZ-typische Analogiesuche durch Bionikdatenbanken unterstützt. Fertigungsrestriktionen werden anschließend über die im vorigen Abschnitt vorgestellten Regelsammlungen berücksichtigt [Kam16].

(c) Kombinierte DfAM-Ansätze und Methodiken In den beiden vorherigen Abschnitten wird jeweils entweder ein restriktiver oder ein opportunistischer DfAM-Ansatz verfolgt. Die getrennte Verwendung beider Ansätze führt jedoch nicht zwangsläufig zur Konstruktion vollständig AM-gerechter Bauteile. Einige Autoren kombinieren daher beide Arten („duales DfAM" [Lav15]) oder erarbeiten DfAM-spezifische Konstruktionsmethodiken. Sie bauen hierbei jedoch häufig nicht auf den bestehenden restriktiven und opportunistischen DfAM-Ansätzen auf, sondern entwickeln beide Bestandteile für die spezifische Anwendung neu.

PONCHE ET AL. (2012) stellen – eingeschränkt auf das pulverdüsebasierte DED-Verfahren – einen sogenannten globalen DfAM-Ansatz für die *funktionsflächenbasierte Bauteilgestaltung* vor, in dem anders als im partiellen Ansatz kein bestehendes CAD-Modell zugrunde liegt und im Nachhinein für eine verbesserte Herstellung im AM-Verfahren modifiziert wird. Stattdessen wird die Bauteilgeometrie auf Basis der funktionalen Anforderungen und unter frühzeitiger Beachtung der AM-Verfahrensbesonderheiten entwickelt. Dazu werden zunächst die Funktionsflächen des Bauteils ermittelt und überprüft, ob die resultierenden

Bauteilabmessungen eine Integralbauweise im AM-Verfahren erlauben oder ob aus Baugrößenbeschränkungen eine Differenzialbauweise erforderlich ist. In Abhängigkeit von den erreichbaren Genauigkeiten im AM-Verfahren und Bearbeitungszugaben für Folgeprozesse werden aus den Funktionsflächen im Anschluss Funktionsvolumina erzeugt. Im dritten Schritt werden die geometrischen Körper konstruiert, die die Funktionsvolumina miteinander zu einem Bauteil verbinden. Besonderes Augenmerk liegt auf der Festlegung der optimalen Aufbaurichtung des Bauteils durch Analyse verschiedener Alternativen sowie auf den Fertigungstrajektorien der Laser-/Pulverdüse [Pon12]. In PONCHE ET AL. (2014) wird der Ansatz erweitert, modifiziert und auf dünnwandige Bauteile angewendet. Nach Festlegung der Aufbaurichtung auf Basis der Funktionsflächen wird eine funktionale Bauteiloptimierung im zulässigen Bauraum (z. B. eine Topologieoptimierung) durchgeführt, deren Ergebnis eine Initialgeometrie ist. Im letzten Schritt erfolgen eine lokale Anpassung der Initialgeometrie aufgrund von AM-Prozesscharakteristika und eine Optimierung der Fertigungstrajektorien. Ziel des Vorgehens ist eine Minimierung der Abweichungen zwischen CAD-Modell und physischem Bauteil [Pon14]. In VAYRE ET AL. (2012) wird ein ähnliches, jedoch weniger detailliertes Vorgehen vorgestellt. Dieses verwendet ebenfalls definierte Funktionsflächen als Ausgangspunkt, berücksichtigt aber neben DED auch das pulverbettbasierte EBM-Verfahren [Vay12].

Ansätze zur *Strukturoptimierung* haben in der DfAM-Forschung einen hohen Stellenwert. Während beim Einsatz konventioneller Fertigungsverfahren zur Gewährleistung der Herstellbarkeit teilweise eine starke Modifikation der aus der Optimierung resultierenden Geometrien erforderlich ist, ist eine Geometrieanpassung beim Einsatz von AM aufgrund der konstruktiven Gestaltungsfreiheiten deutlich weniger erforderlich [Are13; Ros14]. Strukturoptimierungen werden traditionell insbesondere hinsichtlich Steifigkeit und Festigkeit bzw. aus Leichtbaugründen durchgeführt; sie werden jedoch zunehmend auch für weitere Zielsetzungen ertüchtigt, z. B. für akustische [Düh08] oder thermische Optimierungen [Rän07]. Es gibt drei Arten der Strukturoptimierung [Bal06; Ben04; Sch13]: Dimensionierung (Variation von Wanddicken und Querschnittsgrößen), Formoptimierung (Variation der Geometrie des Bauteilrandes, i. d. R. durch die Verschiebung von Knotenpunkten) und Topologieoptimierung (Variation der Materialverteilung bzw. der Lage und Anordnung von Strukturelementen unter Berücksichtigung des zur Verfügung stehenden Bauraums, der Lagerung und der Belastung).

Im AM-Kontext werden vor allem *Topologieoptimierungsansätze auf makroskopischer Ebene* intensiv verfolgt [Ros14; Tan14]. In den meisten Fällen zielen diese primär darauf ab, optimale Strukturen unter spezifischen Zielsetzungen/Randbedingungen zu erreichen, d. h. beispielsweise kritische Winkel für Stützstrukturen zu berücksichtigen [Lan16; Lea14] oder den Einfluss von Optimierungsparametern zu ermitteln [Are13]. Ein umfassender Lösungsansatz, der die AM-Freiheiten und -Restriktionen in einen Topologieoptimierungsalgorithmus integriert, liegt jedoch noch nicht vor [Ros14].

Bei dem Gros der Ansätze handelt es sich somit nicht um DfAM im eigentlichen Sinne, da keine Hilfsmittel zur Unterstützung des Konstrukteurs bei der Ausnutzung von AM-Potenzialen für beliebige Bauteile entwickelt werden [Yan15b]. Eine Ausnahme bilden insbesondere die Arbeiten von EMMELMANN ET AL. (2011) und KRANZ ET AL. (2014), die ein in den methodischen Konstruktionsprozess eingebettetes Vorgehen zur Topologieoptimierung vorstellen. Die AM-Spezifität des Ansatzes besteht insbesondere in der Ergebnisinterpretation: Darin werden einerseits AM-Konstruktionsregeln berücksichtigt, z. B. die Vermeidung besonders unerwünschter Stützstrukturen durch Priorisierung einzelner Struktursegmente. Andererseits kommt zusätzlich eine Bionikdatenbank zum Einsatz. Zur Anwendung werden die zentralen Lastfälle einzelner Struktursegmente analysiert, zu denen zugehörige bionische Analogien in der Datenbank gefunden werden können. Hierdurch soll insbesondere unerfahrenen Konstrukteuren das Ausschöpfen der AM-Potenziale erleichtert werden. Das Vorgehen wird außerdem in eine an VDI 2221 angelehnte Konstruktionsmethodik eingegliedert [Emm11a; Kra14]. GRUBER ET AL. (2013) sowie SALONITIS UND AL ZARBAN (2015) stellen ebenfalls rudimentäre optimierungsbasierte Vorgehensmodelle vor [Gru13; Sal15]. Vergleichbare Ansätze zur Kombination von Topologieoptimierung und Bionikdatenbanken finden sich auch außerhalb von DfAM [Mai12; Mai13].

Neben der Optimierung auf Makroebene spielen bei additiven Fertigungsverfahren außerdem *Optimierungsansätze auf mesoskopischer Ebene* eine zentrale Rolle, bei denen jedoch ein größerer Anwendereingriff erforderlich ist [Yan15b]. Bei mesoskopischen Strukturen handelt es sich um Gitter-, Zell- und Wabenstrukturen mit Element-/Zellgrößen zwischen 0,1 und 10 mm [Ros07; Tan15a]. Wie bei der makroskopischen Topologieoptimierung wird auch bei mesoskopischen Optimierungen zurzeit mehr zur Parametervariation als zur methodischen Unterstützung geforscht. Untersucht werden beispielsweise verschiedene Gittertypen, ihre Orientierung im Bauraum, unterschiedliche Strebendurchmesser sowie die Anpassung mesoskopischer Strukturen an Freiformflächen [Cha13; Nam11; Ngu13; Reh10; Teu12; Wan13].

Dennoch liegen auch für mesoskopische Strukturen erste umfassendere DfAM-Ansätze vor. ROSEN (2007) stellt ein Rahmenwerk vor, das den Einsatz von Gitterstrukturen in Bauteilen durch das Ersetzen von Vollmaterial methodisch unterstützen soll und dessen Aufbau gleichzeitig die Architektur eines zugehörigen CAD-Systems darstellt. Für das im ersten Schritt vom Konstrukteur – bei Bedarf unter Zuhilfenahme bestehender Vorlagen – aufgestellte Optimierungsproblem stehen verschiedene Lösungsmethoden und Algorithmen zur Verfügung. Anschließend werden mittels impliziter Modellierung heterogene Volumenmodelle erzeugt, d. h. neben der Geometrie werden auch das Material und weitere Eigenschaften modelliert. Hierbei dienen Datenbanken für Materialien und Mesostrukturen als Unterstützung. Der dritte Schritt besteht in der Fertigungsprozessplanung und einer unmittelbar folgenden Simulation, wodurch ein Abgleich mit den konstruktiven Anforderungen erfolgt [Ros07]. Der Ansatz wurde in seiner ursprünglichen Ausprägung in der Literatur nicht weiter verfolgt.

In TANG ET AL. (2014) wird ein weiterer grober Ansatz vorgestellt, der zum einen makro- und mesoskopische Optimierungen kombiniert und zum anderen eine multikriterielle Topologieoptimierung ermöglicht, d. h. beispielsweise die gleichzeitige Optimierung hinsichtlich Steifigkeits- und thermischer Anforderungen. Im ersten Schritt wird eine Topologieoptimierung auf Basis einer prinzipiellen Lösung oder eines bestehenden CAD-Modells und unter Berücksichtigung der konstruktiven Anforderungen (Optimierungsziele) durchgeführt. Sie liefert als Ergebnis die relative Dichte jedes Volumenelements. Im zweiten Schritt wird der Bauraum modifiziert, indem unter anderem Restriktionen der Herstellbarkeit berücksichtigt werden. Im dritten Schritt werden die Parameter der Gitterstruktur (z. B. der Strebendurchmesser) innerhalb jedes Volumenelements in Abhängigkeit von seiner relativen Dichte festgelegt [Tan14].

In den Folgearbeiten von TANG ET AL. (2015) sowie TANG UND ZHAO (2015) wird primär der Einsatz von Mesostrukturen aus dieser Methode weiterverfolgt. Ausgehend von funktionalen Anforderungen oder einem bestehenden Bauteil werden zunächst Funktionsflächen und Funktionsvolumen definiert. Die Funktionsvolumen werden dann in mehrere Subvolumen unterteilt. Auf Basis der Ergebnisse einer ersten FE-Analyse werden den Subvolumen als Füllung entweder Vollmaterial oder Mesostrukturen zugewiesen. Die Ausgangsparameter für die Gitterstrukturen stammen aus einer Datenbank, in der Gitterstrukturarten und zugehörige mechanische Eigenschaften abgelegt sind. Nach einer algorithmusbasierten Erzeugung der Gitterstrukturen in den entsprechenden Funktionsvolumina werden entweder die Gitterorientierungen innerhalb jedes Subvolumens optimiert [Tan15b] oder mittels Topologieoptimierung die Strebendurchmesser belastungsgerecht angepasst [Tan15a], sodass im letzteren Fall heterogene Mesostrukturen entstehen.

Neben spezifischen Methoden zur AM-gerechten Strukturoptimierung existieren auch einige kombinierte Ansätze, die in umfassenderen *DfAM-Methodiken und -Vorgehensmodellen* bestehen. Zwar werden einfache Vorgehensmodelle zum Teil auch in opportunistischen DfAM-Ansätzen verwendet, erfüllen dabei aber nicht den Anspruch an ganzheitliche Konstruktionsmethodiken.

In LINDEMANN ET AL. (2015) wird im Anschluss an einen Bauteilauswahlprozess (Abschnitt 3.3.2) ein aus der klassischen Konstruktionslehre bekannter Black-Box-Ansatz zur AM-gerechten Anpassungskonstruktion verwendet. Darin wird das System (Bauteil/Baugruppe) in seine Hauptfunktionen zerlegt, wodurch die Möglichkeiten der Potenzialnutzung vergrößert werden sollen. Überdies ermöglicht die Funktionsorientierung die Analyse der Wechselwirkungen zwischen Bauteilen, um Potenziale der Funktionsintegration in Betracht zu ziehen [Lin15].

BOYARD ET AL. (2013) gehen in ihrer Methodik ebenfalls von den zu erfüllenden Funktionen aus und nutzen Funktionsgraphen/-strukturen als aus der klassischen Konstruktionsmethodik bekannte Darstellungsform (Abschnitt 3.1.1). Die Besonderheit des Ansatzes besteht darin, dass DFA und DFM (Abschnitt 3.1.4) simultan und nicht sequenziell durchgeführt werden. Beim Entwurf der Produktarchitektur werden klassische DFA-Aspekte berücksichtigt, während im DFM-Modul die AM-spezifischen Konstruktionsregeln enthalten sind [Boy13]. In der Methodik von RODRIGUE UND RIVETTE (2010) hingegen wird im ersten Schritt auf Basis der prinzipiellen Lösung bzw. der modularen Produktstruktur versucht, die Bauteilanzahl zu reduzieren. Im zweiten Schritt folgen verschiedene Arten der Funktionsoptimierung sowie die Werkstoffauswahl [Rod10].

Auf Grundlage einer umfangreichen Literaturrecherche stellen YANG ET AL. (2015) eine eigene Methodik vor. Ausgangspunkt bzw. Eingangsdaten sind neben einem initialen CAD-Modell die Leistungs- und Funktionsanforderungen. Im eigentlichen Konstruktionsprozess werden unter Berücksichtigung der AM-Prozessrestriktionen Herstellung, Montage und Standardisierung in separaten Schritten zunächst Funktionsintegration betrieben und

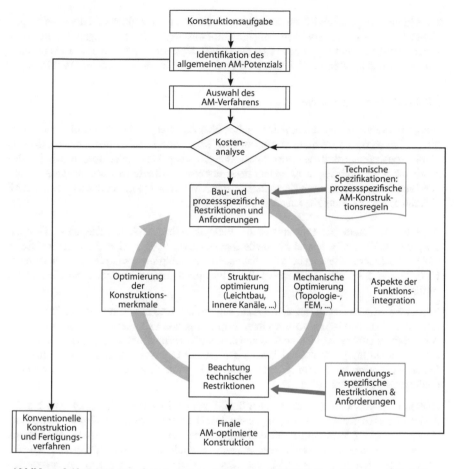

Abbildung 3.12: DfAM-Vorgehensmodell des EU-Projekts „SASAM" (in Anlehnung an [Ver14])

anschließend Strukturoptimierungen durchgeführt [Yan15b]. Die Methodik wird in einer Folgearbeit detailliert und mit dem Ansatz von TANG ET AL. (2015) verknüpft, indem Funktionsflächen und -volumen zur Funktionsintegration und Strukturoptimierung zum Einsatz kommen [Yan15a].

Eine weitere umfassende Methodik wird im Rahmen des EU-Projekts „Standardisation in Additive Manufacturing" (SASAM) erarbeitet, die in Abbildung 3.12 stellvertretend für die in diesem Abschnitt thematisierten Vorgehensmodelle dargestellt ist. In der Methodik wird auf Grundlage der Anforderungen zunächst eine umfassende Vorbewertung vorgenommen, indem das AM-Potenzial für das entsprechende Produkt ermittelt, ein geeignetes AM-Verfahren ausgewählt und eine Kostenanalyse durchgeführt werden. Ist eine Eignung für AM nicht gegeben, wird auf konventionelle Fertigungsverfahren und die zugehörigen Konstruktionsprozesse verwiesen. Fällt die Vorbewertung positiv aus, beginnt ein iterativer Zyklus der Produktentwicklung, in dem Funktionsintegration, Optimierungsverfahren sowie allgemeine und spezifische AM-Konstruktionsregeln berücksichtigt werden [Ver14].

3.3.2 DfAM im weiteren Sinne

Ansätze des DfAM im weiteren Sinne gehen über den eigentlichen Konstruktionsprozess hinaus. Sie hängen jedoch unmittelbar mit der Konstruktion zusammen, insbesondere da häufig konstruktive Kriterien zur Entscheidungsfindung verwendet werden. Die DfAM-Methodik aus Abbildung 3.12 enthält beispielsweise explizite Module für die Auswahl von Bauteilen/Anwendungen (Identifikation des AM-Potenzials), für die Auswahl des AM-Verfahrens sowie für die Kostenanalyse.

Auswahl von Bauteilen/Anwendungen Viele aktuelle AM-Anwendungen sind Anpassungskonstruktionen bestehender Bauteile oder Baugruppen. Dem eigentlichen Konstruieren (DfAM im engeren Sinne) wird daher häufig ein Auswahlprozess vorgeschaltet, in dem auf Grundlage AM-spezifischer Kriterien die vielversprechendsten Anwendungen identifiziert werden sollen.

Eine grobe kriterienbasierte Bauteilauswahl nutzen auch LEUTENECKER ET AL. (2013) und KLAHN ET AL. (2014) im Rahmen ihrer Vorstellung von Fallbeispielen (Abschnitt 3.3.1). Angelehnt an DfX verwenden sie folgende Auswahlkriterien: Funktionsintegration („Design for Functional Integration"), Leichtbau („Design for Lightweight Structures"), Effizienz/Leistung („Design for Efficiency/Performance") und Individualisierung („Design for Individualization") [Kla14; Leu13].

CONNER ET AL. (2014) stellen einen detaillierteren Ansatz zur Unterstützung bei der Auswahl geeigneter AM-Anwendungen vor. Die Schlüsselattribute Stückzahl, Individualisierung und Komplexität bilden die drei Dimensionen eines Drei-Achsen-Modells. Durch die Kombination der Schlüsselfaktorausprägungen „stark" und „schwach" ergeben sich acht verschiedene Produktkategorien. Für jede Kategorie können geeignete Fertigungsstrategien ermittelt werden. Gleichzeitig können Kategorien identifiziert werden, die sich als besonders vielversprechend für den AM-Einsatz auszeichnen. Als zusätzliche Hilfestellung dienen quantifizierte Komplexitäts- und Individualisierungsskalen [Con14].

Zur strukturierten Bauteilauswahl wird von LINDEMANN ET AL. (2015) eine umfangreiche Methode vorgestellt, deren Grundkonzept von zwei wesentlichen Elementen geprägt ist: der Durchführung mehrerer zielgerichteter Workshops und der detaillierten Bauteilcharakterisierung und -bewertung mithilfe einer Bewertungsmatrix. Die Bauteilauswahl wird in drei Phasen, zu deren Beginn jeweils ein Workshop durchgeführt wird, sukzessive konkretisiert. Die Informationsphase, die insbesondere für AM-unerfahrene Anwender relevant ist, beginnt mit einer Einführung in die Verfahren, wobei den Teilnehmern bereits hier detailliert die Restriktionen/Konstruktionsregeln erläutert werden. Anschließend wird in einem Bauteilscreening eine große Anzahl potenzieller AM-Bauteile ermittelt und in einer sogenannten

Trade-off-Methodik-Matrix gesammelt. In der Bewertungsphase werden die gesammelten Bauteile anhand folgender Kriterien im Sinne einer Nutzwertanalyse bewertet: Baugrößenbeschränkung, Bauteilklassifizierung (z. B. hinsichtlich Komplexität), Möglichkeiten der Bauteilanzahlreduktion/Funktionsintegration, erforderliche Nachbearbeitung, Verfügbarkeit von Materialkennwerten, Strukturoptimierungspotenziale, voraussichtlicher Materialbedarf sowie Fertigungsverfahrenalternativen. Ergebnis der Nutzwertanalyse ist eine Rangfolge der Bauteile hinsichtlich ihres AM-Potenzials. Die am besten bewerteten Bauteile werden anschließend von AM-Experten im Detail beurteilt. In der Entscheidungsphase werden die vielversprechendsten Bauteile ausgewählt und im weiteren Verlauf mittels standardisierter Steckbriefe beschrieben und ausgearbeitet. Innerhalb des Ansatzes kommen diverse Hilfsmittel der klassischen Konstruktionsmethodik zum Einsatz, z. B. Kreativitätstechniken, Bewertungsverfahren und Veranschaulichungen von Funktionsstrukturen. Neben dem Workshopkonzept und der Trade-off-Methodik-Matrix besteht eine Besonderheit des Ansatzes in der dedizierten Abstimmung zwischen bauteilverantwortlichen Konstrukteuren und AM-Experten mit detailliert beschriebenen Zuständigkeiten [Lin15]. KNOFIUS ET AL. (2016) führen eine datenbankbasierte Identifikation von Ersatzteilen durch, die durch einen Analytic Hierarchy Process unterstützt wird [Kno16]. Im Gegensatz zu LINDEMANN ET AL. ist diese Methode quantitativer ausgerichtet und strikter kriterienorientiert.

Prozessauswahl und Produktionsstrategie   In bestehenden Forschungsarbeiten gibt es eine Vielzahl an (häufig multikriteriellen) Entscheidungsunterstützungssystemen für additive Fertigungsverfahren [Ach15; Bib99; Byu05; Cam96; Gha12; Gib15, 303–327; Kas00; Kir11; Kus09; Mas02; Mer12; Mun10; VR07; Zha14b; Zhu13]. Die Systeme unterstützen ihre Nutzer für eine gegebene Anwendung bei der Auswahl eines geeigneten Verfahrens oder einer spezifischen Anlage, der Prozesskette sowie geeigneter Werkstoffe. Zur Bewertung der Verfahrenseignung werden beispielsweise Anwendungsmerkmale wie Bauteilgröße und Produktionsvolumen sowie technische Spezifikationen wie die Genauigkeit und die Baugeschwindigkeit herangezogen. Einige Methoden beinhalten auch eine Analyse von Verfahrensalternativen oder Ansätze zur Kombination additiver und konventioneller Fertigungsverfahren. Darüber hinaus werden auf Basis von Bauteildaten Komplexitätsfaktoren, z. B. zur Quantifizierung der geometrischen Bauteilkomplexität, berechnet, um Verfahrenseignung oder Bauzeit abzuschätzen. Die Systeme basieren in der Regel auf umfangreichen Datenbanken sowie teilweise auf Algorithmen und künstlicher Intelligenz/Expertensystemen. Weiterhin sind einige der Ansätze auch auf der strategischen Ebene anzusiedeln, da sie Methoden zur Festlegung der Produktionsstrategie unter Berücksichtigung der gesamten Wertschöpfungskette oder zur strategischen Technologiebewertung bereitstellen. Wenngleich viele der Systeme ursprünglich für das Rapid Prototyping entwickelt wurden, lassen sie sich grundsätzlich auch auf das Rapid Manufacturing übertragen.

Herstellbarkeitsanalyse und Bauteilorientierung   Als Ergänzung zu den AM-Konstruktionsregeln, deren Einhaltung die Herstellbarkeit eines Bauteils grundsätzlich gewährleisten sollte, gibt es Ansätze, die ausgearbeitete Bauteile hinsichtlich ihrer Herstellbarkeit analysieren.

KERBRAT ET AL. (2010/2011) stellen einen Ansatz vor, in dem für verschiedene Bereiche eines bestehenden CAD-Modells Herstellbarkeitskennzahlen berechnet werden. Auf deren Grundlage wird das Modell bei Bedarf in mehrere Module gegliedert. Für jedes Modul wird entschieden, ob zur Herstellung ein additives oder ein subtraktives Verfahren zum Einsatz kommen sollte [Ker10; Ker11].

In ZHANG ET AL. (2014) wird eine zweistufige Methode zur Konstruktionsbewertung entwickelt, in der die Prozessplanung und die Bauteilgestaltung in Beziehung zueinander gesetzt werden. Zur Bewertung einer Konstruktion werden verschiedene Kriterien (Indikatoren) berechnet, z. B. der Adaptionsindikator (allgemeine Eignung des Bauteils für die Fertigung im AM-Verfahren) und der Geometrieindikator (Grad der Ausnutzung von AM-Potenzialen) [Zha14a]. In ZHANG ET AL. (2016) erweitern die Autoren den Ansatz um eine featurebasierte Methode zur Bauteilorientierung [Zha16]. Der Aspekt der optimalen Bauteilorientierung wird auch von ANCAU UND CAIZAR (2010) sowie RUAN ET AL. (2009) betrachtet [Anc10; Rua09].

Ein auch von AM-Novizen anwendbares Hilfsmittel wird von BOOTH ET AL. (2016) bereitgestellt: Mithilfe ihres praxisnahen DfAM-Worksheets wird die Herstellbarkeit durch ein einfaches Punktesystems auf Basis geometrischer Bauteilmerkmale bewertet und ggf. konstruktive Überarbeitungen oder sogar andere Fertigungsverfahren empfohlen [Boo16].

3.3.3 Rechnergestützte DfAM-Werkzeuge

Analog zu anderen DfX-Ansätzen (Abschnitt 3.1.3) liegen auch im DfAM einige Hilfsmittel als rechnergestützte Werkzeuge vor, die somit die bestehende DfX-Toolbox erweitern. In diesem Abschnitt wird daraus eine Auswahl vorgestellt, die insbesondere aufgrund der rapiden Weiterentwicklung auf dem Gebiet der AM-spezifischen Softwareunterstützung keinen Anspruch auf Vollständigkeit erhebt. In folgenden Kategorien liegen DfAM-Werkzeuge vor:

- *Entscheidungsunterstützung bei der Prozess- und Materialauswahl:* Viele der in Abschnitt 3.3.2 vorgestellten Auswahlsysteme sind rechnergestützt. Sie sind jedoch in der Regel eher forschungslastig und nicht frei/kommerziell erhältlich. Eine Ausnahme stellt beispielsweise die Internetplattform „Additively" (http://www.additively.com) dar, auf der Nutzer in einer Datenbank Verfahren, Anlagen und Materialien auffinden können.

- *Wissensspeicher zur Lösungsfindung:* Die im Rahmen der opportunistischen DfAM-Ansätze (Abschnitt 3.3.1) vorgestellten Datenbanken für DfAM-Konstruktionsmerkmale, die als Wissensspeicher zur Lösungsfindung im Rahmen der Konzeptphase genutzt werden können [BM11; BM12; Dou12], liegen ebenfalls als rechnergestützte, jedoch nicht frei/kommerziell erhältliche Versionen vor.

- *Bestehende CAD-Systeme und AM-spezifische Zusatzmodule:* Zur Erzeugung der Daten von AM-Bauteilen können grundsätzlich in der Industrie etablierte CAD-Systeme verwendet werden, z. B. Dassault Systèmes CATIA, PTC Creo, Autodesk Inventor oder Siemens NX [Gao15; Gib15, 420]. Zur Unterstützung beim Gestalten und Ausarbeiten liegen für diese Systeme erste AM-spezifische Zusatzmodule vor. Aus einem geförderten Projekt an der Universität Duisburg-Essen sind beispielsweise die „Additive Manufacturing CAD-Tools" hervorgegangen, die als Add-in für Autodesk Inventor und PTC Creo kostenfrei verfügbar sind. Sie bieten unter anderem Funktionen zur Analyse der minimalen Wandstärke, zur Ermittlung des quaderförmigen Hüllkörpers eines Bauteils (Bounding Box) sowie verschiedene Exportfunktionen [Köh14].

- *Spezielle CAD-Systeme zur Umsetzung konstruktiver AM-Potenziale:* Während konventionelle CAD-Systeme zur Erzeugung vieler Geometrien geeignet sind, stoßen sie bei komplexen konstruktiven AM-Potenzialen an ihre Grenzen, u. a. bei Mesostrukturen und gradierten Materialien [Gao15; Gib15, 420 ff.]. Auf Grundlage von Forschungsarbeiten liegen hierzu mittlerweile einige spezielle Softwarelösungen vor. Die Systeme *Autodesk Within*, *Materialise 3-matic^{STL}* sowie das Lattice-Structure-Modul in *Altair Optistruct* bieten Funktionen zur Erzeugung, Optimierung und Simulation mesoskopischer Strukturen.

- *Datenaufbereitung/Fertigungsvorbereitung:* AM-spezifische Software ist darüber hinaus in der Regel für die Datenaufbereitung und Fertigungsvorbereitung erforderlich (Abschnitt 2.2). Dabei kommt neben der proprietären Software der entsprechenden Hersteller bei industriellen AM-Anlagen insbesondere *Materialise Magics* zum Einsatz. Da Konstruktion und Fertigungsvorbereitung im industriellen Kontext typischerweise getrennt sind (Abschnitt 3.2), werden die Schritte der Fertigungsvorbereitung an dieser Stelle nicht weiter vertieft.

AM-spezifischen rechnergestützten Werkzeugen und CAD-Systemen kommt eine zunehmend größere Bedeutung zu. Zukünftig sind daher zahlreiche Neu- und Weiterentwicklungen zu erwarten.

3.3.4 Diskussion und Gegenüberstellung der DfAM-Ansätze

Die Untersuchung bisheriger Forschungsarbeiten anhand der Klassifikation in DfAM im engeren Sinne und DfAM im weiteren Sinne zeigt, dass für jede Subkategorie bereits zahlreiche unterschiedliche Ansätze vorliegen. Dies verdeutlicht erneut, dass der Begriff DfAM, wie einleitend erwähnt, in der Literatur sehr weit gefasst wird. Die bestehenden Methoden und Hilfsmittel können Konstrukteure bei der Bearbeitung verschiedenster Aufgaben unterstützen.

Im Kontext des methodischen Konstruierens sind insbesondere die Ansätze des DfAM im engeren Sinne relevant. Tabelle 3.8 liefert eine Übersicht und Gegenüberstellung für diese Kategorie. Jeder Ansatz wird hinsichtlich folgender Kriterien eingeordnet: thematisierte Konstruktionsphasen nach VDI 2222, berücksichtigte Konstruktionsart (Neukonstruktion oder Anpassungskonstruktion), verwendete Systemgrenze (Anwendbarkeit nur auf Einzelteile oder auch auf Baugruppen) sowie ggf. Einschränkungen auf einzelne AM-Verfahren. Bei der Einordnung jedes Ansatzes hinsichtlich der Kriterien wird zwischen vollständiger und teilweiser Betrachtung/Eignung unterschieden. Folgende Besonderheiten können beobachtet werden:

Tabelle 3.8: Gegenüberstellung bestehender Ansätze des DfAM im engeren Sinne (siehe auch [Kum16])

	Konstruktionsphase				Konstruktionsart		Systemgrenze		Einschränkung
	I	II	III	IV	Neuk.	Anpassungsk.	Einzelteil	Baugruppe	
(a) Restriktive DfAM-Ansätze									
Sammlungen von AM-Konstruktionsregeln			●	●	●	●	●	○	insb. LBM, LS, FLM
(b) Opportunistische DfAM-Ansätze									
Hinweise auf AM-Potenziale; Checklisten [Hag03b; Hag04; Man03; Bec05]		●	●		●	●	●		keine
Analyse erfolgreicher Fallbeispiele [Leu13; Kla14; Kla15]		○	○		○	●	●	●	keine
Konstruktionsmerkmal-Datenbanken mit geführtem Zugriff [Bur05; BM12; Dou12]	○	●	○		●	●	●	●	keine
Bionik- und TRIZ-basierte Inventionsmethodik [Kam16]		●	○		●	●	●	●	keine
AM-spezifische Kreativmethoden [Lav15; Lav16; Ria16]		●			●	●	●	●	keine
(c) Kombinierte DfAM-Ansätze und Methodiken									
Funktionsflächenbasierte Bauteilgestaltung [Pon12; Pon14; Vay12]		○	●	○	●	●	●		DED, EBM
AM-spezifische Strukturoptimierung									
– Methodisch unterstützte Topologieoptimierung [Emm11a; Kra14; Gru13; Sal15]	○	○	●	○	○	●	●		LBM
– Methodisch unterstützter Einsatz mesoskopischer Strukturen [Ros07; Tan14; Tan15a; Tan15b]	○	○	●	○	●	●	●		insb. LBM, EBM
DfAM-Methodiken/Vorgehensmodelle									
– DfAM-Methodik nach [Lin15]		○	●		●		●	●	keine
– DfAM-Methodik nach [Boy13]		○	○			○	●	●	keine
– DfAM-Methodik nach [Rod10]			○			●	●	●	keine
– DfAM-Methodik nach [Yan15a; Yan15b]		○	○		○	●	●	●	keine
– DfAM-Methodik nach [Ver14]	○	○	●	○	○		●	●	keine

Legende: ● vollständige Betrachtung/Eignung, ○ teilweise Betrachtung/Eignung

- Restriktive DfAM-Ansätze enthalten Konstruktionsregeln, die in Entwurfs- und Ausarbeitungsphase angewendet werden und gleichermaßen für Neu- und für Anpassungskonstruktionen gültig sind. Bislang liegen primär einzelteilbezogene Regeln für die verbreiteten Verfahren LBM, LS und FLM vor. Restriktive Ansätze stellen quantitativ den Schwerpunkt in der DfAM-Forschung dar.

- Opportunistische DfAM-Ansätze bestehen in Checklisten, Fallbeispielanalysen, Datenbanken mit Konstruktionsmerkmalen und Kreativmethoden. Sie betreffen vor allem die Konzeptphase und sind den restriktiven DfAM-Ansätzen daher weitgehend vorgelagert. Hinsichtlich ihrer Anwendbarkeit in Abhängigkeit von Konstruktionsart, Systemgrenze und AM-Verfahren sind sie kaum eingeschränkt.

- Kombinierte DfAM-Ansätze und Methodiken sind sehr divers. Zwar liegt der Anwendungsschwerpunkt der meisten Ansätze in der Entwurfsphase, jedoch sind insbesondere funktionsflächenbasierte Gestaltung und Strukturoptimierung immer einzelteilbezogen und in der Regel auf bestimmte AM-Verfahren eingeschränkt. DfAM-Methodiken und Vorgehensmodelle hingegen sind – ganz im Sinne der klassischen Konstruktionsmethodik – häufig universeller gültig. Sie unterscheiden sich vor allem hinsichtlich der thematisierten Konstruktionsphasen sowie der Konstruktionsart.

In Summe ist DfAM im engeren Sinne ein Konzept, das Methoden und Hilfsmittel für den gesamten methodischen Konstruktionsprozess bereitstellt. Obwohl DfAM begrifflich eine Modifikation von DFM ist, besteht seine Analogie lediglich in den Konstruktionsregeln der restriktiven DfAM-Ansätze. DfAM liefert jedoch zum einen auch baugruppenbezogene Ansätze im Sinne des DFA, zum anderen durchbricht es die typische Begrenzung des DFMA insgesamt, indem es beispielsweise detaillierte Vorgehensmodelle, Funktionsstrukturanalysen und Kreativmethoden für die Konzeptphase bereitstellt. DfAM ist somit als umfassendes Konzept im Sinne des DfX zu verstehen.

3.4 Zusammenfassung und Konkretisierung des Forschungsbedarfs

In diesem Kapitel wurde das methodische Konstruieren im Kontext additiver Fertigungsverfahren untersucht. Innerhalb der klassischen Konstruktionsmethodik hat sich VDI-Richtlinie 2221 als präskriptives Modell für den methodischen Konstruktionsprozess etabliert, wenngleich zahlreiche Alternativmodelle vorliegen und der tatsächliche Konstruktionsablauf vom Vorgabeprozess abweichen kann, z. B. in Abhängigkeit von dem Neuheitsgrad des zu entwickelnden Produkts. Die Arbeitsschritte im Konstruktionsprozess werden durch Methoden und Hilfsmittel unterstützt, die von Ansätzen des Anforderungsmanagements und allgemein anwendbaren Lösungsfindungsmethoden bis hin zu leistungsfähiger Berechnungssoftware reichen. Besonderen Stellenwert haben die Methoden des Design for X, von dem das fertigungs- und montagegerechte Konstruieren eine prominente Ausprägung darstellt. Die Untersuchung des praktischen Konstruktionsprozesses am Beispiel der Automobilindustrie zeigt eine Diskrepanz zwischen gelehrter und praktisch angewendeter Konstruktionsmethodik. Innerhalb des als Design for Additive Manufacturing (DfAM) bezeichneten Konstruierens für additive Fertigungsverfahren liegen bereits zahlreiche auf

AM spezialisierte Methoden und Hilfsmittel vor. Schwerpunkte bilden restriktive DfAM-Ansätze, die neue Konstruktionsregeln enthalten, opportunistische DfAM-Ansätze, die die Ausnutzung konstruktiver Potenziale unterstützen, sowie Kombinationen aus diesen beiden Kategorien.

Im Folgenden werden die Limitationen bestehender DfAM-Ansätze aufgezeigt und das Vorhaben im Rahmen dieser Arbeit konkretisiert.

3.4.1 Defizite bestehender DfAM-Ansätze

Aufbauend auf KUMKE ET AL. (2016) werden folgende Defizite bestehender DfAM-Ansätze identifiziert [Kum16]:

1. *Unvollständige Definition konstruktiver AM-Potenziale:* Es ist nicht einheitlich, eindeutig und vollständig definiert, worin die AM-spezifischen Gestaltungsfreiheiten im Einzelnen bestehen (siehe auch Abschnitt 2.4). Außerdem werden sie häufig nur aus den AM-Eigenschaften und nicht durch einen Vergleich mit den Freiheiten und Restriktionen anderer Fertigungsverfahren abgeleitet.

2. *Fehlende Integration der DfAM-Ansätze in ein gemeinsames Rahmenwerk:* Zwar wird DfAM als ganzheitliches Konzept für den gesamten Konstruktionsprozess verstanden. Dennoch liegt für AM keine durchgängige Konstruktionsmethodik im Sinne der VDI-Richtlinie 2221 vor, die Konstrukteuren als umfassendes Rahmenwerk von der Produktidee bis zur konstruktiven Umsetzung dient. Nur wenige DfAM-Ansätze werden in den Kontext einer Gesamtmethodik gestellt; die enge Verknüpfung zur klassischen Konstruktionsmethodik als ihre natürliche Grundlage (Abschnitt 3.1.1) wird selten aufgezeigt. Gleichzeitig fehlt für viele DfAM-Ansätze eine klare Einordnung, in welchem Arbeitsschritt des Konstruierens die erarbeiteten Methoden und Hilfsmittel idealerweise zum Einsatz kommen.

3. *Unabhängigkeit der DfAM-Ansätze und fehlende Schnittstellen:* Die bisherige DfAM-Forschung ist fragmentiert. Bestehende Ansätze wurden weitgehend isoliert voneinander entwickelt und bauen kaum aufeinander auf. Beispielsweise verwenden die kombinierten Ansätze und Methodiken per definitionem restriktive und opportunistische Elemente, nutzen jedoch nur selten die in diesen DfAM-Kategorien bestehenden Hilfsmitteln, sondern entwickeln beide Bestandteile neu. Ferner gibt es keine definierten Schnittstellen zwischen den DfAM-Ansätzen, wodurch ihre kombinierte Anwendung erschwert wird.

4. *Unklare Einschränkungen einzelner DfAM-Ansätze:* In einigen Ansätzen werden generische Eigenschaften und Potenziale thematisiert, die jedoch nur in wenigen Fällen für jedes einzelne AM-Verfahren gleichermaßen gelten. Die bewertende Einordnung obliegt somit häufig dem Anwender.

5. *Fehlende Integration allgemeiner Konstruktionsmethoden und -hilfsmittel:* Das Gros der klassischen Methoden und Hilfsmittel (Abschnitt 3.1.2) ist allgemeingültig und unabhängig vom gewählten Fertigungsverfahren einsetzbar. Die Eignung einzelner Methoden und

Hilfsmittel für die Berücksichtigung der Besonderheiten additiver Fertigungsverfahren wurden bislang kaum untersucht.

6. *Fokus auf einzelne Konstruktionsziele/Potenziale:* Häufig steht bei der AM-spezifischen Produktentwicklung nur ein einzelnes Konstruktionsziel im Fokus. Der selektiv erhöhte Produktnutzen rechtfertigt zwar i. d. R. die Nutzung dieser Ansätze, birgt jedoch die Gefahr, zusätzlich vorhandene Optimierungsmöglichkeiten ungenutzt zu lassen. Um ein spezifisches Konstruktionsziel (z. B. Leichtbau) zu erreichen, wird darüber hinaus häufig nur ein einzelnes Potenzial ausgenutzt (z. B. AM-spezifische Strukturoptimierung), obwohl AM weitere Potenziale bieten würde, die diesem Konstruktionsziel dienlich sind (z. B. Reduktion der Bauteilanzahl).

7. *Geringe Betrachtung innovativer Lösungen:* Obwohl große fertigungsbedingte Gestaltungsfreiheiten auch innovative konstruktive Lösungen ermöglichen, liegt der aktuelle DfAM-Schwerpunkt eher auf inkrementellen Produktverbesserungen. Da wenige Methoden gezielt kognitive Barrieren abbauen und zu gänzlich neuartigen Produktkonzepten anregen, besteht die Gefahr, dass AM-Potenziale ungenutzt bleiben.

8. *Fehlende Iterationsschleifen zur Überprüfung der AM-Eignung:* Sobald in DfAM-Methodiken die Entscheidung für AM getroffen wurde (z. B. im Rahmen einer Bauteilauswahl), wird diese häufig nicht mehr kritisch hinterfragt, obwohl insbesondere in der industriellen Praxis das Gebot der Wirtschaftlichkeit und erreichbare Bauteil-/Werkstoffeigenschaften eine regelmäßige Überprüfung der Zielerfüllung erfordern.

9. *Begrenzte Gültigkeit von AM-Konstruktionsregeln:* Die Gültigkeit AM-spezifischer Restriktionen ist häufig nicht nur auf das jeweilige Verfahren, sondern auch auf den verarbeiteten Werkstoff oder die verwendete Maschine beschränkt. Allgemeingültige Grundregeln und Vergleiche zwischen Konstruktionsregelsammlungen, die insbesondere DfAM-unerfahrenen Konstrukteuren ein Gefühl für die Prinzipien und Verfahrensgrenzen geben, sind kaum verfügbar.

10. *Spezifität und Anwendungsfreundlichkeit in der Praxis:* Bislang ist die einfache Anwendbarkeit in der Praxis nur bei wenigen Ansätzen ein Hauptziel. Anforderungen aus der industriellen Praxis (Abschnitt 3.2) fanden bei der Erarbeitung von DfAM-Methoden bislang wenig Berücksichtigung. Viele Ansätze sind vielmehr spezifisch und eher der Grundlagenforschung zuzuordnen.

3.4.2 Vorhaben im Rahmen dieser Arbeit

Trotz der Defizite bisheriger DfAM-Ansätze ist als wesentlicher Vorteil des Stands der Forschung festzuhalten, dass für viele Aufgaben und Fragestellungen des AM-spezifischen Konstruierens bereits vielversprechende und teilweise erprobte/validierte Ansätze vorliegen. Das Vorhaben im Rahmen dieser Arbeit baut auf dieser Basis auf. Diese Arbeit soll einen Beitrag zum Schließen der im vorigen Abschnitt identifizierten Forschungslücken leisten.

Zentrales Ziel ist die Erarbeitung eines umfassenden DfAM-Rahmenwerks, das auf der klassischen Konstruktionsmethodik aufbaut. In einem konstruktionsmethodischen Vorgehensmodell sollen sowohl die bislang unabhängigen DfAM-Ansätze als auch allgemeine Methoden und Hilfsmittel des Konstruierens an geeigneten Stellen integriert und durch definierte Schnittstellen miteinander verknüpft werden. Hierdurch soll das Konstruieren von Produkten hinsichtlich der Besonderheiten additiver Fertigungsverfahren unterstützt werden. Ein Schwerpunkt soll darin bestehen, von vornherein die Anwendbarkeit in der industriellen Praxis zu berücksichtigen.

Aus diesem Grund werden in Kapitel 4 zunächst die konstruktiven Potenziale additiver Fertigungsverfahren analysiert. In Kapitel 5 wird eine DfAM-Konstruktionsmethodik erarbeitet, deren Umsetzung in einem interaktiven Kompendium in Kapitel 6 beschrieben wird. Tabelle 3.9 enthält die Zuordnung der in Abschnitt 3.4.1 identifizierten Forschungsdefizite zu den folgenden Kapiteln.

Tabelle 3.9: Übersicht über die Bearbeitung der Forschungsdefizite im Verlauf der Arbeit

Nr.	Defizit	Bearbeitung
1	Unvollständige Definition konstruktiver AM-Potenziale	Kapitel 4
2	Fehlende Integration der DfAM-Ansätze in ein gemeinsames Rahmenwerk	
3	Unabhängigkeit der DfAM-Ansätze und fehlende Schnittstellen	
4	Unklare Einschränkungen einzelner DfAM-Ansätze	
5	Fehlende Integration allgemeiner Konstruktionsmethoden und -hilfsmittel	Kapitel 5
6	Fokus auf einzelne Konstruktionsziele/Potenziale	
7	Geringe Betrachtung innovativer Lösungen	
8	Fehlende Iterationsschleifen zur Überprüfung der AM-Eignung	
9	Begrenzte Gültigkeit von AM-Konstruktionsregeln	
10	Spezifität und Anwendungsfreundlichkeit in der Praxis	Kapitel 6

4 Konstruktive Potenziale additiver Fertigungsverfahren

Neue konstruktive Freiheiten stellen ein wesentliches Potenzial additiver Fertigungsverfahren dar (Abschnitt 2.4). Ihre Einordnung in die Gesamtheit der Potenziale ist in Abbildung 4.1 dargestellt. Als Hebel können sie die Realisierung aller Nutzenversprechenarten ermöglichen. In diesem Kapitel wird analysiert, worin die Potenziale im Einzelnen bestehen und inwieweit die „unbegrenzte Konstruktionsfreiheit", die AM teilweise zugeschrieben wird [Bey13], relativiert werden muss. Hierzu werden die konstruktiven Freiheiten sowohl durch einen Vergleich mit den Konstruktionsregeln beim Einsatz anderer („konventioneller") Fertigungsverfahren abgeleitet (Abschnitt 4.1) als auch aus den inhärenten Merkmalen additiver Fertigungsverfahren ermittelt (Abschnitt 4.2). Anschließend werden die identifizierten Freiheiten und zugehörige Nutzenversprechen detailliert und systematisiert (Abschnitt 4.3). Durch dieses Vorgehen wird eine eindeutige und umfassende Definition der Potenziale erarbeitet, die bislang noch nicht vorliegt. Abschließend erfolgt eine kritische Bewertung der konstruktiven Freiheiten (Abschnitt 4.4).

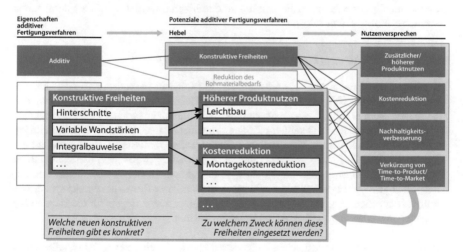

Abbildung 4.1: Einordnung und Konkretisierung der konstruktiven Potenziale additiver Fertigungsverfahren

© Springer Fachmedien Wiesbaden GmbH, ein Teil von Springer Nature 2018
M. Kumke, *Methodisches Konstruieren von additiv gefertigten Bauteilen*,
AutoUni – Schriftenreihe 124, https://doi.org/10.1007/978-3-658-22209-3_4

4.1 Konstruktive Freiheiten im Vergleich zu konventionellen Fertigungsverfahren

Bis auf wenige Ausnahmen [Hag03b; Hag04; Man03; Wat16; Zäh06, 108 ff.] wurden konstruktive Potenziale in bisherigen Forschungsarbeiten schwerpunktmäßig aus den inhärenten Merkmalen additiver Fertigungsverfahren abgeleitet, ohne die Restriktionen und Freiheiten anderer Fertigungsverfahren näher zu betrachten. Eine abschließende Bewertung der identifizierten Potenziale wird jedoch erst hierdurch möglich.

In diesem Abschnitt erfolgt daher die Ermittlung der elementaren Konstruktionsregeln beim Einsatz konventioneller (Abschnitt 4.1.1) und additiver Fertigungsverfahren (Abschnitt 4.1.2). Durch eine Gegenüberstellung werden anschließend die konstruktiven Freiheiten abgeleitet (Abschnitt 4.1.3). Durch dieses Vorgehen werden insbesondere Konstrukteuren, die über umfassende Erfahrung im fertigungsgerechten Konstruieren für die ausgewählten konventionellen Verfahren verfügen, die genauen Unterschiede zu DfAM aufgezeigt und ihnen hierdurch die Potenzialabschätzung erleichtert. Im Folgenden wird die Vorgehensweise für einige ausgewählte konventionelle Fertigungsverfahren durchgeführt. Zur Erweiterung auf zusätzliche Verfahren kann der Prozess erneut durchlaufen werden, u. a. auch durch einen betroffenen Konstrukteur selbst.

4.1.1 Konstruktionsregeln für konventionelle Fertigungsverfahren

Für die durchzuführende Analyse wird der Fokus auf folgende besonders verbreitete konventionelle Fertigungsverfahren gelegt: Gießverfahren, Tiefziehen/Widerstandspunktschweißen und Fräsen. Hierbei handelt es sich um etablierte Verfahren, die beispielsweise die Automobilproduktion dominieren. Detaillierte Erläuterungen zur Auswahl dieser Verfahren finden sich in Anhang B.1. Für die Untersuchung gilt folgende Prämisse: In der Gesamtheit der Konstruktionsregeln für die ausgewählten Verfahren wird jeweils nach den elementaren Regeln gefiltert. Schwerpunkt sind also die qualitativen Regeln, die die herstellbare Formenvielfalt maßgeblich einschränken. Detaillierte quantifizierbare Restriktionen, die spezifische Gültigkeit einzelner Regeln für Verfahrensabwandlungen sowie Regeln für die Herstellung zugehöriger Werkzeuge werden nur am Rande betrachtet.

Gießen Beim Gießen wird schmelzflüssiges Material in eine zuvor hergestellte Form gegossen, in der es erstarrt und das Werkstück ausbildet. Es wird unterschieden zwischen Dauerformen und verlorenen Formen (letztere werden bei der Entnahme des Gussteils zerstört). Zur Herstellung verlorener Formen kommen Dauermodelle oder verlorene Modelle zum Einsatz [Fri12, 5–15; Kal12, 411].

Während sich Gussverfahren in ihren Anwendungen teilweise deutlich unterscheiden (z. B. hinsichtlich wirtschaftlicher Stückzahl, Werkstoffvielfalt, Oberflächengüte, maximalen Abmessungen/Massen, Toleranzen und Prozesszeiten), sind viele Gestaltungshinweise nicht verfahrensspezifisch, sondern gelten für Gussverfahren im Allgemeinen. Aufgrund des Fertigungsprinzips müssen Gussbauteile modellgerecht, formgerecht, gießgerecht und bearbeitungsgerecht konstruiert werden. Konstruktive Restriktionen bestehen unter anderem bei

Tabelle 4.1: Gegenüberstellung verschiedener Gussverfahren hinsichtlich Restriktionen und der Fertigungsmöglichkeit von Hinterschnitten

| Verfahren | Form | Modell | Restriktionen | | | Hinterschnitte | |
			Gieß-gerecht	Form-gerecht	Modell-gerecht	Außen	Innen
Sandguss	Verloren	Dauer-	●	●	●	Kerne	Kerne
Kokillenguss	Dauer-	—	●	●	—	Seiten-schieber	Kerne
Druckguss	Dauer-	—	●	●	—	Seiten-schieber	Geteilte Schräg-schieber
Spritzguss	Dauer-	—	●	●	—	Seiten-schieber	Geteilte Schräg-schieber, Schmelz-kerne
Feinguss	Verloren	Verloren	●	—	●	●	●
Lost-Foam-Guss	Verloren	Verloren	●	—	●	●	●

Legende: ● zutreffend; — nicht zutreffend

Wandstärken(-übergängen), Materialanhäufungen, scharfen Körperkanten, Hinterschnitten sowie der Notwendigkeit von Entformungsschrägen. Sämtliche Konstruktionsregeln für verschiedene Gießverfahren werden in Anhang B.2.1 im Detail vorgestellt.

Insgesamt ist die Bedeutung der Schlüsselfaktoren gießgerecht, formgerecht und modellgerecht abhängig vom Gussverfahren und beeinflusst maßgeblich die konstruktiven Freiheitsgrade. Tabelle 4.1 enthält eine Gegenüberstellung sowie eine Zusammenfassung der Fertigungsmöglichkeiten von Hinterschnitten.

Tiefziehen Tiefziehen ist das Zugdruckformen eines Blechzuschnitts zu einem Hohlkörper (Erstzug) oder das Zugdruckumformen eines Hohlkörpers zu einem Hohlkörper mit kleinerem Umfang (Weiterzug) ohne beabsichtigte Veränderung der Blechdicke. Es kann mit Werkzeugen, Wirkmedien oder Wirkenergie durchgeführt werden. Bei der verbreitetsten Variante mit Werkzeugen wird der Blechzuschnitt durch einen Niederhalter auf dem Werkzeug fixiert und durch einen Stempel, der das Material in die Öffnung der Matrize zieht, umgeformt [DIN03c; Klo06, 323 f.; Lie12].

Tiefziehen wird in der Regel in Kombination mit dem Trennverfahren Stanzen/Scherschneiden angewendet; Gestaltungshinweise werden häufig gesamtheitlich für das Konstruieren mit Blechen bereitgestellt. Bei der Herstellung von Karosseriebauteilen handelt es sich genau genommen zumeist um eine Kombination aus Tief- und Streckziehen, die auch als Karosserieziehen bezeichnet wird [Bir13]. Das Verfahren wird aufgrund hoher Werkzeuginvestitionen vornehmlich für Großserienbauteile eingesetzt. Noch mehr als bei anderen Fertigungsverfahren betreffen viele Konstruktionsregeln weniger die Herstellbarkeit als solche, sondern zielen auf fertigungstechnisch möglichst einfach/kostengünstig realisierbare Geometrien ab.

Konstruktive Restriktionen bestehen beispielsweise bei der Fertigung von Hinterschnitten und Radien sowie bei Querschnitten und maximalen Ziehverhältnissen. Die detaillierte Regelsammlung für das Tiefziehen ist in Anhang B.2.2 zu finden.

Vielfach kommt dem Erfahrungswissen zusätzlich zu den gut dokumentierbaren DFM-Regeln eine hohe Bedeutung zu; beispielsweise unterliegt die Zuschnittsermittlung für unregelmäßig geformte Tiefzieh-Karosseriebauteile noch weitgehend einer Trial-and-Error-Methode [Fri12, 451]. Viele Regeln des tiefziehgerechten Konstruierens sind stark bauteilabhängig. Blechdicke, Reibungsverhältnisse, Ziehspalt, Niederhalterkraft und Stempel-/ Ziehradius beeinflussen die fehlerfreie Umformung. Zur Vermeidung von Tiefziehfehlern (z. B. Faltenbildung im Flansch durch zu geringe Niederhalterkraft) ist eine sorgfältige Prozess- und Werkzeuggestaltung durch die zuständigen Methodenplaner erforderlich, mit denen Konstrukteure sich daher frühzeitig abstimmen müssen.

Die Restriktionen führen dazu, dass viele Konstruktionen durch mehrere miteinander gefügte Bauteile realisiert werden (müssen), auch weil diese häufig kostengünstiger sind als aufwendig umgeformte Einzelbauteile. Beispielsweise werden Versteifungsmaßnahmen, die insbesondere in Knotenelementen erforderlich sind, durch zusätzliche Schottbleche umgesetzt. Mehrteilige Konstruktionen ermöglichen auch die Verwendung verschiedener Blechstärken, die jedoch zu Spannungskonzentrationen führen können und sorgfältig auszulegen sind [Oeh66, 145–149; Pip98, 229–241]. Insbesondere müssen die Regeln des fügegerechten Gestaltens beachtet werden, die im folgenden Abschnitt beschrieben werden.

Widerstandspunktschweißen   Beim Widerstandspunktschweißen werden zuvor umgeformte Blechteile durch zwei Schweißelektroden aneinandergepresst. Die Elektroden werden mit einer Spannung beaufschlagt, wodurch es zum Stromfluss zwischen den Elektroden kommt. Da der elektrische Widerstand an der Kontaktfläche zwischen den Blechen am höchsten ist, schmilzt das Material an dieser Stelle auf; es bildet sich eine Schweißlinse [Bir13, 49; Fah11, 91]. Konstruktionsregeln beziehen sich insbesondere auf die Zugänglichkeit der Fügestellen, die Beanspruchbarkeit von Schweißpunkten, maximale Blechdicken, die Anzahl fügbarer Bleche, Werkstoffe sowie Flanschabmessungen und Schweißpunktabstände. Im Detail erläuterte Regeln finden sich in Anhang B.2.3.

Fräsen   Fräsen ist ein spanendes Trennverfahren mit geometrisch bestimmter Schneide, bei dem das Werkzeug durch eine kreisförmige Schnittbewegung Material des Werkstücks abträgt, das senkrecht oder schräg zur Drehachse des Werkzeugs bewegt wird (Vorschub). Hierbei kommen unterschiedliche Fräswerkzeuge und -verfahren zum Einsatz. Zur Herstellung komplexer Geometrien werden heutzutage rechnergestützte Bearbeitungszentren (CNC) mit bis zu fünf Achsen verwendet [DIN03b; Fri12, 302–306; Kal12, 494].

Wenngleich Fräsen häufig als Nachbearbeitungsverfahren für Funktionsflächen zum Einsatz kommt und dabei aus Kostengründen auf ein Minimum beschränkt werden sollte, kann es auch für die eigentliche Bauteilherstellung aus dem vollen Werkstoff verwendet werden [Bra99, 4.4; Rög68, 83]. Konstruktionsregeln beziehen sich unter anderem auf die Zugänglichkeit zu bearbeitender Stellen durch den Fräskopf, maximale Zerspankräfte, die

Einspannung des Werkstücks sowie die geometrische Komplexität. Detaillierte Regeln sind in Anhang B.2.4 zusammengestellt.

Viele Gestaltungshinweise für das Fräsen zielen vornehmlich auf die Wirtschaftlichkeit und weniger auf die theoretische Herstellbarkeit ab. RÖGNITZ UND KÖHLER (1968) betonen die große konstruktive Freiheit des Fräsens, da „praktisch alle Formen" fertigbar sind [Rög68, 83]. Die herstellbare Formenwelt wird primär durch die Zugänglichkeit eingeschränkt [Ros12].

4.1.2 Konstruktionsregeln für additive Fertigungsverfahren

AM-Konstruktionsregeln werden in den in Abschnitt 3.3.1 vorgestellten Quellen auf unterschiedlichen Abstraktionsniveaus bereitgestellt. Zum einen bestehen die Regeln in allgemeinen Hinweisen zu Fertigungsbesonderheiten, zum anderen in detaillierten quantitativen Restriktionen. Zumeist stehen alle Regeln gleichberechtigt und ohne Wertung nebeneinander. Es wird beispielsweise nicht unterschieden zwischen strikten Regeln, deren Missachtung die Fertigbarkeit gänzlich verhindert, und weiteren Regeln, die eher eine Empfehlung darstellen und zu einer möglichst einfachen, kostengünstigen und/oder qualitativ hochwertigen Fertigung führen.

Im Fokus der Untersuchung stehen erneut die elementaren Restriktionen, die die Gestaltungsmöglichkeiten wesentlich beeinflussen. Konstruktionsregeln für additive Fertigungsverfahren betreffen insbesondere die Begrenzung der Bauteilgröße durch den Anlagenbauraum, die Entfernbarkeit von Restpulver und Stützstrukturen, anisotrope Materialeigenschaften, die Oberflächenqualität in Abhängigkeit von der Bauteilorientierung in der AM-Anlage, Verzüge und Eigenspannungen, Schwindung, die maximale Auflösung/Genauigkeit sowie die Berücksichtigung von Folgeprozessen. Die Konstruktionsregelsammlung ist in Anhang B.3 ausführlich erläutert.

Zusätzlich beeinflussen weitere konstruktive Faktoren den Fertigungsprozess und die Bauteilqualität. Hierzu gehören beispielsweise die Bauteilausrichtung in x-y-Richtung im Bauraum bei LBM und LS, um Beschädigungen durch den Pulverbeschichter vorzubeugen, sowie die Wirkung der Bauteilorientierung auf die Fertigungskosten. Da diese Faktoren in der Regel primär nach dem Übergabepunkt von der Konstruktion an die Fertigung berücksichtigt werden (siehe Abschnitt 2.2) und sie die grundsätzlichen konstruktiven Freiheiten nicht maßgeblich beeinflussen, werden sie an dieser Stelle nicht weiter vertieft.

4.1.3 Ableitung konstruktiver Potenziale

Zur Ableitung der Potenziale werden die Konstruktionsregeln für konventionelle und additive Fertigungsverfahren einander gegenübergestellt. In diesem Abschnitt werden primär konstruktive Hebel nach Abbildung 4.1 identifiziert, d. h. die Ableitung konstruktiver Freiheiten ohne die Bewertung ihres konkreten Nutzens. Die Gegenüberstellungen finden sich in den Tabellen 4.2 (Gießen), 4.3 (Tiefziehen und Widerstandspunktschweißen) und 4.4 (Fräsen).

Tabelle 4.2: Ableitung konstruktiver Freiheiten aus den Restriktionen des Gießens

Nr.	Konstruktionsregel	Vergleichbare Regel bei AM	Freiheit durch AM
Guss allgemein			
G1	Entformungsschrägen vorsehen	—	●
G2	Konstante Wandstärken bzw. allmähliche Wandstärkenübergänge vorsehen	—	●
G3	Innenliegende Wände und Rippen sorgfältig gestalten	—	●
G4	Masseanhäufungen vermeiden (z. B. an Knotenpunkten)	AM6	○*
G5	Scharfe Körperkanten und Kerben vermeiden	AM6, AM8	○*
G6	Hinterschnitte vermeiden	AM3	○*
G7	Kerne einfach gestalten, sicher lagern, leicht entfernbar positionieren und ausreichend dimensionieren	—	●
G8	Platzbedarf von Schieberführungen und Aktoren berücksichtigen	—	●
G9	Herstellbarkeit der Modelle gewährleisten	—	●
G10	Teilungsebene sowie Trennflächen für Speiser und Anguss günstig positionieren	—	●
G11	Schwindung berücksichtigen	AM7	—
G12	Gestaltungsregeln für Folgeverfahren beachten	AM9	—
Sandguss abweichend/zusätzlich			
G13	Bohrungen/Durchbrüche durchgehend und ausreichend groß gestalten	AM2	●*
Kokillenguss abweichend/zusätzlich			
G14	Durchmesser-Länge-Verhältnis von Bohrungen und Sacklöchern ausreichend groß wählen	AM2	●*
Druckguss abweichend/zusätzlich			
G15	Dünnwandige Strukturen konstanter Wandstärke vorsehen	—	●
G16	Körperkanten großzügig abrunden	AM6, AM8	○*
G17	Maximale Abmessungen von Gussstücken beachten	AM1	—
G18	Innere Hinterschnitte vermeiden	AM3	●*
G19	Durchmesser-Länge-Verhältnis von Löchern ausreichend groß wählen	AM2	●*
Spritzguss abweichend/zusätzlich			
G20	Wände dünnstmöglich und mit einheitlicher Dicke gestalten	—	●
G21	Rippen sorgfältig gestalten, um Einfallstellen zu vermeiden	—	●
G22	Anguss günstig positionieren, um Bindenähte zu vermeiden	—	●
G23	Große ebene Oberflächen vermeiden	—	●
G24	Minimale/maximale Abmessungen von Löchern einhalten	AM8	—
G25	Abstände zwischen Löchern unter Berücksichtigung von Fließwegen gestalten	—	●
G26	Innere Hinterschnitte vermeiden	AM3	●*

Siehe Anhänge B.2.1 und B.3 für detaillierte Erläuterungen der Konstruktionsregeln.
Legende: — nicht zutreffend; ● deutliche konstruktive Freiheit, ○ teilweise/geringe konstruktive Freiheit
* Restriktion bei AM (deutlich) geringer ausgeprägt

Tabelle 4.3: Ableitung konstruktiver Freiheiten aus den Restriktionen des Tiefziehens/Widerstandspunktschweißens

Nr.	Konstruktionsregel	Vergleichbare Regel bei AM	Freiheit durch AM
Tiefziehen			
T1	Hinterschnitte vermeiden	AM3	●*
T2	Minimale und maximale Abmessungen von Radien beachten	AM6, AM8	●*
T3	Starke Querschnittsänderungen vermeiden	—	●
T4	Zargengeometrien einfach gestalten und schräg anstellen	—	●
T5	Grenzziehverhältnis einhalten	—	●
T6	Napfboden eben gestalten	—	●
T7	Variable Blechdicken vermeiden	—	●
T8	Verrippungen, Sicken/Vertiefungen und Warzen sorgfältig dimensionieren	—	●
T9	Um Ecken verlaufende Flansche vermeiden	—	●
T10	Große ebene Flächen vermeiden	—	●
Widerstandspunktschweißen			
W1	Zugänglichkeit von Fügestellen gewährleisten	AM9	○*
W2	Schweißpunkte auf Scherbeanspruchung auslegen	—	●
W3	Fügbarkeit in Abhängigkeit von Blechdicken, Anordnung und Anzahl gewährleisten	—	●
W4	Einschränkungen bzgl. schweißbarer Werkstoffkombinationen beachten	AM9	—*
W5	Nebenschlüsse vermeiden	—	●
W6	Flanschgeometrien günstig gestalten	—	●
W7	Toleranzausgleich und Schrumpfung berücksichtigen	AM7	—

Siehe Anhänge B.2.2, B.2.3 und B.3 für detaillierte Erläuterungen der Konstruktionsregeln.
Legende: — nicht zutreffend; ● deutliche konstruktive Freiheit, ○ teilweise/geringe konstruktive Freiheit
* Restriktion bei AM (deutlich) geringer ausgeprägt

Tabelle 4.4: Ableitung konstruktiver Freiheiten aus den Restriktionen des Fräsens

Nr.	Konstruktionsregel	Vergleichbare Regel bei AM	Freiheit durch AM
F1	Zugänglichkeit von zu bearbeitenden Stellen gewährleisten	AM3	●*
F2	Einschränkungen bei Aspektverhältnissen beachten	AM8	○*
F3	Auslauf für Fräswerkzeuge vorsehen	—	●
F4	Einspannung vorsehen, Umspannen vermeiden	—	●
F5	Einfache Geometrien bevorzugen	—	●
F6	Zerspanvolumen minimieren	—	●
F7	Bauteiloberflächen günstig positionieren	AM5	—
F8	Einsatz von Standardwerkzeugen bevorzugen	—	●

Siehe Anhänge B.2.4 und B.3 für detaillierte Erläuterungen der Konstruktionsregeln.
Legende: — nicht zutreffend; ● deutliche konstruktive Freiheit, ○ teilweise/geringe konstruktive Freiheit
* Restriktion bei AM (deutlich) geringer ausgeprägt

Für jede konventionelle Konstruktionsregel wird analysiert, ob dieselbe oder eine vergleichbare Regel auch beim Einsatz von AM besteht. Ist dies nicht der Fall, liegt eine konstruktive Freiheit vor. Sofern eine ähnliche AM-Regel besteht, wird ihre Ausprägung bewertet: Gilt die Regel in unveränderter Form, was beispielsweise für die Beachtung von Folgeprozessen gilt, bietet AM keine zusätzliche Freiheit. Ist die Regel bei AM zwar vorhanden, aber weniger kritisch/restriktiv, liegt eine neue konstruktive Freiheit vor, für die bewertet wird, ob sie als stark oder schwach ausgeprägt angesehen werden kann. Der entstehende „Freiheitenkatalog" veranschaulicht, dass viele Regeln des konventionellen fertigungsgerechten Konstruierens durch AM tatsächlich außer Kraft gesetzt werden.

Tabelle 4.5: Beispiele für konstruktive Freiheiten additiver Fertigungsverfahren im Vergleich zu konventionellen Fertigungsverfahren

Feature/Kriterium	Beispiel konventionelle Fertigung	Beispiel AM	Abgeleitete Nutzenversprechen (exemplarisch)
Entformungsschrägen	Benötigter Bauraum; b_1	$b_2 < b_1$; b_2	Geringerer Bauraumbedarf, Leichtbau
Wandstärkenvariation/ Querschnittsänderungen	d_1	d_2 $\quad d_2 < d_1$	Leichtbau, neue Bauräume
Radien	x; Gussbauteil; Fräsbauteil	AM-Bauteil; Fräsbauteil	Geringerer Bauraumbedarf, Leichtbau
Hinterschnitte	Benötigter Hinterschnitt (z.B. Anlagefläche); Zweiteilige Ausführung		Geringerer Bauraumbedarf, Leichtbau, Funktionsintegration
Abstände zwischen Features	Seitenschieber; x; h_1; Gussbauteil	$h_2 < h_1$; h_2	Geringerer Bauraumbedarf, Leichtbau
Aspektverhältnisse	Fräswerkzeug; t_1; b_1	$t_2 > t_1, b_2 < b_1$; t_2; b_2	Geringerer Bauraumbedarf, Leichtbau

Tabelle 4.6: Minimal herstellbare Wandstärke (in mm) in Abhängigkeit von Gussverfahren und Werkstoff im Vergleich zu LBM

Legierung	Sandguss	Kokillenguss	Druckguss	LBM
Aluminium	3,5	3,0	0,8	
Gusseisen mit Lamellengraphit/ Temperguss	3,0	3,0	—	
Kupfer	3,0...10,0	2,5	1,0	werkstoff-unabhängig
Magnesium	3,5	3,0	0,7	ca. 0,4...0,6
Messing	3,5	3,0	1,0	
Stahl	6,0	1,5...4,0	—	
Zink	3,5	3,0	0,3	

Quellen der Werte: [Ada15a, 60; BDG11, 36; BP14, 87, 295; Ehr14, 229; Kra15; Mat57, 93; Nie05, 44; Tho09, 165; VDD16, 22]

Insgesamt ist auffällig, dass viele Regeln ähnliche Konstruktionselemente/-features geometrischer Art betreffen. Dies sind beispielsweise Entformungsschrägen (Regeln G1, T4), Hinterschnitte/Zugänglichkeit (Regeln G6, G8, G18, G26, T1, W1, F1, F3), Wandstärken/Wandstärkenvariation (Regeln G2, G15, G20, T7, W3, F2), Radiengestaltung/Kerben (Regeln G5, T2) und Abstände zwischen Features/Aspektverhältnisse (Regeln G8, F2). Da derartige Regeln verfahrensübergreifend von Bedeutung sind, wird in Tabelle 4.5 exemplarisch veranschaulicht, welche Vorteile jeweils bei ihrem Entfall erwachsen können. Eine Konkretisierung der neuen Freiheiten für jede einzelne Konstruktionsregel ist jedoch nicht möglich, da sie einerseits vom spezifischen Anwendungsfall, andererseits vom Erfindergeist des Konstrukteurs abhängt. In der Tabelle werden auch einzelne realisierte Nutzenversprechen beispielhaft aufgezeigt, deren umfassende Ableitung in Abschnitt 4.3 erfolgt.

Wie bereits erwähnt, sind für viele Konstruktionsregeln auch quantitative Ausprägungen von hoher Relevanz. Diese variieren jedoch stark und sind daher kaum verallgemeinerbar. Als beispielhafte Quantifizierung enthält Tabelle 4.6 die minimal zulässigen Wandstärken für verschiedene Gussverfahren und Legierungen. Die Gegenüberstellung mit dem LBM-Verfahren zeigt auch hier teilweise deutliche Vorteile der additiven Fertigung.

4.1.4 Analogien innerhalb der Konstruktionsregeln

Zwischen den Konstruktionsregeln für konventionelle und additive Fertigungsverfahren lassen sich Parallelen ziehen. Einerseits betreffen beide Regelsammlungen häufig die Herstellbarkeit bestimmter Features (z. B. Bohrungen) sowie deren Abmessungen. Diese lassen sich in direkten Gegenüberstellungen gut miteinander vergleichen (z. B. minimale Wandstärken in Tabelle 4.6).

Andererseits sind viele Konstruktionsregeln in ihrer Ausprägung nur für bestimmte Verfahrenskategorien relevant, z. B. Grenzziehverhältnisse beim Umformen. Dennoch kann eine markante Analogie identifiziert werden: Das bei vielen konventionellen Verfahren unerwünschte Auftreten von Hinterschnitten ist vergleichbar mit den ebenfalls unerwünschten

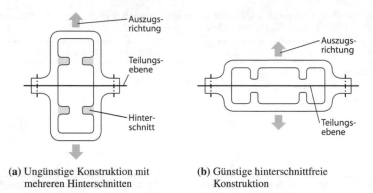

(a) Ungünstige Konstruktion mit
mehreren Hinterschnitten

(b) Günstige hinterschnittfreie
Konstruktion

Abbildung 4.2: Auftreten von Hinterschnitten bei Gussbauteilen in Abhängigkeit von der
Auszugsrichtung

Stützstrukturen bei vielen AM-Verfahren. Welche Geometrie einen Hinterschnitt darstellt,
wird jedoch erst durch die Positionierung von Auszugsrichtung und Teilungsebene festgelegt. In Abbildung 4.2 wird gezeigt, wie Hinterschnitte durch konstruktive Modifikationen
vermieden werden können. Analog dazu sind erforderliche Stützstrukturen in AM-Verfahren
erst nach der Orientierung des Bauteils in der Baukammer definiert. Wie in Abbildung 4.3
dargestellt, kann das Auftreten von Stützstrukturen durch eine Ausrichtungsvariation – auch
lokal – beeinflusst werden.

Die Bauteilorientierung in der Baukammer ist bei vielen AM-Verfahren somit von zentraler konstruktiver Bedeutung. Zugleich stellt sie einen komplexen Vorgang mit vielen
Beteiligten und Einflussfaktoren dar. Der Fertigungstechnologe, der die Orientierung heute
typischerweise durchführt (Abschnitt 2.2), berücksichtigt beispielsweise auch eine möglichst
gute Bauraumfüllung, die Zugänglichkeit von Flächen für die Nachbearbeitung sowie das
Thermomanagement im Bauprozess. Die Bauteilorientierung beeinflusst darüber hinaus
aufgrund von Anisotropien die Werkstoffeigenschaften und die Oberflächenqualität. Bei
dem Bauteil in Abbildung 4.3 können dadurch statt der intuitiv als optimal identifizierten
Ausrichtung (h) auch andere Varianten besser geeignet sein, z. B. Ausrichtung (f), wenn die
nach unten weisenden Flächen ohnehin einer Nachbearbeitung unterzogen werden.

Als Konsequenz ist im Entwicklungsprozess eine frühzeitige Abstimmung zwischen Konstruktion und Fertigung unerlässlich. Darüber hinaus können geeignete Hilfsmittel Konstrukteuren die Berücksichtigung der vielfältigen Einflussgrößen erleichtern. Obwohl eine
Abstimmung somit bereits in der Konzeptphase sinnvoll ist, erfordern bestehende DfAM-
Hilfsmittel zur Bauteilorientierung (Abschnitt 3.3.2) stets das Vorliegen einer CAD-Datei.

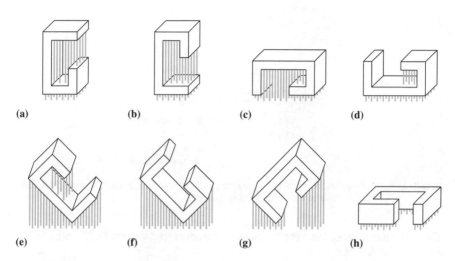

(a)   (b)   (c)   (d)

(e)   (f)   (g)   (h)

Abbildung 4.3: Auftreten von Stützstrukturen bei AM-Bauteilen in Abhängigkeit von der Bauteilorientierung

4.2 Inhärente konstruktive Freiheiten additiver Fertigungsverfahren

Zusätzlich zu den im letzten Abschnitt abgeleiteten Freiheiten bieten additive Fertigungsverfahren weitere, die deutlich über die unter Einsatz konventioneller Verfahren vorstellbaren konstruktiven Möglichkeiten hinausgehen. Lösungen, die derartige Gestaltungsfreiheiten erfordern, würden von erfahrenen Konstrukteuren i. d. R. nicht in Erwägung gezogen oder bereits frühzeitig im Konstruktionsprozess wieder verworfen (z. B. ein „Um-die-Ecke-Bohren" [Boo11, 295 f.]). Sie lassen sich folglich nicht unmittelbar aus den Restriktionen bestehender Verfahren ableiten und werden daher als AM-inhärente Freiheiten bezeichnet.

Ursprung der inhärenten Freiheiten ist das Verfahrensprinzip der additiven Fertigung: Bedingt durch das punkt-, strang- oder schichtweise Hinzufügen von Material ist innerhalb eines Bauteils jedes infinitesimal kleine Volumenelement („Voxel") erreichbar [Gib15, 405; Gru15, 33], für das theoretisch sämtliche Eigenschaften individuell definiert werden können. Dies betrifft nicht nur die binäre Festlegung, ob es Material enthält oder nicht, sondern kann beispielsweise auch eine lokale Werkstoffvariation bedeuten. Das Voxelmodell in Abbildung 4.4 veranschaulicht diese AM-Kerneigenschaft. Im Gegensatz dazu ist die Erreichbarkeit jedes Volumenelements beim Fräsen durch die Zugänglichkeit für das Fräswerkzeug limitiert, beim Gießen – auch bei Varianten mit großen Gestaltungsfreiheiten wie dem Feinguss – durch die Formfüllung „in einem Schuss". Anders als bei konventionellen Fertigungsverfahren ermöglicht AM somit, dass sich Material genau und ausschließlich an den Stellen befindet, an denen es aus funktionaler Sicht erforderlich ist. Die auf dieser Kerneigenschaft basierenden

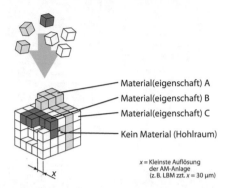

Abbildung 4.4: Volumenelementgenaue Festlegung des Bauteils bei additiver Fertigung (Material/ kein Material sowie der Materialeigenschaft)

AM-inhärenten konstruktiven Freiheiten werden nachfolgend vorgestellt. Visualisierungen finden sich in Abbildung 4.5.

Die in Abschnitt 4.1 analysierten Konstruktionsregeln konventioneller Verfahren betreffen primär geometrische Limitationen, d. h. die realisierbare Formenvielfalt. Die Freiheiten additiver Verfahren bei der Erzeugung *makroskopischer Freiformgeometrien* erstrecken sich nicht nur auf die äußere Form, sondern weitgehend auch auf innenliegende Strukturen, sodass beispielsweise gekrümmte Fluidkanäle, Hohlstrukturen sowie bionisch inspirierte Geometrien fertigbar sind [AK08; Emm11a; Hag04; Kam16; Kra14; Pet11; Sac00; Xu01].

Eine besondere Eignung weist AM für die Herstellung *zellulärer Strukturen* auf. Hierbei handelt es sich um mesoskopische Gitterstrukturen (Element-/Zellgrößen zwischen 0,1 und 10 mm), die durch Vervielfachen einer Einheitszelle erzeugt werden, Wabenstrukturen sowie unregelmäßige poröse Strukturen mit stochastischer Verteilung (analog zu Schäumen). Sie können sich sowohl an der Oberfläche als auch im Inneren eines Bauteils befinden. Zelluläre Strukturen können auch unregelmäßig aufgebaut sein, d. h. die Abmessungen von Streben/Wanddicken werden belastungsgerecht variiert oder die Elementarzelle folgt in ihrer Form und Orientierung einer umgebenden Freiformkontur. Der unregelmäßige Aufbau wird als (funktionelle) Gradierung bezeichnet [Lea16; Pet12; Ree08; Reh10; Rei11; Ris14; Ros07; Wan13]. Zwar sind viele zelluläre Strukturen auch mit anderen Verfahren herstellbar (z. B. mittels Plasmaspritzen, Sintern oder Gasphasenabscheidung [Rya06]), jedoch bietet nur AM die Möglichkeit, sowohl zelluläre als auch solide Strukturen in Kombination und direkt miteinander in Verbindung zu erzeugen sowie belastungsgerechte Gradierungen vorzunehmen. Hierdurch können beispielsweise Sandwichbauweisen ohne Fügeoperationen realisiert werden.

Viele AM-Verfahren ermöglichen eine *lokale Variation von Werkstoffeigenschaften*, z. B. hinsichtlich Härte, Farbe, Festigkeit und elektrischer Leitfähigkeit. Vornehmlich wird dies durch die Verarbeitung mehrerer Werkstoffe in einem Bauprozess realisiert (Abschnitt 2.3.2), indem beispielsweise unterschiedliche Materialien zugeführt, Bindemittel örtlich verändert

(a) Bionisch inspirierte Freiformgeometrien mit Hinterschnitten

(b) Regelmäßige Gitterstruktur

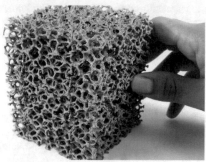

(c) Schaum/unregelmäßige poröse Struktur (Nachdruck aus [Mur10] mit Genehmigung von Elsevier)

(d) Funktioneller Gradientenwerkstoff (Nachdruck aus [Kum10] mit Genehmigung von Elsevier)

(e) Eingebettete Elektronikkomponenten [Lop12] (© Emerald Group Publishing Limited all rights reserved)

(f) Baugruppe mit Relativbewegung ohne Montage (Nachdruck aus [Cal14] mit Genehmigung von Elsevier)

Abbildung 4.5: Beispiele für konstruktive Freiheiten additiver Fertigungsverfahren

oder Fasern eingebettet werden. Darüber hinaus können auch Mikro- und Nanostrukturen lokal variiert werden, indem beispielsweise unterschiedliche Fertigungsparameter (z. B. Laserleistung) verwendet werden. Ähnlich wie bei zellulären Strukturen können durch kontinuierliche Materialübergänge auch Gradierungen erzeugt werden (Functionally Graded Materials, FGM) [Gib15, 405 ff.; Prü15; Vae13; Vid13]. Für düse-/druckkopfbasierte Verfahren ist diese konstruktive Freiheit technologisch verhältnismäßig einfach realisierbar, sie wurde aber auch für pulverbettbasierte Verfahren demonstriert [Ott12].

Eine weitere Freiheit ist das *Einbetten zusätzlicher Komponenten*. Durch kurzzeitiges Anhalten des Bauprozesses können beispielsweise Sensoren oder Inserts ähnlich wie beim Spritzguss eingelegt werden, sodass sie nach Vervollständigung des Bauteils von Material umschlossen sind [DL02; Hoe14; Kat01; Leh15; Lop12; May16].

Nicht zuletzt können mittels AM *relativ zueinander bewegliche Bauteile ohne Montage* hergestellt werden, indem ein eng tolerierter Freiraum zwischen den Teilen vorgesehen und die Entfernung von überschüssigem Material sichergestellt werden. Derartige Funktionen wurden herkömmlich als Baugruppen realisiert und umfassen beispielsweise funktionsfähige Mechanismen, Scharniere, Gelenke, Lager usw. sowie Kettenglieder [Cal12; DL02; Mav01; Zäh06, 116 f.].

4.3 Systematisierung

Die im Laufe dieses Kapitels ermittelten konstruktiven Freiheiten werden in diesem Abschnitt systematisch aufbereitet und mit ihren zugehörigen Nutzenversprechen verknüpft. Durch das Aufzeigen von Abhängigkeiten wird ein gezielter Zugriff auf die konstruktiven Potenziale ermöglicht.

4.3.1 Zusammenfassung und Konkretisierung konstruktiver Freiheiten

Die konstruktiven Freiheiten können zu sogenannten Komplexitäten zusammengefasst werden [Gib15, 404; Ros07]: Formkomplexität, hierarchische Komplexität, Materialkomplexität und funktionale Komplexität. Da diese Klassifikation – im Gegensatz zu anderen Klassifikationsansätzen [BM11; Bur05; Kla14] – die konstruktiven Freiheiten umfassend beschreibt und zudem präzise von den Nutzenversprechen abgegrenzt ist, wird sie in adaptierter Form übernommen.

Der Begriff Komplexität kommt in zahlreichen Disziplinen und mit unterschiedlichsten Bedeutungen zum Einsatz. ELMARAGHY ET AL. (2012) liefern einen umfassenden Überblick im Kontext von Konstruktion und Fertigung [ElM12]. Im Zusammenhang mit den konstruktiven Freiheiten wird der Begriff für diese Arbeit folgendermaßen definiert:

Definition 8: *Komplexität* bezeichnet den Umfang der Möglichkeiten zur Gestaltung eines Bauteils, Produkts oder Systems, z. B. hinsichtlich Größe, Elementanzahl und Elementinteraktionen. Die Komplexität steigt mit der erforderlichen Menge an Informationen, die zur vollständigen Beschreibung eines Bauteils, Produkts oder Systems erforderlich sind (z. B. werden zur Beschreibung einer Freiformfläche mehr Informationen als zur Beschreibung einer Ebene benötigt).

Formkomplexität Formkomplexität beschreibt die Möglichkeit, nahezu jede beliebige Geometrie herstellen zu können; sie wird auch als geometrische Komplexität bezeichnet. Sie umfasst, ist aber nicht begrenzt auf Freiformgeometrien, Features in unterschiedlicher Größe, Form und Anordnung, Hohlraumgeometrien uvm. Da die Mehrheit der in Abschnitt 4.1.1 analysierten DFM-Regeln die herstellbare Formenvielfalt betrifft, ist zumeist die geometrische Komplexität gemeint, wenn der Komplexitätsbegriff im Zusammenhang mit konventionellen Fertigungsverfahren gebraucht wird. Der Entfall vieler dieser Regeln beim AM-Einsatz erhöht somit die realisierbare Formkomplexität. Abbildung 4.6 enthält Skizzen und Beschreibungen der identifizierten konstruktiven Freiheiten, die der Formkomplexität zugeordnet werden.

Es existieren – wie für Komplexität im Allgemeinen – diverse Ansätze zur Quantifizierung der geometrischen Komplexität. Als Einflussfaktoren werden Konstruktions- und Fertigungsmerkmale herangezogen, die die Herstellung in einem bestimmten Fertigungsverfahren teuer/ aufwendig machen, beim Gießen z. B. die Anzahl von Hinterschnitten und Features, die Anzahl erforderlicher Kerne oder das Verhältnis vom eigentlichen Bauteilvolumen zum Volumen eines umschließenden Quaders [Jos10; Pol01, 43, 54]. Spezifische Ansätze für additive Fertigungsverfahren bewerten die Formkomplexität beispielsweise auf Basis innerer Strukturen, Bauteilvolumen, Wichtungsfaktoren für Geometrieelemente (z. B. Kugel, Zylin-

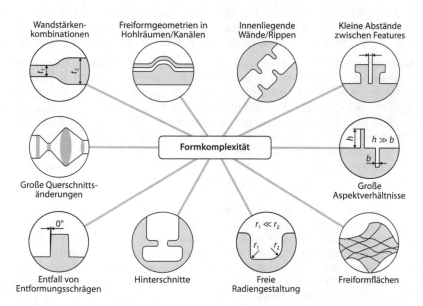

Abbildung 4.6: Konstruktive Freiheiten im Bereich Formkomplexität

der usw.) sowie Anordnungsvarianten dieser Elemente zueinander [Bau11; Kir11, 117–122; Kus09, 46–61]. Zur Quantifizierung sind somit i. d. R. sowohl eine bestehende Geometrie als auch eine fertigungstechnische Analyse erforderlich. Verfahrensunabhängige Ansätze zur Quantifizierung der Formkomplexität nutzen beispielsweise die Anzahl der Dreiecksfacetten in einer STL-Datei [Val08].

Hierarchische Komplexität Die durch die hohe Formkomplexität realisierbaren Geometrien können zusätzlich in sehr unterschiedlichen Größenordnungen gefertigt werden. Unter dem Begriff der hierarchischen Komplexität werden die Möglichkeiten hinsichtlich der Skalierbarkeit von Features und insbesondere (gradierte) Mesostrukturen verstanden. Abbildung 4.7 enthält die zugeordneten konstruktiven Freiheiten.

Materialkomplexität Unter Materialkomplexität werden die Möglichkeiten der lokalen Anpassung von Bauteileigenschaften durch Werkstoffvariation subsumiert. Dies umfasst einerseits die Freiheit der Multimaterialverarbeitung, andererseits kontinuierliche Übergänge zwischen zwei Materialien im Sinne von funktional gradierten Strukturen (Abbildung 4.8).

Funktionale Komplexität/Funktionsintegration Funktionale Komplexität resultiert aus den anderen drei Komplexitätsarten. Sie kann mit dem aus der allgemeinen Konstruktionsmethodik bekannten Begriff der Funktionsintegration gleichgesetzt werden. ZIEBART (2012) definiert diese wie folgt:

> **Definition 9:** „*Funktionsintegration* ist ein konstruktiver Vorgang, der ein technisches System mit gegebener Funktion derart verändert, dass zusätzliche Funktionen durch das System erfüllt werden und/oder die Anzahl der Bauelemente reduziert wird." [Zie12, 112]

Funktionale Komplexität liegt somit in mehreren Ausprägungen vor: Erstens können mehrere Einzelteile zu einem Bauteil vereinigt werden (Integralbauweise), sodass die zur Realisierung einer gegebenen Funktion erforderliche Bauteilanzahl verringert wird. Aus komplexen Baugruppen, die bislang aus Einzelteilen geringer Komplexität bestanden, werden dadurch komplexe Einzelteile. Zweitens können relativ zueinander bewegliche Elemente direkt gefertigt und so Fügeschritte eingespart werden. Drittens können einem Produkt unter Beibehaltung der Bauteilanzahl zusätzliche Funktionen hinzugefügt werden (Funktionserweiterung). Eine Funktionserweiterung kann viertens auch durch die Einbettung zusätzlicher Komponenten erreicht werden. Abbildung 4.9 enthält die zugehörige Übersicht.

Kombination und Ausprägung der Komplexitäten Einige der vier Komplexitätsarten können auch mittels anderer Fertigungsverfahren realisiert werden. Beispielsweise ermöglicht Feinguss eine hohe Formkomplexität, poröse Strukturen können durch Schäume erzeugt werden, im Spritzguss werden Inserts als zusätzliche Komponenten eingebettet und Lasertexturieren kann für Oberflächenstrukturen verwendet werden. Andere Fertigungsverfahren bieten jedoch nicht Möglichkeit, alle diese Komplexitäten zugleich zu realisieren und sie ggf. sogar in einem einzigen Bauteil zu verwenden. Dennoch gibt es auch innerhalb der additiven Fertigungsverfahren Unterschiede zwischen den Verfahrensarten [Gib15, 411]:

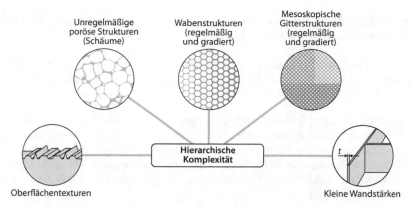

Abbildung 4.7: Konstruktive Freiheiten im Bereich hierarchische Komplexität

Abbildung 4.8: Konstruktive Freiheiten im Bereich Materialkomplexität

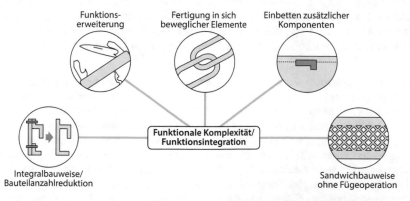

Abbildung 4.9: Konstruktive Freiheiten im Bereich funktionale Komplexität/Funktionsintegration

In pulverbettbasierten Verfahren kann beispielsweise hierarchische Komplexität sehr gut, Materialkomplexität dagegen nur eingeschränkt dargestellt werden.

Zur Rolle der Bionik   Teilweise wird im Zusammenhang mit den konstruktiven Freiheiten additiver Fertigungsverfahren auf die Möglichkeit hingewiesen, bionisch inspirierte Prinzipien umzusetzen [Emm11a; Grz11; Kam16]. Der Begriff Bionik hat folgende Bedeutung:

Definition 10: „*Bionik* verbindet in interdisziplinärer Zusammenarbeit Biologie und Technik mit dem Ziel, durch Abstraktion, Übertragung und Anwendung von Erkenntnissen, die an biologischen Vorbildern gewonnenen werden, technische Fragestellungen zu lösen. Biologische Vorbilder im Sinne dieser Definition sind biologische Prozesse, Materialien, Strukturen, Funktionen, Organismen und Erfolgsprinzipien sowie der Prozess der Evolution." [VDI12]

Da die Umsetzung biologischer Vorbilder zu technischen Lösungen fertigungstechnisch häufig schwierig ist, greift Bionik auf eine oder mehrere der Komplexitätsarten zu. Die in der Definition enthaltenen biologischen Vorbilder Materialien, Strukturen und Funktionen haben unmittelbaren Bezug zu Materialkomplexität, Form-/Hierarchiekomplexität und funktionaler Komplexität. Bionik ist somit keine konstruktive Freiheit additiver Fertigungsverfahren per se, sondern resultiert aus den Komplexitäten. Durch den Entfall von Fertigungsrestriktionen stellt Bionik somit eine beim AM-Einsatz besonders vielversprechende Methode dar. Sie wird in der Regel mit einem bestimmten konstruktiven Ziel verfolgt, z. B. Steifigkeitserhöhung. Hierbei handelt es sich um Nutzenversprechen, die im folgenden Abschnitt detailliert werden.

4.3.2 Ableitung von Nutzenversprechen

Die herausgearbeiteten konstruktiven Freiheiten sollten nicht zum Selbstzweck, sondern stets mit konkreten Zielen eingesetzt werden. Wie bereits an mehreren Stellen exemplarisch aufgezeigt, erwachsen aus jeder konstruktiven Freiheit ein und mehrere Nutzenversprechen, die nach Abschnitt 2.4 vornehmlich in einem zusätzlichen/höheren Produktnutzen oder in einer Kostenreduktion im Vergleich zu anderen konstruktiven Lösungen/Fertigungsverfahren bestehen.

Die Potenzialsystematisierung basiert auf dem Ansatz, Freiheiten und Nutzenversprechen einzeln miteinander in Beziehung zu setzen. Hierfür kann eine Matrixdarstellung analog zur Design Structure Matrix [Bro01; Epp01] bzw. Domain Mapping Matrix [Dan07] verwendet werden. Wie in Abbildung 4.10 als Auszug dargestellt, werden Freiheiten und Nutzenversprechen sowohl in den Zeilen als auch in den Spalten eingetragen, sodass eine quadratische Matrix entsteht. In den entsprechenden Zellen werden semantische Informationen eingetragen, die gerichtete Beziehungen (z. B. „X *ermöglicht* Y") oder ungerichtete Beziehungen (z. B. „X *ist vergleichbar mit* Z") repräsentieren. Zur Visualisierung der Matrixinhalte dient ein semantisches Netzwerkdiagramm, in dem Freiheiten und Nutzenversprechen als *Knoten* dargestellt werden, die durch *Kanten* (Beziehungen) miteinander verbunden sind. Das resultierende umfangreiche Netzwerk ist in Abbildung 4.11 dargestellt.

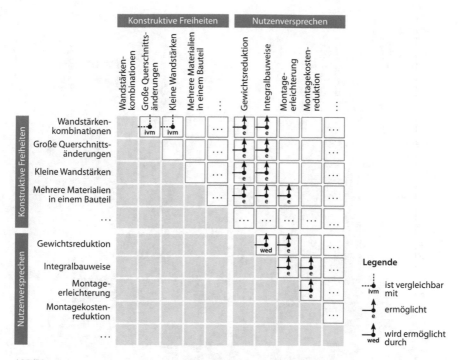

Abbildung 4.10: Matrix zur Verknüpfung von Freiheiten und Nutzenversprechen (Auszug)

Insgesamt werden 22 Freiheiten, 27 Nutzenversprechen sowie 290 Verbindungen identifiziert. Die Verknüpfungen werden aus AM-orientierten Fallstudien, allgemeinen konstruktionsmethodischen Quellen, z. B. zur Funktionsintegration [Die11; Zie12], sowie durch manuelle Ableitung ermittelt. Es ist nicht möglich, dass das Beziehungssystem einen Anspruch auf Vollständigkeit erhebt; es kann vielmehr jederzeit um zusätzliche Knoten oder Kanten ergänzt werden. Einige der abgeleiteten Nutzenversprechen werden nachfolgend exemplarisch näher erläutert.

Nahezu alle konstruktiven Freiheiten können mit dem Ziel des Leichtbaus eingesetzt werden. Eine *Gewichtsreduktion* wird beispielsweise erreicht, indem Features beliebiger Größe verwendet, Topologieoptimierungsergebnisse und Ansätze der Strukturbionik besser umgesetzt [Emm11a; Wat06], hierarchische Strukturen integriert [Pet11; Ros07; Tan15a] oder durch Integralbauweise Fügestellen eingespart werden. Leichtbau führt weiterhin zu einer Verringerung von Montage- und Logistikkosten oder zu einer Senkung von Energiebedarf/-kosten im Betrieb beim Einsatz in bewegten Massen.

Insbesondere durch Integralbauweise und die erweiterte Formkomplexität kann eine *Bauraumreduktion* erreicht werden. Ein verringerter Platzbedarf kann bei Produkten auch die

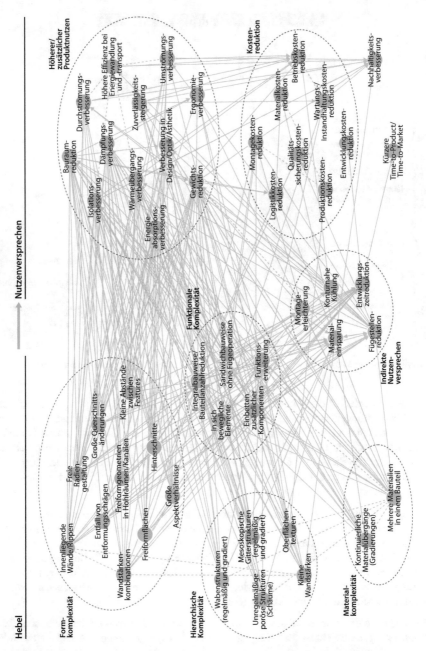

Abbildung 4.11: Systematik der konstruktiven Potenziale additiver Fertigungsverfahren

Ergonomie verbessern oder zu einer Kostenreduktion beitragen, z. B. bei Lagerung und Transport.

Mehrere Freiheiten können zur *Erhöhung der Effizienz von Energiewandlung und -transport* verwendet werden. Sie bestehen beispielsweise in verlustärmeren hydraulischen oder pneumatischen Fluidflüssen bei um- oder durchströmten Bauteilen. Zugehörige Anwendungen sind strömungsgünstige Oberflächenstrukturen, z. B. die Imitation der Haifischhaut [Dea10], sowie konturnahe Kühlkanäle in Gusswerkzeugen, die aufgrund des besseren Wärmeübergangs zu kürzeren Zykluszeiten und höheren Bauteilqualitäten führen [AK08; AK13; Pet11; Zäh06, 117].

Daneben lassen sich weitere Vorteile bei thermischen Funktionen realisieren, beispielsweise eine *Wärmeübertragungsverbesserung* durch Oberflächenvergrößerung [AK13] oder eine *Isolationsverbesserung* durch den Einsatz von Hohlräumen, mesoskopischen Strukturen oder mehreren unterschiedlichen Materialien. Letztere konstruktive Freiheiten können auch zur gezielten *Energieabsorption*, z. B. in Crashstrukturen, und zur *Schwingungsdämpfung* sowie zur Verbesserung der Noise Vibration Harshness (NVH) bzw. Geräuschreduktion eingesetzt werden.

AM-Gestaltungsfreiheiten ermöglichen die Herstellung einzigartiger *Designobjekte* mit komplexen Geometrien, z. B. Möbel, Schmuck und Architekturmodelle, für die einige Kunden eine höhere Zahlungsbereitschaft haben. Diese Produkte können auch kundenindividuell angepasst werden [Gao15; MGX17; Ree08].

Ferner profitieren *biomedizinische Anwendungen*, da die Herstellbarkeit poröser Strukturen/ Materialien etwa die Möglichkeit eröffnet, optimierte Implantate herzustellen. Durch Porositäten können knochenähnliche mechanische Eigenschaften gezielt eingestellt oder das Einwachsverhalten von Knochen verbessert werden [Emm11b; Pet12].

Durch eine Reduktion der Bauteilanzahl wird gleichzeitig auch die Anzahl der Fügestellen minimiert. Dadurch können beispielsweise potenzielle Leckagestellen eliminiert werden, was eine *höhere Zuverlässigkeit und/oder Produktsicherheit* mit sich bringt [Hag04; War10; Sch15].

Neben einer Erhöhung des Produktnutzens ermöglichen zahlreiche konstruktive Freiheiten eine *Kostenreduktion*. Insbesondere Funktionsintegration kann verschiedene Kostenarten günstig beeinflussen, beispielsweise Montagekosten durch den Entfall von Fügeoperationen, Lagerhaltungs- und Logistikkosten durch weniger Stücklistenpositionen sowie Qualitätssicherungs- und Instandhaltungskosten durch eine geringere Anzahl zu überwachender Bauteile. Darüber hinaus können Materialkosten durch einen geringeren Materialbedarf reduziert werden [Con14; Die11, 51–70; Gib15, 412; Mer12; Pet11; Zie12, 115, 125–137].

Es sogar möglich, dass die für neue Produkte benötigte *Entwicklungszeit* reduziert wird, da der Konstruktionsprozess weniger fertigungsbedingten Restriktionen unterworfen ist [Gib15, 413; Hag03b; Pet11]. In diesem Fall sinken gleichzeitig die Entwicklungskosten. Dieses Nutzenversprechen ist jedoch stark vom jeweiligen Anwendungsfall abhängig und nicht

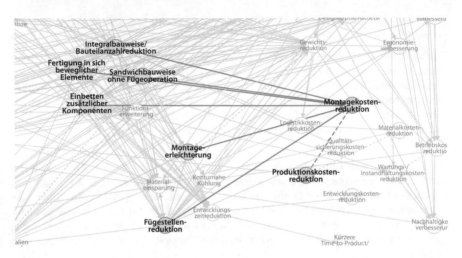

Abbildung 4.12: Verknüpfungen zum Nutzenversprechen Montagekostenreduktion als Auszug aus der Potenzialsystematik

allgemeingültig. Sobald die zahlreichen konstruktiven Freiheiten tatsächlich ausgenutzt werden, können Konstruktionsaufwand und Entwicklungszeit für einzelne Bauteile im Vergleich zum Einsatz konventioneller Fertigungsverfahren auch stark ansteigen [Gib15, 57]. Nicht zuletzt kann durch viele Nutzenversprechen auch eine *Nachhaltigkeitsverbesserung* erzielt werden.

Als Zwischenstufe sind in Abbildung 4.11 auch sogenannte indirekte Nutzenversprechen enthalten, die weder eine konstruktive Freiheit noch einen unmittelbaren Nutzen darstellen. Eine trennscharfe Zuordnung ist nicht für jedes Element möglich: Beispielsweise könnte Leichtbau auch als indirektes Nutzenversprechen angesehen werden, da eine Gewichtsreduktion üblicherweise zu einem konkreten Zweck erreicht werden soll, z. B. zur Verbrauchsreduktion bei Fahrzeugen oder zur Ergonomieverbesserung bei Handgeräten. Darüber hinaus können auch Abhängigkeiten innerhalb konstruktiver Freiheiten oder zwischen Nutzenversprechen bestehen, z. B. führt eine Verbesserung der Um-/Durchströmung zu geringeren Betriebskosten.

Konstrukteuren kann die Systematik auch als Hilfsmittel zum besseren Verständnis der AM-Potenziale dienen. Abbildung 4.12 zeigt beispielhaft das mögliche Anwendungsszenario, alle mit einem bestimmten Nutzenversprechen verknüpften Elemente hervorzuheben und dadurch Wechselbeziehungen zu verdeutlichen. Aufgrund der Größe des Netzwerks werden weitere Konzepte zur praktischen Anwendung der Systematik benötigt; diese werden im folgenden Kapitel erarbeitet.

4.4 Diskussion und Fazit

Wie bereits in den vorangegangenen Abschnitten erwähnt, zielen viele DFM-Regeln primär auf eine möglichst kostengünstige Fertigung und weniger auf die theoretisch mögliche Herstellbarkeit ab. Bei allen Fertigungsverfahren kann die realisierbare Bauteilkomplexität mit zusätzlichem Aufwand beträchtlich gesteigert werden: Bei Gussverfahren können Kerne und Schieber zum Einsatz kommen, beim Tiefziehen ermöglichen Spreizstempel und Nachformschritte weitere Freiheitsgrade, beim Widerstandspunktschweißen und beim Fräsen können bauteilspezifische Vorrichtungen und Sonderwerkzeuge Schwierigkeiten bei der Zugänglichkeit beheben. Diesen Erweiterungen sind durch exponentiell steigende Kosten Grenzen gesetzt. Bei AM-Verfahren dagegen sind die Kosten nahezu unabhängig von der Komplexität der konstruktiven Lösung. Dieser Zusammenhang ist qualitativ in Abbildung 4.13 dargestellt.

Die Auswahl des Fertigungsverfahrens ist von hoher Relevanz, da erst anschließend die Anwendbarkeit von Konstruktionsregeln definiert ist. Neben der technischen Machbarkeit ist bei der Verfahrensauswahl die geplante Stückzahl der entscheidende Einflussfaktor [Swi13, 21–60], siehe auch Abbildung 2.6. Auch unabhängig von den Kosten ist AM trotz seiner konstruktiven Freiheiten nicht für jeden Anwendungsfall gleichermaßen geeignet. Zum Beispiel weisen Umformverfahren wie das Tiefziehen für große flächige Bauteile eine deutlich bessere Eignung auf, da AM-Freiheiten hierbei größtenteils nicht benötigt werden und stattdessen die AM-Restriktionen überwiegen. Langfristig werden alle AM-Verfahren mit ihren individuellen Stärken und Schwächen daher ein Teil des umfangreichen Fertigungsverfahrenportfolios.

Zusätzlich zu den DFM- bzw. DfAM-Restriktionen müssen parallel auch weitere DfX-Richtlinien berücksichtigt werden (Abschnitt 3.1.3), wodurch Zielkonflikte erwachsen können. Beispielsweise müssen Kompromisse zwischen Konstruktionsregeln eingegangen werden, wenn Zielkonflikte mit funktionalen Bauteilanforderungen zur Nichteinhaltung einzelner

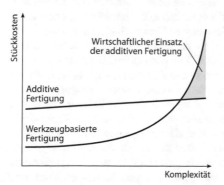

Abbildung 4.13: Einfluss der Komplexität auf die Kosten in Abhängigkeit vom Fertigungsverfahren (in Anlehnung an [Pop15])

Regeln führen. Nicht immer verhindert dies die Fertigbarkeit, jedoch müssen beispielsweise höhere Kosten in Kauf genommen werden. Die Abwägung derartiger Konsequenzen ist unter anderem Aufgabe des Konstrukteurs [Men07, 2] in einem iterativen Prozess zwischen Konstruktions- und Fertigungsabteilung. Dennoch schränken nicht alle Konstruktionsregeln in jedem Falle die gestalterische Freiheit und die Produktperformance ein. Das Vorsehen von Radien und allmählichen Wanddickenübergängen – typische DFM-Regeln beim Einsatz von Gussverfahren – ist beispielsweise auch aus Festigkeitsgründen sinnvoll, da es zur Vermeidung von Kerbwirkungen beiträgt.

Einzigartig innerhalb des Fertigungsverfahrenportfolios ist die Möglichkeit, bei AM die konstruktiven Komplexitäten in Kombination miteinander einsetzen zu können, d. h. beispielsweise Gitterstrukturen in einem Fertigungsschritt gemeinsam mit soliden Strukturen zu realisieren. Derartige Freiheiten waren im klassischen DFM unbekannt. Da der festverwurzelte Leitgedanke der Fertigungsgerechtheit beim Konstruieren kaum ausgeblendet werden kann, ist das vollständige Potenzial additiver Fertigungsverfahren bei weitem noch nicht ausgeschöpft. Denkblockaden des Konstruierens für konventionelle Verfahren, wenige bekannte Anwendungen als Technologiedemonstratoren und die Neuartigkeit der AM-Verfahren für das Rapid Manufacturing unterstreichen die Notwendigkeit für neue konstruktionsmethodische Hilfsmittel, die im folgenden Kapitel erarbeitet werden.

4.5 Zusammenfassung

Konstruktive Freiheiten können sowohl aus den Restriktionen anderer („konventioneller") Fertigungsverfahren als auch aus den Eigenschaften additiver Fertigungsverfahren abgeleitet werden. Die Konstruktionsregeln für die analysierten konventionellen Verfahren Gießen, Tiefziehen, Widerstandspunktschweißen und Fräsen betreffen überwiegend die herstellbare Formenvielfalt, z. B. Wandstärken(-variationen), Radien und Hinterschnitte. AM bietet im Vergleich dazu deutlich erweiterte geometrische Freiheiten, die als Formkomplexität bezeichnet werden. Darüber hinaus lassen sich aus den AM-Eigenschaften sogenannte inhärente Freiheiten ermitteln. Diese umfassen die Herstellbarkeit poröser Strukturen in verschiedenen Größenordnungen (hierarchische Komplexität), den Einsatz von Werkstoffkombinationen in einem Bauteil (Materialkomplexität) sowie Möglichkeiten der Integralbauweise oder Funktionserweiterung (funktionale Komplexität/Funktionsintegration). Durch die hohe realisierbare Komplexität wird beispielsweise die Umsetzung bionischer Prinzipien unterstützt. Einzelne der Freiheiten werden zwar auch durch andere Fertigungsverfahren zur Verfügung gestellt; nur additive Verfahren bieten jedoch die Möglichkeit, mehrere Freiheiten in Kombination und in einem einzigen Bauteil einzusetzen. Aus den Komplexitäten lassen sich zahlreiche Nutzenversprechen ableiten, die von optimierten Produkten (z. B. hinsichtlich Bauraum, Leichtbau und Effizienz) über Kostenreduktionen (z. B. Entfall von Montagekosten) bis hin zu verkürzten Entwicklungszeiten reichen. Die daraus erarbeitete Systematik, die als semantisches Netzwerkdiagramm dargestellt werden kann, ermöglicht eine umfassende Übersicht über die konstruktiven Potenziale additiver Fertigungsverfahren.

5 Angepasste Konstruktionsmethodik für additive Fertigungsverfahren

Zur systematischen Berücksichtigung spezifischer Freiheiten und Restriktionen additiver Fertigungsverfahren wird in diesem Kapitel eine angepasste Konstruktionsmethodik entwickelt. Zunächst wird der konzeptionell zugrunde liegende Ansatz vorgestellt, der als DfAM-Rahmenwerk bezeichnet wird (Abschnitt 5.1). Zentrales Element des Rahmenwerks ist ein angepasstes Vorgehensmodell für den AM-spezifischen Konstruktionsprozess (Abschnitt 5.2). Unterstützende Methoden und Hilfsmittel, die sowohl aus der allgemeinen Konstruktionsmethodik als auch aus bestehenden DfAM-Ansätzen stammen, werden in das Rahmenwerk integriert (Abschnitt 5.3). Auf dieser Basis werden anschließend angepasste und neu entwickelte DfAM-Methoden und -Hilfsmittel vorgestellt (Abschnitt 5.4). Abschließend werden Möglichkeiten zur Nutzung (Abschnitt 5.5) und Aktualisierung (Abschnitt 5.6) aufgezeigt.

5.1 Anforderungen und Ansatz

Ziel der an die Besonderheiten additiver Fertigungsverfahren angepassten Konstruktionsmethodik ist es, die in Kapitel 3 identifizierten Defizite bestehender Ansätze zu adressieren und einen Beitrag zum Schließen der Forschungslücke zu leisten. Gemäß der Klassifikation von DfAM-Ansätzen (Abbildung 3.9) gehört die Methodik primär zum DfAM im engeren Sinne und stellt sowohl opportunistische als auch restriktive Hilfsmittel sowie ein Vorgehensmodell zur Verfügung. Zusätzlich werden am Rande auch Elemente des DfAM im weiteren Sinne berücksichtigt, z. B. zur Bauteilidentifikation.

Um Konstrukteure bei der Erarbeitung AM-spezifischer konstruktiver Lösungen bestmöglich zu unterstützen, wird ein ganzheitlicher Ansatz gewählt, der in Abbildung 5.1 dargestellt ist. Das Grundkonzept setzt sich aus verschiedenen Ebenen und Bausteinen zusammen, die im Folgenden erläutert werden. Aufgrund seiner gesamtmethodischen Herangehensweise und der Eigenschaft, sowohl zahlreiche weitere Methoden und Hilfsmittel zu integrieren als auch für verschiedene Konstruktionsarten und Anwenderbedürfnisse geeignet zu sein, wird das Konzept als *DfAM-Rahmenwerk* bezeichnet. Die wissenschaftlichen Anforderungen an das Rahmenwerk ergeben sich aus den in Abschnitt 3.4 identifizierten Forschungslücken wie folgt:

- *Vollständigkeit:* Anders als bestehende DfAM-Ansätze muss der neue Ansatz durchgängige Unterstützung im gesamten Prozess von der Aufgabenklärung über die Konzeption bis zur Detailgestaltung bereitstellen.

- *Modularität:* Bestehende Methoden und Hilfsmittel müssen auf einfache Weise in das Rahmenwerk integrierbar sein. Die Aktualisierbarkeit muss sichergestellt werden.

- *Flexibilität und Abstraktionsniveau:* Die Inhalte des Rahmenwerks müssen sowohl weniger erfahrenen Anwendern als auch DfAM-Experten nützen und für verschiedene Produktarten

© Springer Fachmedien Wiesbaden GmbH, ein Teil von Springer Nature 2018
M. Kumke, *Methodisches Konstruieren von additiv gefertigten Bauteilen*,
AutoUni – Schriftenreihe 124, https://doi.org/10.1007/978-3-658-22209-3_5

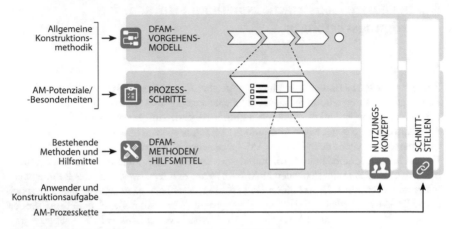

Abbildung 5.1: Grundkonzept und Bestandteile des DfAM-Rahmenwerks

gültig sein. Entsprechend den jeweiligen Rahmenbedingungen müssen einzelne Schritte leicht übersprungen oder angepasst werden können. Art und Abstraktionsniveau der Hilfsmittel müssen zu jedem Zeitpunkt angemessen sein und neben der Erfahrung des Konstrukteurs auch den jeweils aktuellen Wissensstand über das zu entwickelnde Produkt berücksichtigen.

- *Zielorientierung:* In Abhängigkeit vom Konstruktionsziel müssen angepasste Methoden und Hilfsmittel bereitgestellt werden; AM-spezifische Freiheiten zur Realisierung darüber-hinausgehender Produktverbesserungen müssen einfach identifiziert werden können.

- *Neuheitsgrad:* Das Rahmenwerk muss sich sowohl für innovative Neukonstruktionen als auch für Anpassungs- und Variantenkonstruktionen eignen.

Daneben ist eine gute Übertragbarkeit aller Bestandteile des Rahmenwerks in die Konstrukti-onspraxis anzustreben. Maßnahmen zur Gewährleistung der Anwenderfreundlichkeit werden in den Kapiteln 6 und 7 vertieft.

Zentrales Element des Rahmenwerks ist ein konstruktionsmethodisches *Vorgehensmodell*, welches eine geeignete Prozessstrukturierung vorschlägt. Es wird aus den Ansätzen der allgemeinen Konstruktionsmethodik abgeleitet. Das Vorgehensmodell besteht aus verschie-denen *Phasen/Prozessschritten*, deren Ausprägungen ebenfalls aus einer Kombination der AM-Besonderheiten und der allgemeinen Konstruktionsmethodik erwachsen. Für jeden Prozessschritt wird ein Leitfaden zur Bearbeitung bereitgestellt. Dieser enthält zum einen Hinweise zur Anwendbarkeit des entsprechenden Schritts, z. B. in Abhängigkeit von der Konstruktionsart, zum anderen Hinweise auf zugehörige Methoden und Hilfsmittel. Dritter Bestandteil des Ansatzes sind *DfAM-Methoden und -Hilfsmittel*, die in das Rahmenwerk integriert werden. Diese bestehen in geeigneten allgemeinen Konstruktionsmethoden, exis-tierenden DfAM-Methoden und neuen DfAM-Methoden. Hierdurch werden die Stärken und Abstraktionsniveaus verschiedener Ansätze miteinander kombiniert.

Ferner wird ein *Nutzungskonzept* für die Elemente der Methodik entwickelt. Hierdurch trägt es beispielsweise unterschiedlichen Konstruktionsarten, Konstruktionszielen und Anwenderbedürfnissen Rechnung.

Prämisse bei der Rahmenwerkerarbeitung ist eine organisatorische Abgrenzung zwischen Konstruktion und Fertigung, die im industriellen Kontext auch in der additiven Fertigung – anders als beim privaten AM-Einsatz, bei dem der Konstrukteur gleichzeitig Anlagenbediener ist (Kapitel 1) – aufrechterhalten bleibt. Im Fokus des Rahmenwerks stehen daher die Schritte der AM-Prozesskette (Abschnitt 2.2), für die die Verantwortung in der Konstruktion liegt oder deren Durchführung sie maßgeblich beeinflusst. An verschiedenen Stellen werden *Schnittstellen* zu anderen Fachbereichen definiert. Diese bestehen sowohl in Empfehlungen zur optimalen Durchführung bestimmter Methoden, indem beispielsweise gezielt die Vorteile interdisziplinärer Teamarbeit aufgezeigt werden, als auch in Hinweisen auf die erforderliche Abstimmung mit Fertigungstechnologen. Neben dem primären Ziel, Konstrukteuren ein geeignetes Hilfsmittel zur Verfügung zu stellen, trägt das Rahmenwerk somit auch zum besseren Austausch zwischen Konstruktion und angrenzenden Disziplinen bei und verbessert dadurch die Effizienz AM-spezifischer Produktentstehungsprozesse.

5.2 Vorgehensmodell und Prozessschritte

Da die Erarbeitung einer vollständig neuen Konstruktionsmethodik, wie in Abschnitt 3.1.1 dargelegt, weder sinnvoll noch möglich ist, wird das DfAM-angepasste Vorgehensmodell auf der Grundlage der allgemeinen Konstruktionsmethodik aufgebaut. Innerhalb der bestehenden Ansätze wird VDI-Richtlinie 2221 als Basis verwendet, da sie die in Wissenschaft und Praxis etablierteste und anerkannteste Methodik darstellt und beispielsweise auch von BEYER (2014) als DfAM-Grundlage vorgeschlagen wird [Bey14]. Aufgrund ihrer großen Verbreitung wird Anwendern zudem die Einarbeitung in die DfAM-angepasste Methodik erleichtert.

Die Konstruktionsphasen und -schritte werden in ihrem grundlegenden Aufbau aus VDI 2221 übernommen, da die Richtlinie allgemeingültig formuliert ist und insbesondere unabhängig vom eingesetzten Fertigungsverfahren ist. Der Konstruktionsablauf wird jedoch an den Stellen modifiziert, die vom AM-Einsatz besonders beeinflusst werden, um den spezifischen Freiheiten und Restriktionen Rechnung zu tragen und konkrete Methoden und Hilfsmittel bestmöglich zu integrieren. Tabelle 5.1 enthält eine Übersicht über die aus den vorangegangenen Kapiteln extrahierten AM-Besonderheiten sowie die daraus abgeleiteten Konsequenzen für das neue Vorgehensmodell. Wesentliche Anpassungen bestehen in der Hervorhebung von lösungsraumerweiternden Arbeitsschritten und der Funktionsintegration, der Einführung eines Entscheidungspunkt zur Bewertung von technischer und wirtschaftlicher Machbarkeit, der Betonung von Optimierungsberechnungen sowie der Berücksichtigung verfahrensspezifischer Konstruktionsregeln.

Die angepasste Konstruktionsmethodik basiert auf der Grundidee des Lösungszyklus nach EHRLENSPIEL UND MEERKAMM (2013) [Ehr13, 90 ff.], der im DfAM-Kontext in ähnlicher Form beispielsweise von LAVERNE ET AL. (2016) aufgegriffen wird [Lav16]. Das in

Tabelle 5.1: Ableitung zentraler Merkmale des DfAM-Vorgehensmodells auf Basis AM-spezifischer Besonderheiten

AM-Besonderheiten		Konsequenzen für das DfAM-Vorgehensmodell
Vorliegen konstruktiver Freiheiten (Kapitel 4)	1	Gezielt Möglichkeiten zur Erweiterung des Lösungsraums bereitstellen
	2	Auch bei Anpassungskonstruktionen gezielt lösungsraum-erweiternde Schritte durchlaufen
Konstruktive Freiheiten in unterschiedlichen Bereichen (Abschnitt 4.3.1)	3	Berücksichtigung der Freiheiten an mehreren Stellen im Konstruktionsprozess
	4	Hervorhebung der Produktarchitekturgestaltung
	5	Hervorhebung von Möglichkeiten zur Funktionsintegration
	6	Verstärkte Berücksichtigung geeigneter Optimierungsberechnungen
Aktuelle Einschränkungen, insb. hinsichtlich Werkstoffen und Wirtschaftlichkeit (Abschnitt 2.5)	7	Überprüfung der AM-Eignung an definiertem Entscheidungspunkt zur Sicherstellung von technischer und wirtschaftlicher Machbarkeit
	8	Berücksichtigung anderer (konventioneller) Fertigungsverfahren
Vielfalt an AM-Verfahren (Abschnitt 2.3)	9	Definierter Entscheidungspunkt für die Auswahl des geeignetsten Verfahrens
Verfahrensspezifische konstruktive Restriktionen (Abschnitt 4.1.2)	10	Bereitstellung spezifischer Konstruktionsregeln beim Entwerfen/Ausarbeiten

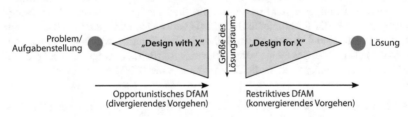

Abbildung 5.2: Allgemeine Vorgehensweise zur Lösungsfindung mit Unterscheidung zwischen „Design with X" und „Design for X" (in Anlehnung an [Ehr13, 92; Lav16])

Abbildung 5.2 dargestellte Vorgehen sieht vor, die Lösungsvielfalt zunächst durch Suchen und Generieren von Alternativen zu vergrößern und anschließend durch systematisches Auswählen einzuschränken. Diese Grundidee lässt sich sowohl auf den Gesamtprozess als auch auf das Vorgehen in den einzelnen Prozessschritten anwenden. Auf der Ebene des Gesamtprozesses liegt der Fokus in der Konzeptphase auf dem Erzeugen innovativer Lösungsideen unter Berücksichtigung der AM-Potenziale im Sinne des opportunistischen DfAM („Design with X"), während in der Entwurfs-/Ausarbeitungsphase zunehmend restriktive DfAM-Ansätze zur Einschränkung auf herstellbare Lösungen herangezogen werden („Design for X"). Auf der Ebene einzelner Prozessschritte gilt das Vorgehen analog, indem beispielsweise bei der Suche nach Lösungsprinzipien am Ende die besten Ideen ausgewählt und zur Weiterverfolgung empfohlen werden.

Die entwickelte Methodik deckt – im Gegensatz zu bestehenden DfAM-Ansätzen (Tabelle 3.8) – sämtliche Konstruktionsphasen, Konstruktionsarten (Neu-/Anpassungs-/Variantenkonstruktion) und Systemgrenzen (Einzelteil/Baugruppe) ab. Hieraus resultiert ein generisches DfAM-Vorgehensmodell, das in Abbildung 5.3 dargestellt ist. Es besteht aus drei Phasen (I bis III), die insgesamt acht Prozessschritte (1 bis 8) enthalten. Die aufgabenspezifische Anpassung des Vorgehensmodells wird durch passende Methoden und Hilfsmittel (Abschnitte 5.3 und 5.4) sowie eine unterschiedliche Bearbeitungstiefe der Phasen/Schritte (Abschnitt 5.5) erreicht. Aufbau und Inhalte der einzelnen Phasen und Schritte werden in den Folgeabschnitten erläutert.

5.2.1 Phase I: Planen

Konstruktionsphase I (Planen), das *(1) Klären und Präzisieren der Aufgabenstellung*, wird von VDI 2221 übernommen. Aufgrund des hohen Stellenwerts einer sorgfältigen Anforderungsdefinition, die in der Konstruktionsmethodik stets betont wird [Lin09, 65–68], ist dieser Schritt unabhängig von den vorliegenden Randbedingungen durchzuführen, d. h. beispielsweise sowohl für Neu- als auch für Variantenkonstruktionen. Wenngleich der Einfluss des Fertigungsverfahrens auf das Erstellen der Anforderungsliste grundsätzlich untergeordnete Bedeutung hat, so können die AM-Potenziale durchaus bereits in dieser Phase berücksichtigt werden, indem beispielsweise gezielt Anforderungen hinsichtlich Leichtbau einfließen.

5.2.2 Phase II: Konzipieren

Konstruktionsphase II (Konzipieren) wird mitsamt ihrer Einzelschritte von VDI 2221 übernommen, da sie ebenfalls unabhängig vom gewählten Fertigungsverfahren durchlaufen werden. Die Schritte werden jedoch um DfAM-Aspekte ergänzt.

Das *(2) Ermitteln von Funktionen und deren Strukturen* ist ein wesentlicher Bestandteil für Neukonstruktionen. Kernelemente sind beispielsweise verbale Beschreibungen, Black-Box-Darstellungen, die hierarchische Gliederung von Funktionen in Haupt- und Teilfunktionen sowie die Verknüpfung von Funktionen mittels Funktionsstrukturen [Ehr13, 22–36; Fel13c; Rot00, 33 ff.]. Zur Ausnutzung der konstruktiven Freiheiten ist es sinnvoll, systematisch auf Grundlage von Funktionen vorzugehen, weil diese aufgrund ihrer Lösungsneutralität einen wichtigen Beitrag zum Überwinden von Denkblockaden leisten können. Erst die gedankliche Befreiung von den konstruktiven Restriktionen konventioneller Fertigungsverfahren kann das Auffinden innovativer Lösungen ermöglichen. Zudem ist die Arbeit auf Basis der Funktionsstruktur auch ein Grundgedanke vieler Methoden der Funktionsintegration (Abschnitt 5.2.5), auf die in dieser Phase erstmals verwiesen wird.

Auch für Anpassungs- und Variantenkonstruktionen kann es daher hilfreich sein, sich von der bestehenden Konstruktion zu lösen und einige Elemente der konzeptionellen Phase zu bearbeiten, um bei der AM-gerechten Modifikation möglichst viele Potenziale auszunutzen. Dies gilt auch und insbesondere für das folgende *(3) Suchen nach Lösungsprinzipien und deren Strukturen*, da hier die Möglichkeiten für neue konstruktive Ansätze besonders groß sind.

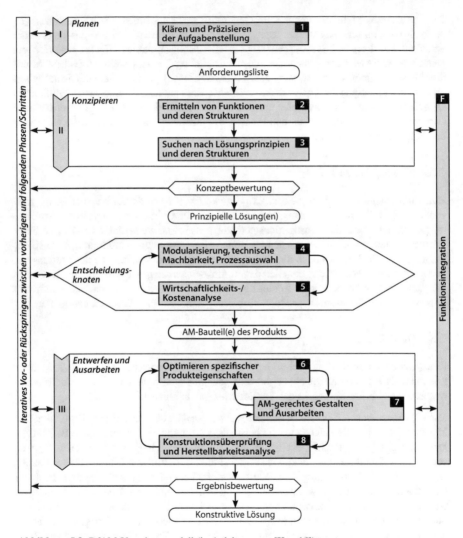

Abbildung 5.3: DfAM-Vorgehensmodell (in Anlehnung an [Kum16])

Die aus der allgemeinen Konstruktionsmethodik und aus bestehenden DfAM-Ansätzen bekannten Methoden und Hilfsmittel, die Konstrukteure bei diesem Arbeitsschritt unterstützen, werden daher bei der Methodenintegration (Abschnitt 5.3.1) verstärkt berücksichtigt. Dass der Konzeptphase gezielt ein hoher Stellenwert beigemessen wird, grenzt die vorliegende neue Methodik auch von bestehenden DfAM-Ansätzen ab. Nach einer Konzeptbewertung und -auswahl liegen als Ergebnis dieser Phase eine oder mehrere prinzipielle Lösungen vor, die als Eingangsdaten für den Folgeschritt dienen.

5.2.3 Entscheidungsknoten

Im Anschluss an Phase II wird ein Entscheidungsknoten eingefügt. Dieser ist motiviert durch die Restriktionen additiver Fertigungsverfahren und vermeidet durch eine frühzeitige technische und wirtschaftliche Bewertung aufwendige Detaillierungsarbeiten für wenig aussichtsreiche Anwendungen/Bauteile. Der Entscheidungsknoten ist als iterativer Prozess aufgebaut und grafisch entsprechend dargestellt. Bei Anpassungskonstruktionen sollte dieser Schritt den spätesten Einstieg in das Vorgehensmodell darstellen, sofern nicht bereits Elemente des Konzipierens berücksichtigt wurden. Der Entscheidungsknoten ermöglicht somit – anders als in VDI 2221 – auch eine einfachere Differenzierung zwischen Neu- und Anpassungskonstruktion.

Technische Entscheidungen werden in *(4) Modularisierung, technische Machbarkeit und Prozessauswahl* getroffen. Darin ist das bekannte „Gliedern in realisierbare Module" auf Basis der prinzipiellen Lösung(en) enthalten. Die Modularisierung der Produktarchitektur ist eng mit der technischen Machbarkeit und der Auswahl geeigneter Fertigungsverfahren verknüpft, weshalb alle drei Aspekte zu einem Prozessschritt zusammengefasst werden. Die Produktarchitekturgestaltung, bei der definiert wird, welche Komponente welche Funktion realisiert, wird im DfAM sowohl durch spezifische Freiheiten als auch durch spezifische Restriktionen maßgeblich beeinflusst: Einerseits können Bauteiltrennungen durch Funktionsintegration bzw. Integralbauweise überwunden werden, andererseits können maximal realisierbare Bauteilgrößen oder erreichbare Materialeigenschaften und Oberflächengüten zentrale Einschränkungen darstellen. Deshalb ist die Prozessauswahl in diesem Schritt nicht auf die Identifikation des geeignetsten AM-Verfahrens im Sinne der hierfür zahlreich vorliegenden Auswahlsysteme (Abschnitt 3.3.2) beschränkt, sondern kann auch in der Empfehlung anderer (konventioneller) Fertigungsverfahren für bestimmte Module des Produktes bestehen, sofern diese aufgrund ihrer Eigenschaften besser geeignet sind.

Spätestens an dieser Stelle sind erstmals Fachleute für die additive Fertigung und ggf. Fertigungstechnologen für weitere Herstellverfahren zu konsultieren. Sie unterstützen einerseits die Bewertung der technischen Machbarkeit und die Prozessauswahl. Andererseits können sie beim Einsatz von AM bereits frühzeitig Empfehlungen zu wichtigen Fertigungsdetails aussprechen: Die Bauteilorientierung beeinflusst beispielsweise maßgeblich die Notwendigkeit und die Positionierung von Stützstrukturen (Abschnitt 4.1.4) und kann zudem im Falle großer Bauteile, die an die Grenzen verfügbarer Baukammern stoßen, eine zentrale Restriktion darstellen. Auch das Gliedern in realisierbare Module ist daher gemeinsam mit Fertigungstechnologen durchzuführen.

In Iteration wird eine *(5) Wirtschaftlichkeits-/Kostenanalyse* durchgeführt, in der auch verschiedene Fertigungsstrategien miteinander verglichen werden können. Die Wirtschaftlichkeitsanalyse ist ebenfalls zusammen mit Fertigungstechnologen durchzuführen; zusätzlich kann die Einbindung des Controllings erforderlich sein. Der Schritt der Kostenanalyse ist in vergleichbarer Form auch in einigen bestehenden DfAM-Vorgehensweisen enthalten. Die Entscheidung pro oder contra AM wird in vielen bestehenden Ansätzen jedoch entweder nicht infrage gestellt oder nicht an einer dedizierten Stelle im Konstruktionsprozess getroffen. Hierdurch grenzt sich die vorgestellte Methodik von anderen Vorgehensmodellen ab.

Als Ergebnis des Entscheidungsknotens liegen diejenigen Komponenten des Gesamtprodukts vor, die als AM-Bauteile ausgeführt werden sollen. Der weitere Konstruktionsprozess bezieht sich somit nur noch auf AM. Für mit anderen Fertigungsverfahren herzustellende Bauteile wird auf die allgemeine Konstruktionsmethodik verwiesen.

5.2.4 Phase III: Entwerfen und Ausarbeiten

Die Phasen III (Entwerfen) und IV (Ausarbeiten) der VDI-Richtlinie werden zusammengefasst, da eine Abgrenzung zwischen dem Erarbeiten von Produktgestalt/Baustruktur und dem Erstellen detaillierter Ausführungs- und Nutzungsangaben aufgrund des heutigen CAD-Einsatzes nicht mehr möglich und sinnvoll ist [Ehr13, 267; Pon11, 164]. In dieser kombinierten Konstruktionsphase werden die für AM ausgewählten Bauteile – wiederum in einem iterativ gestalteten Vorgehen – im Detail auskonstruiert. Da hier die Gestalt einzelner Bauteile definiert wird, ist diese Phase von den konstruktiven AM-Potenzialen ebenfalls stark betroffen und weist daher weitere Unterschiede zu VDI 2221 auf.

Das *(6) Optimieren spezifischer Produkteigenschaften* kann hinsichtlich verschiedener Kriterien erfolgen, z. B. Masse, Temperaturübergang, Strömung und Akustik. Hierfür werden zum einen verfügbare Berechnungsmethoden, z. B. Strukturoptimierung, eingesetzt, deren AM-spezifischen Ausprägungen und Erweiterungen in Abschnitt 3.3.1 vorgestellt wurden. Zum anderen werden allgemeine Methoden und Hilfsmittel zur Lösungsfindung verwendet.

Es folgt das *(7) AM-gerechte Gestalten und Ausarbeiten*, das in Form der eigentlichen CAD-Konstruktionsarbeiten den Kern dieser Konstruktionsphase bildet und die größte AM-Spezifität aufweist. Zwar wird auch an dieser Stelle das Ausnutzen neuer konstruktiver Freiheiten nochmals betont, der Fokus liegt jedoch zunehmend auf der Einhaltung AM-spezifischer Konstruktionsregeln. Daneben sind grundsätzlich zahlreiche allgemeine DfX-Richtlinien zu beachten sowie weitere DFM-Regeln einzuhalten, wenn bei Nachbehandlungsschritten konventionelle Fertigungsverfahren zum Einsatz kommen.

Im Rahmen der *(8) Konstruktionsüberprüfung und Herstellbarkeitsanalyse* wird die erzeugte Lösung zum einen hinsichtlich der geforderten Produkteigenschaften überprüft, z. B. durch FE-Analysen. Zum anderen wird, z. B. unter Zuhilfenahme von Simulationswerkzeugen, die Herstellbarkeit im AM-Prozess analysiert. Letzterer Schritt kann, je nach unternehmensspezifischer Prozesskette und verfügbarer Software, entweder durch den Konstrukteur, durch den Fertigungstechnologen oder in Zusammenarbeit durchgeführt werden.

Die konstruktive Lösung, die als CAD-Datei im geeigneten Format vorliegen muss (Abschnitt 2.2), wird anschließend mitsamt aller weiteren erforderlichen Unterlagen, z. B. Dokumentationen von Toleranzen und Oberflächenanforderungen, an den Fertigungstechnologen übergeben.

5.2.5 Funktionsintegration

Funktionsintegration wird als phasenübergreifendes Modul in der rechten Seitenspalte einge-
führt, da viele zugehörige Methoden und Hilfsmittel sich nicht eindeutig einzelnen Konstruktionsphasen zuweisen lassen [Zie12, 33 ff.]. In den innerhalb der regulären Schritte 1 bis 8
angewendeten Methoden und Hilfsmitteln sowie in den zugehörigen Prozessbeschreibungen
wird jeweils explizit darauf hingewiesen, in dieses Modul zu springen, um die Möglichkeiten
der Funktionsintegration optimal auszuschöpfen.

5.2.6 Iterationen und Flexibilität

Analog zu VDI 2221 enthält das Vorgehensmodell links eine weitere Seitenspalte, die das
iterative Vor- und Rückspringen zwischen den Arbeitsschritten ermöglicht und dadurch
den erforderlichen Grad an Flexibilität im Konstruktionsprozess betont. Einerseits können
Vor- und Rücksprünge jederzeit manuell vorgenommen oder durch Methoden empfohlen
werden, die innerhalb der Prozessschritte angewendet werden. Andererseits werden sie an
Entscheidungspunkten ausgelöst, wenn (noch) keine zufriedenstellende Lösung erreicht
worden ist. Das Modell dient somit als übersichtlicher Leitfaden, stellt jedoch keine starr
sequenzielle Vorgabe dar.

5.3 Integration von Methoden und Hilfsmitteln

Zur Unterstützung im Konstruktionsprozess sind bereits zahlreiche Methoden und Hilfsmittel
bekannt, sowohl aus der allgemeinen Konstruktionsmethodik als auch aus dem DfAM. In
diesem Abschnitt wird ein Konzept für ihre Integration in das Rahmenwerk vorgestellt
(Abschnitt 5.3.1), das anschließend auf allgemeine Konstruktionsmethoden (Abschnitt 5.3.2)
und bestehende DfAM-Ansätze (Abschnitt 5.3.3) angewendet wird.

5.3.1 Konzept für die Integration

Wie in Abbildung 5.4 dargestellt, wird zwischen zwei grundlegenden Integrationsmöglich-
keiten unterschieden:

- *Übernahme:* Methoden können direkt ins Rahmenwerk integriert und im Konstruktionsprozess angewendet werden. Dabei wird unterschieden zwischen Methoden, die sich
  grundsätzlich für DfAM eignen, und Methoden, deren Anwendung aufgrund ihrer spezifischen Eigenschaften im DfAM-Kontext besonders empfohlen wird.

- *Erarbeitung:* Auf Grundlage bestehender Methoden kann mit mehr oder weniger hohem
  Aufwand eine angepasste oder neue Methode entworfen werden: Mehrere ähnliche Methoden können zu einer einzigen umfassenderen zusammengeführt werden, eine Methode
  kann zur besseren Anwendung unter DfAM-Rahmenbedingungen modifiziert werden
  oder es wird eine vollkommen neue Methode entwickelt, die lediglich die Grundidee

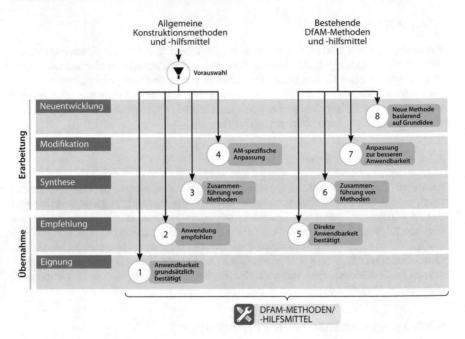

Abbildung 5.4: Konzept für die Integration von Methoden und Hilfsmitteln in das Rahmenwerk

eines bestehenden Ansatzes übernimmt. Allgemeine Hinweise zur Methodenanpassung an vorliegende Rahmenbedingungen finden sich auch in der Literatur [Bra05, 240].

Ferner werden allgemeine Konstruktionsmethoden anders behandelt als solche, die bereits für DfAM angepasst oder entworfen wurden. Für erstere wird zunächst ein kriterienbasierter Vorauswahlprozess durchlaufen, um die grundsätzliche Anwendbarkeit/Eignung sicherzustellen. Für letztere entfällt dieser Schritt, da sie von Natur aus ins Rahmenwerk integrierbar sind. Es resultieren acht *Integrationsarten*:

- *Integrationsart 1:* Einsatz allgemeiner Konstruktionsmethoden, die sich aufgrund ihrer Eigenschaften unmittelbar für DfAM-Zwecke eignen.

- *Integrationsart 2:* Empfehlung von im DfAM-Kontext besonders geeigneten allgemeinen Konstruktionsmethoden.

- *Integrationsart 3:* Zusammenführung einander ähnlicher allgemeiner Konstruktionsmethoden, z. B. zur einfacheren Anwendbarkeit.

- *Integrationsart 4:* Modifikation und/oder Erweiterung allgemeiner Konstruktionsmethoden unter Berücksichtigung DfAM-spezifischer Aspekte oder Umsetzung im Stil eines Leitfadens (Hinweise z. B. zu Reihenfolge und Detailtiefe bei der Durchführung bestimmter Schritte).

• *Integrationsart 5:* Integration bestehender DfAM-Methoden in unveränderter Form; aufgrund ihrer AM-Spezifität automatisch Methodenempfehlung.

• *Integrationsart 6:* Konsolidierung mehrerer bestehender DfAM-Ansätze zu einer einzigen Methode/einem einzigen Hilfsmittel analog Integrationsart 3; Einsatz beispielsweise beim Vorliegen zahlreicher isolierter Hilfsmittel, die ähnliche Inhalte und Anwendungsfälle besitzen und deren Mehrwert durch die Zusammenführung erhöht wird.

• *Integrationsart 7:* Modifikation und/oder Erweiterung bestehender DfAM-Ansätze zur verbesserten praktischen Anwendbarkeit, z. B. durch Reduktion auf elementare Grundidee, Vereinheitlichung hinsichtlich verwendeter Termini, Aktualisierung aufgrund neuer Erkenntnisse oder Definition von geeigneten Schnittstellen zu angrenzenden Methoden.

• *Integrationsart 8:* Entwicklung neuartiger DfAM-Ansätze, z. B. auf Basis der Grundidee bestehender Methoden.

Grundsätzlich können auch mehrere Integrationsarten auf eine Methode zutreffen, z. B. wenn bereits ihre eigenständige Anwendung empfohlen wird (Integrationsart 2) und sie alternativ mit einer anderen Methode zusammengeführt werden kann (Integrationsart 3). Die Integrationsarten repräsentieren gleichzeitig eine Rangfolge, da Neuheitsgrad und Wertigkeit einer Methode mit zunehmender Anpassung an die DfAM-Besonderheiten steigen.

5.3.2 Integration allgemeiner Methoden und Hilfsmittel

Vorauswahl und Bewertungskriterien Zur Erstbefüllung des Rahmenwerks sollen primär diejenigen allgemeinen Methoden integriert werden, die das AM-gerechte Konstruieren besonders gut unterstützen. Zur Integration erfolgt im ersten Schritt eine Recherche in verschiedenen Methodensammlungen, in der neben vornehmlich konstruktionsmethodischen Quellen auch weitere Fachdisziplinen wie beispielsweise managementorientierte Methoden berücksichtigt werden. Für Beschreibungen der im Folgenden untersuchten Methoden sei auf die einschlägige Literatur verwiesen [Ehr13, A3; Gra13, 203–208; Lin09, A1; Oph05; Pon07, 260–282; Sak16; Sch99b; Sch14a; VDI93; VDI97; VDI04b; Yeh10].

Nach einer Konsolidierung wurden insgesamt 358 Methoden identifiziert. Wie in Abbildung 5.5 gezeigt, werden zur *Vorauswahl* zunächst diejenigen ausgeklammert, die nicht bzw. nur unzureichend dokumentiert sind oder wenig Bezug zur eigentlichen Produktentwicklung haben. Von den verbliebenen, für DfAM grundsätzlich relevanten Methoden sind viele zu generisch (z. B. die Methode „Anwendung von CAD-Software"), sodass sie ebenfalls von der weiteren Analyse ausgeschlossen werden.

Weitere mögliche Attribute zur Vorauswahl, z. B. die Eignung einer Methode für komplexe Aufgaben oder die geeignete Teamgröße zur Durchführung, werden nicht verwendet. Hierbei handelt es sich eher um „neutrale" Differenzierungsmerkmale von Methoden, die zur Klassifizierung und situationsgerechten Auswahl verwendet werden können (Abschnitt 3.1.2), als um grundlegende Qualitätskriterien hinsichtlich DfAM. Die vorausgewählten Methoden werden im Folgenden einer detaillierteren Bewertung unterzogen, für die folgende *Kriterien* verwendet werden [Kum17]:

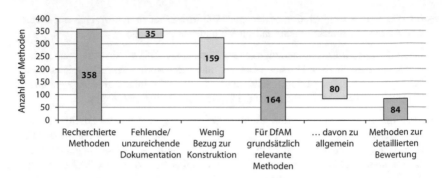

Abbildung 5.5: Schritte zur Vorauswahl allgemeiner Konstruktionsmethoden

1. *Lösungsraumerweiterung:* Inwiefern wird das zur Ausschöpfung der konstruktiven Freiheiten erforderliche Umdenken in der Konstruktion gefördert? Begünstigende Eigenschaften einer Methode sind beispielsweise Lösungsneutralität und das gezielte Abbauen bestehender Denkblockaden, die unter anderem aus dem klassischen fertigungsgerechten Konstruieren erwachsen können.

2. *Berücksichtigung von AM-Komplexitäten:* Inwiefern besteht ein direkter Bezug zu den in Kapitel 4 abgeleiteten Komplexitätsarten? Führt die Anwendung der Methode typischerweise zu konstruktiven Lösungen, deren Umsetzungen die besonderen konstruktiven Freiheiten erfordert?

3. *Flexibilität:* Wie flexibel ist die Methode in Bezug auf die Integration von AM-Besonderheiten und -Wissen?

   a) *Integration opportunistischer DfAM-Elemente:* Inwieweit und mit welchem Aufwand ist es möglich, die Methode um opportunistisches AM-Wissen anzureichern, sodass beispielsweise die Ausnutzung mehrerer AM-Potenziale gefördert wird?

   b) *Integration restriktiver DfAM-Elemente:* Inwieweit und mit welchem Aufwand ist es möglich, die Methode um restriktives AM-Wissen anzureichern, sodass die Herstellbarkeit durch Berücksichtigung konstruktiver Restriktionen sichergestellt wird?

   c) *Arten der Wissensbereitstellung:* Inwieweit ist es möglich, AM-Wissen in verschiedenen Medien/Repräsentationen zu integrieren, d. h. quantitative und qualitative Informationen sowie in textueller, visueller oder haptischer Form? Verschiedene Arten der Wissensbereitstellung können in Abhängigkeit von den Randbedingungen des Methodeneinsatzes erforderlich sein, z. B. der DfAM-Expertise der Anwender.

4. *Praktische Anwendbarkeit:* Wie leicht kann die Methode unter den Rahmenbedingungen der industriellen Praxis (Abschnitt 3.2) eingesetzt werden, z. B. durch geringe Eintrittsbarrieren auch für Benutzer ohne konstruktionsmethodisches Vorwissen? Der Schulungsaufwand sollte ferner möglichst gering sein, da Konstrukteure sich bereits die neuen

AM-Komplexitäten einprägen müssen und nicht der zusätzlichen Herausforderung gegenüberstehen sollten, eine schwierige Konstruktionsmethode neu zu erlernen.

Die in den Folgeabschnitten durchgeführte Bewertung der Methoden gibt einen ersten Aufschluss über ihre Eignung im DfAM-Kontext. Dennoch ist die gute Erfüllung mehrerer Kriterien keine notwendige Voraussetzung für ihre Auswahl in Konstruktionsprojekten. Bereits die Erfüllung nur eines Kriteriums kann hinreichend sein, wenn entweder eine einzige besondere Stärke die Methodenauswahl rechtfertigt oder bestimmte Schwächen einer Methode gezielt durch AM-spezifische Modifikationen/Erweiterungen kompensiert werden können. Letzterer Aspekt wird in Abschnitt 5.4 vertieft. Weitere Gründe für oder gegen die Auswahl einer bestimmten Methode sind in der Regel in den Rahmenbedingungen verortet und orientieren sich an den allgemeinen Ansätzen zur situationsgerechten Methodenauswahl.

Methoden zur Analyse Methoden dieser Kategorie dienen der systematischen Untersuchung bestehender Systeme, Lösungen oder Produkte. Es lassen sich drei Gruppen unterscheiden: Methoden für Recherche und Vergleich, Methoden für das Strukturieren und Hinterfragen sowie Methoden zur Fehler-/Schwachstellenanalyse. Tabelle 5.2 enthält eine Übersicht über die Bewertung ihrer DfAM-Eignung.

Insbesondere Methoden für Recherche und Vergleich sind im DfAM-Kontext vielversprechend, da sie das Lösen von Denkblockaden anregen können und flexibel und einfach anwendbar sind. Sie lassen sich gut an DfAM anpassen, indem gezielt AM-Produkte und -Lösungen als Vergleichsobjekte herangezogen werden. Aufgrund ihrer Ähnlichkeit lassen sie sich zu einer Gesamtmethode mit mehreren Elementen/Bausteinen zusammenfassen.

Methoden des Hinterfragens/Strukturierens sind grundsätzlich geeignet, bieten jedoch insgesamt weniger DfAM-spezifische Möglichkeiten. Die Freiheitsgradanalyse und die progressive Abstraktion zielen darauf ab, die Variationsmöglichkeiten innerhalb eines bestehenden Systems näher zu untersuchen und den Lösungsraum dadurch zu öffnen. Einen Schritt weiter geht die Baugruppenanalyse nach GERBER: Ein bestehendes technisches System wird sukzessive abstrahiert, bis die (ursprünglich zugrunde liegende) Funktionsstruktur erreicht ist. Dadurch können gezielt neue Potenziale gehoben werden. Methoden dieser Subkategorie erfordern zur praktischen Anwendung häufig einen größeren Schulungsaufwand.

Methoden zur Fehler-/Schwachstellenanalyse können auch im DfAM-Kontext gut verwendet werden, eignen sich jedoch eher zur Berücksichtigung von Restriktionen als zur Ausnutzung von Potenzialen. Ihre Anwendung ist teilweise aufwendig, kann durch die i. d. R. hohe Ergebnisqualität jedoch gerechtfertigt sein. Sinnvolle Modifikationen bestehen beispielsweise in der Verwendung von Checklisten zu AM-Restriktionen sowie dem Hinzuziehen von AM-Experten in bestimmten Analyseschritten, z. B. in Bewertungs- und Entscheidungspunkten.

Methoden zur Funktionsorientierung Zur in der frühen Konzeptphase erforderlichen Strukturierung und Modellierung von Funktionen liegen verschiedene Methoden vor, die beispielsweise die Zerlegung in Teilfunktionen erleichtern oder zum Verständnis von Eingangs- und Ausgangsgrößen im Sinne einer Black Box beitragen. Alle Methoden zur Funktionsorientierung sind von Natur aus lösungsneutral und daher geeignet, den Lösungsraum zu

Tabelle 5.2: Bewertung von Methoden zur Analyse

Methode	Bewertung						Integration (Nr.)
			3. Flexibilität				
	1. Lösungsraum-erweiterung	2. AM-Komplexitäten	a) Opportun. DfAM	b) Restrikt. DfAM	c) Wissensarten	4. Praktische Anwendbarkeit	
Recherche/Vergleich							
Benchmarking	●	o	●	o	●	●	Empf. (2), Synth. (3), Mod. (4)
Branchen-/Wettbewerbs-/Fremderzeugnis-analyse, Analyse bekannter technischer Systeme	●	o	●	o	●	●	Empf. (2), Synth. (3), Mod. (4)
Literaturrecherche	●	o	●	o	o	●	Empf. (2), Synth. (3), Mod. (4)
Patentrecherche/-analyse	●	o	●	o	o	●	Empf. (2), Synth. (3), Mod. (4)
Hinterfragen							
Baugruppenanalyse nach Gerber	●	o	o	–	–	o	Empf. (2)
Einfluss-/Hypothesenmatrix	o	–	–	–	–	o	Eign. (1)
Freiheitsgradanalyse	o	–	o	o	●	–	Empf. (2), Mod. (4)
KJ-Methode	o	–	–	–	–	–	Eign. (1)
Progressive Abstraktion	●	–	o	o	o	–	Empf. (2), Mod. (4)
Wirkungsnetz	o	–	–	–	–	o	Eign. (1)
Fehler-/Schwachstellenanalyse							
Advanced Failure Evaluation	o	–	–	●	●	o	Empf. (2), Mod. (4)
Failure Mode and Effect Analysis (FMEA)	o	–	–	●	●	o	Empf. (2), Mod. (4)
Fehlerbaumanalyse	o	–	–	o	●	o	Eign. (1)
Plausibilitätsanalyse	–	–	–	●	●	●	Mod. (4)
Schwachstellenanalyse	o	–	o	●	●	●	Empf. (2), Mod. (4)

Legende: ● gut, o mittelmäßig/teilweise, – schlecht
Details zu Methoden: [Ehr13, 385, 517, 519; Fel13e; Fel13d; Ger71, 6–11; Gra13, 212; Lin09, A1; Oph05, 65–73; Pon07, 266, 267, 274; Sch99b, 64–77]

erweitern und Denkblockaden hinsichtlich bekannter Konstruktionen abzubauen. Bedingt durch ihr hohes Abstraktionsniveau erfordert ihre Anwendung konstruktionsmethodische Erfahrung, fördert jedoch insbesondere die Ausnutzung mehrerer Potenziale. Wie in Tabelle 5.3 dargestellt, weisen die Methoden untereinander bezüglich der gewählten Bewertungskriterien keine signifikanten Unterschiede auf. Der Anwender kann daher die Methode verwenden, die ihm bekannt ist oder die für seinen Anwendungsfall – unabhängig von AM als Fertigungsverfahren – am geeignetsten ist. Wie bereits ansatzweise in der DfAM-Forschung gezeigt

Tabelle 5.3: Bewertung von Methoden zur Funktionsorientierung

Methode	1. Lösungsraum-erweiterung	2. AM-Komplexitäten	a) Opportun. DfAM	b) Restrikt. DfAM	c) Wissensarten	4. Praktische Anwendbarkeit	Integration (Nr.)
			3. Flexibilität				
Hierarchische Funktionsmodellierung/ Funktionsbäume	●	–	–	–	–	○	
Nutzerorientierte Funktionsmodellierung	●	–	–	–	–	○	
Relationsorientierte Funktionsmodellierung	●	–	–	–	–	○	Für alle: Empf. (2)
Umsatzorientierte Funktionsmodellierung/ Funktionsstrukturen	●	–	–	–	–	○	
Verb-Nomen-Formulierungen zur Funktions-analyse	●	–	–	–	–	○	

Legende: ● gut, ○ mittelmäßig/teilweise, – schlecht
Details zu Methoden: [Ehr13, 21 ff., 32 ff., 403, 417–427; Fel13c; Lin09, A1; Pon07, 265, 275, 277; VDI93]

[Boy13; Lin15; Rod10], wird die Anwendung aller Methoden zur Funktionsorientierung im DfAM-Kontext stark empfohlen.

Intuitive Methoden zur Lösungsfindung Auf Kreativität und Intuition fußende Lösungs-findungsmethoden genießen in der allgemeinen Konstruktionslehre traditionell einen hohen Stellenwert, insbesondere beim divergierenden Vorgehen in den frühen Phasen. Von Natur aus sind sie geeignet, Denkblockaden abzubauen und unkonventionelle Ansätze zu för-dern. Tabelle 5.4 zeigt die Vielzahl der Methoden dieser Kategorie und ihre insgesamt gute Bewertung, die eine Empfehlung aller Methoden im DfAM-Kontext begründet.

Viele der kreativ-intuitiven Methoden sind mit geringem Schulungs- und Vorbereitungs-aufwand und für unterschiedlichste Aufgabenstellungen anwendbar. Ihre Ergebnisqualität kann jedoch in Abhängigkeit von den Teilnehmern schwanken. Einige der Methoden äh-neln einander bzw. sind Abwandlungen einer gemeinsamen Grundidee (z. B. Brainstorming und imaginäres Brainstorming). Sie sind daher auch vergleichbar in ihrer Flexibilität zur Integration von AM-Wissen, sodass DfAM-spezifische Erweiterungen häufig für mehrere Methoden gleichermaßen anwendbar sein können.

Bei der Methodenanpassung ist es vielversprechend, den kreativen Prozess gezielt auf AM-Potenziale zu lenken. Hierzu können während der Methodenanwendung zusätzliche Hilfsmittel zum Einsatz kommen, die aus den AM-Komplexitätsarten abgeleitet wurden. Die Reizbildtechnik kann unter Verwendung AM-spezifischer Bilder gezielt auf entsprechende neue Freiheiten hinweisen. Ähnliches gilt für Methoden, die mit Provokationen/Widersprü-chen arbeiten und ebenfalls angepasst werden können (Beispiel für Provokationstechnik:

Tabelle 5.4: Bewertung von intuitiven Methoden zur Lösungsfindung

Methode	1. Lösungsraum-erweiterung	2. AM-Komplexitäten	a) Opportun. DfAM	b) Restrikt. DfAM	c) Wissensarten	4. Praktische Anwendbarkeit	Integration (Nr.)
			3. Flexibilität				
Brainstorming	●	○	○	–	○	●	
Brainwriting/Kärtchen-Technik	●	○	○	○	●	●	
Brainwriting-Pool	●	○	○	○	●	●	
Delphimethode	○	–	●	●	○	–	
Denkhüte von de Bono/6-Hut-Denken	●	○	●	●	●	○	
Galeriemethode	●	○	○	○	●	●	
Hybride Gruppenarbeit	●	○	○	○	●	●	
Imaginäres Brainstorming	●	○	●	–	○	○	
Imagine-Prinzip	●	○	●	–	○	○	
Methode 635	●	○	○	○	●	●	
Methode 66	●	○	○	○	○	●	Für alle: Empf. (2),
Negation und Neukonzeption/methodisches Zweifeln	●	○	○	○	○	○	Mod. (4)
Orientierung an Grenzwerten	○	○	●	–	○	○	
Osborn-Checkliste/SCAMPER-Methode	●	●	○	○	○	○	
Provokationstechnik nach de Bono/Kopfstandtechnik	●	○	●	–	○	○	
Reizbildtechnik	●	●	●		–	●	
Reizwortanalyse	●	○	○	–		○	
SIL-Methode	●	○	○	○	●	●	
Walt-Disney-Methode	●	○	○	●	●	○	
Widerspruchsorientierte Entwicklungsstrategie	●	○	○	–	○	–	

Legende: ● gut, ○ mittelmäßig/teilweise, – schlecht
Details zu Methoden: [Ehr13, 386, 434 ff.; Fel13e; Fel13b; Lin09, A1; Oph05, 108–111, 113 ff.; Pon07, 270, 272; Roh69; Sch14a, 183 ff., 273 ff., 301–306; Sch99b, 100–129, 143–148]

„Es gibt nirgendwo mehr ebene Flächen und rechte Winkel"). Die Flexibilität der Methoden hinsichtlich der Art der Wissensbereitstellung ist insbesondere abhängig von der Dauer der Durchführung und der vorherrschenden Sozialform.

Einige Methoden sind aufgrund ihrer Eigenschaften hervorzuheben. Das 6-Hut-Denken und die verwandte Walt-Disney-Methode enthalten sowohl divergierende als auch konvergierende Arbeitsschritte. Da hierbei per Definition opportunistische und restriktive Elemente berücksichtigt werden und diese Grundidee unmittelbar auf DfAM übertragbar ist, weisen diese Methoden im DfAM-Kontext potenziell eine hohe Eignung auf. Darüber hinaus zielen

Tabelle 5.5: Bewertung von Methoden zur Lösungsfindung durch Analogiebetrachtung

Methode	1. Lösungsraumerweiterung	2. AM-Komplexitäten	3. Flexibilität a) Opportun. DfAM	b) Restrikt. DfAM	c) Wissensarten	4. Praktische Anwendbarkeit	Integration (Nr.)
Bionik	●	●	●	○	●	–	
Synektik	●	○	●	○	●	–	Für alle: Empf. (2),
TILMAG-Methode	●	○	●	○	●	○	Mod. (4)
Visuelle Synektik	●	○	●	○	○	–	

Legende: ● gut, ○ mittelmäßig/teilweise, – schlecht
Details zu Methoden: [Ehr13, 435 f.; Fel13e; Lin09, A1; Nac10; Pon07, 264, 276; Sch14a, 249 ff.; Sch99b, 130–143]

Inhalte aus Osborn-Checkliste/SCAMPER-Methode teilweise direkt auf AM-spezifische konstruktive Freiheiten ab, z. B. die Aufforderung zur Steigerung oder Verminderung von Größe und Maßstab bestehender Lösungen.

Analogiebetrachtungen zur Lösungsfindung Einige Methoden basieren auf der Grundidee, Denkblockaden in der Lösungsfindung durch Verfremdung und Analogiebildung zu überwinden. Zwar sind diese Methoden überwiegend kreativ-intuitiv ausgerichtet; insbesondere bei der Bionik verschwimmt jedoch durch eine systematische Analogiesuche die Grenze zu den diskursiven Methoden, die im Folgeabsatz untersucht werden. Die in Tabelle 5.5 bewerteten Methoden sind einander aufgrund ihrer gemeinsamen Grundidee sehr ähnlich. Ihre Anwendung im DfAM-Kontext wird auf Basis der insgesamt positiven Bewertung empfohlen. Wie bereits in den Abschnitten 3.3.1 und 4.3.1 gezeigt, bietet sich vor allem die Anwendung von Bionik aufgrund ihrer engen Verbindung zu den AM-Komplexitäten an. Insbesondere opportunistisches AM-Wissen kann den Analogiefindungsprozess zusätzlich fördern. Entscheidender Nachteil aller Methoden dieser Kategorie ist ihre aufwendige und schwierige Anwendbarkeit, die häufig umfassende Vorkenntnisse erfordert.

Diskursive Methoden zur Lösungsfindung Bei der Anwendung diskursiver Methoden wird systematisch nach konstruktiven Lösungen gesucht, wenngleich auch dieses Vorgehen eine gewisse Intuition und Kreativität im Lösungsfindungsprozess nicht ausschließt. Typisch für diese Methodenart ist der Einsatz von Ordnungsschemata. Die in Tabelle 5.6 dargestellte Bewertungsübersicht zeigt, dass in dieser Kategorie weniger Methoden vorliegen als zur intuitiven Lösungsfindung. Ihre Flexibilität hinsichtlich DfAM-spezifischer Erweiterungen ist insgesamt geringer. Dennoch verhindert dies ihre Anwendbarkeit im DfAM-Kontext keineswegs, da die Stärke der Methoden – die systematische und umfassende Analyse der Lösungsmöglichkeiten – auch in diesem Zusammenhang Bestand hat und durch eine

Tabelle 5.6: Bewertung von diskursiven Methoden zur Lösungsfindung

Methode	1. Lösungsraumerweiterung	2. AM-Komplexitäten	3. Flexibilität a) Opportun. DfAM	b) Restrikt. DfAM	c) Wissensarten	4. Praktische Anwendbarkeit	Integration (Nr.)
Alternativenbaum/deduktiver Logikbaum/ Problemlösungsbaum	o	–	o	o	o	o	Empf. (2)
Attribute-Listing	o	–	o	o	o	o	Empf. (2)
Konstruktionskataloge/Liste physikalischer Effekte/Effektsammlung	●	–	–	o	–	o	Empf. (2)
Morphologischer Kasten/Morphologische Matrix	o	o	o	o	o	●	Empf. (2), Mod. (4)
Ordnungsschemata/Prinzipien zur Überwindung technischer Widersprüche (aus TRIZ)	●	●	o	o	o	–	Empf. (2)
Systematische Untersuchung des physikalischen Zusammenhangs	●	–	–	–	–	–	Eign. (1)

Legende: ● gut, o mittelmäßig/teilweise, – schlecht
Details zu Methoden in [Ehr13, 443, 445, 453, 455; Fel13e; Lin09, A1; Oph05, 116; Pon07, 263, 270 f., 280; Sch14a, 73 ff.; Sch99b, 78–83, 89–99]

erneute Betrachtung zuvor ausgeschlossener Prinzipien zu neuen Ansätzen führen kann. Als Erweiterung ist beispielsweise die Verwendung restriktiver DfAM-Hilfsmittel sinnvoll, um bei der Verträglichkeitsanalyse von Lösungsvarianten AM-spezifische Grenzen zu berücksichtigen.

Methoden für das Gestalten Methoden dieser Kategorie unterstützen die eigentliche Gestaltfindung eines Produkts, d. h. im Wesentlichen die Festlegung seiner geometrischen und werkstofflichen Merkmale. In diesem Abschnitt werden fertigungsverfahrenunabhängige Gestaltungsmethoden betrachtet, die zusätzlich zu den Konstruktionsregeln – das zentrale Element des AM-gerechten Gestaltens – berücksichtigt werden können. Das Gros der in Tabelle 5.7 evaluierten Methoden ist hinsichtlich Flexibilität und Anwendbarkeit vergleichbar: Da Gestaltung überwiegend nicht in interdisziplinären Workshops, sondern in Einzelarbeit ausgeführt wird, bestehen in Bezug auf Inhalt und Form des ergänzenden AM-Wissens kaum Einschränkungen. Zur Anwendung sind ausgebildete Konstrukteure erforderlich; über die Grundausbildung hinausgehendes Methodenwissen ist jedoch nicht erforderlich.

Die Produktarchitekturgestaltung hat, wie bereits in Abschnitt 5.2 erwähnt, aufgrund ihrer Bedeutung zur Ausschöpfung neuer Freiheiten unter gleichzeitiger Beachtung neuer Restriktionen im DfAM-Kontext einen hohen Stellenwert. Ihre Anwendung, bei Bedarf ergänzt um weitere Hilfsmittel, wird daher besonders empfohlen. Während sie sich im Übergang

Tabelle 5.7: Bewertung von Methoden für das Gestalten

Methode	1. Lösungsraum-erweiterung	2. AM-Komplexitäten	3. Flexibilität a) Opportun. DfAM	b) Restrikt. DfAM	c) Wissensarten	4. Praktische Anwendbarkeit	Integration (Nr.)
Produktarchitektur							
Gestalten der Produktstruktur/-architektur	●	○	●	●	●	○	Empf. (2), Mod. (4)
Prinzipienorientierung							
Prinzip des Kraftflusses	○	○	●	●	●	○	Empf. (2), Mod. (4)
Prinzipien der Leichtbaukonstruktion	○	●	●	●	●	○	Empf. (2), Mod. (4)
Prinzip der Selbsthilfe	○	○	●	●	●	○	Eign. (1)
Prinzip des Lastausgleichs	–	○	●	●	●	○	Eign. (1)
Systematische Variation							
Variation der Flächen und Körper	●	○	●	●	●	○	Empf. (2), Mod. (4)
Variation der Flächen- und Körper-beziehungen	●	○	●	●	●	○	Empf. (2), Mod. (4)
Variation der stofflichen Eigenschaften	○	○	●	●	●	○	Empf. (2), Mod. (4)
Variation der Bewegungen	○	–	–	–	●	○	Eign. (1)
Variation der Getriebeart	○	○	○	○	●	○	Eign. (1)
Variation der Kraftübertragung	○	–	○	○	●	○	Eign. (1)

Legende: ● gut, ○ mittelmäßig/teilweise, – schlecht
Details zu Methoden: [Ehr13, 465–486, 502–513; Fel13c; Fel13a; Kle13, 65–73; Lin09, A1; Pah13; Pon07, 277; VDI04b]

vom Konzipieren zum Gestalten befindet und mehrere, iterativ zu durchlaufende Schritte des DfAM-Rahmenwerks betrifft, kommen die übrigen Methoden dieser Kategorie überwiegend in Phase III (Entwerfen und Ausarbeiten) zum Einsatz.

Aus der Anwendung der allgemeinen Gestaltungsmethoden zunächst ohne die Beachtung von Restriktionen können häufig komplexe konstruktive Lösungen resultieren: Beispielsweise führt die prinzipiengeleitete Konstruktion genauso wie eine Variation der Flächen- und Körperbeziehungen häufig zu hoher Formkomplexität, während die Variation der stofflichen Eigenschaften unmittelbar auf AM-ermöglichte Materialkomplexität abzielt. Die Erweiterung der Methoden um gezielte Hinweise auf konstruktive Potenziale kann ihre Ausschöpfung somit zusätzlich unterstützen.

Methoden zur Funktionsintegration Zur Förderung von Integralbauweise und Funktionserweiterung als wesentliche Ausprägungen der Funktionsintegration (siehe Definition 9) liegen zahlreiche Methoden vor. Auf Basis der ausführlichen Analyse von ZIEBART (2012) werden die für DfAM relevanten Methoden zunächst gesammelt und teilweise konsolidiert, da Grundgedanke und Inhalte einiger Methoden deckungsgleich sind [Zie12]. Funktions-integrationsmethoden auf Basis einer Variation des Fertigungsverfahrens werden in diesem Kontext ausgeklammert, da ausschließlich AM betrachtet wird. Die Bewertung in Tabelle 5.8 zeigt, dass im DfAM-Kontext die Anwendung aller Methoden mindestens empfohlen wird.

Insbesondere die Strategie der einteiligen Maschine ist – verglichen mit anderen Methoden zur Funktionsintegration – aufgrund ihrer Anschaulichkeit leicht anwendbar. Durch ihr systematisch divergierend-konvergierendes Vorgehen können sowohl opportunistische als auch

Tabelle 5.8: Bewertung von Methoden zur Funktionsintegration

| Methode | Bewertung | | | | | | Integration (Nr.) |
| | | | 3. Flexibilität | | | | |
	1. Lösungsraum-erweiterung	2. AM-Komplexitäten	a) Opportun. DfAM	b) Restrikt. DfAM	c) Wissensarten	4. Praktische Anwendbarkeit	
Einteiligkeit/Relativbewegungsanalyse							
Strategie der einteiligen Maschine nach Ehrlenspiel	●	●	○	●	○	●	Empf. (2), Synth. (3), Mod. (4)
Theoretisch minimale Bauteilanzahl nach Koller	●	○	○	●	○	○	Empf. (2), Synth. (3), Mod. (4)
Methodische Hinweise							
Gestaltungskonstruktionsregeln zur Funktionsintegration nach Ehrlenspiel	○	–	○	○	○	○	Eign. (1), Synth. (3)
Gestaltungsregeln zur Reduktion der Bauteil-anzahl nach Gairola	○	○	○	○	○	○	Empf. (2), Synth. (3)
Hinweise zu wirkraum-/wirkflächenbasierten Arten der Funktionsintegration nach Roth	○	○	○	○	○	–	Empf. (2)
Hinweise zur Funktionsintegration nach Koller	○	–	○	○	○	–	Eign. (1), Synth. (3)
Hinweise zur integralen Funktions-ausnutzung nach Gerber	○	○	○	○	○	–	Eign. (1), Synth. (3)
Konstruktionsregeln zur Funktionsintegration nach Ziebart	○	○	○	–		○	Empf. (2), Synth. (3)
Sammlung integraler Lösungen nach Ziebart	○	–	–	–	–	●	Empf. (2)
Modultreiber							
Analyse von Modultreibern und Funktionen-Eigenschaften-Gegenüberstellung nach Gumpinger und Krause	○	○	○	○	○	–	Empf. (2)

Legende: ● gut, ○ mittelmäßig/teilweise, – schlecht
Details zu Methoden: [Ehr85, 225 f.; Ehr14, 329 f.; Gai81, 64; Ger71, 25–27; Gum08; Kol76, 86–94; Kol98, 276 ff., 307–318; Rot00, 237–242; Zie12, 139–147]

restriktive DfAM-Hinweise integriert werden. Die Berechnung der theoretisch minimalen Bauteilanzahl durch eine Relativbewegungsanalyse kann ergänzend eingesetzt werden.

Aus den allgemeinen Hinweisen auf Funktionsintegrationsmöglichkeiten kann aufgrund ihrer Ähnlichkeit eine gemeinsame Checkliste synthetisiert werden, um die Aspekte aller Ansätze zu kombinieren und die bislang eher komplizierte Anwendbarkeit zu verbessern [Zie12, 230–235]. Eine Anreicherung um DfAM-Wissen ist grundsätzlich möglich, aufgrund des geringen Detaillierungsgrads der Hinweise jedoch nicht unbedingt zweckmäßig.

Methoden zur Bewertung und Auswahl Methoden dieser Klasse werden im methodischen Konstruktionsprozess in jeder Phase eingesetzt, wenn erarbeitete Ansätze miteinander verglichen werden sollen und die unter den gegebenen Randbedingungen beste Variante ausgewählt werden soll. Die Methoden gehören somit zum konvergierenden Schritt und unterstützen die Entscheidungsfindung. Sie lassen sich in einfache und aufwendige Verfahren einteilen [War13]. Die in Tabelle 5.9 gesammelten Verfahren sind aufgrund ihrer Allgemeingültigkeit auch im DfAM-Kontext anwendbar. Die Mehrheit der Methoden basiert auf Bewertungskriterien, innerhalb derer AM-Spezifitäten als zusätzliche oder exklusive Kriterien verwendet werden können.

5.3.3 Integration bestehender DfAM-Methoden und -Hilfsmittel

Wie im Integrationskonzept in Abschnitt 5.3.1 beschrieben, wird für alle bestehenden Ansätze des DfAM im engeren Sinne untersucht, wie sie im Kontext des Rahmenwerks bestmöglich verwendet werden können. Inhaltlich weisen sie naturgemäß teilweise Parallelen zu den allgemeinen Konstruktionsmethoden aus dem vorigen Abschnitt auf. Tabelle 5.10 enthält eine Übersicht über die jeweils gewählten Integrationsarten.

AM-Konstruktionsregeln liegen aus zahlreichen Quellen vor, gelten jedoch häufig nur für ein bestimmtes Verfahren oder eine bestimmte Anlage. Sie unterscheiden sich ferner hinsichtlich berücksichtigter Regelarten (z. B. qualitativ/quantitativ) und in ihrer Detailtiefe. Durch eine Zusammenführung sämtlicher bestehender Quellen entsteht eine ganzheitliche Konstruktionsregelsammlung, die für Konstrukteure aufgrund ihres umfassenden Inhalts und eines einheitlichen Aufbaus gegenüber den bislang isolierten Sammlungen einen entscheidenden Mehrwert bietet.

Checklisten mit Hinweisen auf AM-Potenziale wurden trotz ihrer einfachen Anwendbarkeit bislang nur rudimentär ausgearbeitet. Die Grundidee wird daher aufgegriffen und für die Erstellung neuer Checklisten verwendet, die durch die Ergänzung restriktiver Inhalte jedoch zu kombinierten DfAM-Hilfsmitteln weiterentwickelt werden. Ähnliches gilt für die Analyse erfolgreicher Fallbeispiele, die zusammen mit den allgemeinen Recherche-/Vergleichsmethoden (Tabelle 5.2) zu einem neuen Ansatz ausgearbeitet werden. Konstruktionsmerkmal-Datenbanken mit geführtem Zugriff können direkt ins Rahmenwerk übernommen werden. Die Bionik- und TRIZ-basierte Inventionsmethodik ist ohne Modifikationen in der prinzipiellen Phase einsetzbar. Bestehende AM-spezifische Kreativmethoden bieten zusammen mit den allgemeinen Methoden der kreativ-intuitiven Lösungsfindung

Tabelle 5.9: Bewertung von Methoden zur Bewertung und Auswahl

Methode	Bewertung							
			3. Flexibilität				
	1. Lösungsraum-erweiterung	2. AM-Komplexitäten	a) Opportun. DfAM	b) Restrikt. DfAM	c) Wissensarten	4. Praktische Anwendbarkeit	Integration (Nr.)
Einfache Bewertungsverfahren							
Argumentenbilanz	–	–	o	o	o	●	
Auswahlliste	–	–	o	o	o	●	
Entscheidungsbaum	–	–	o	o	o	●	
Entscheidungstabelle	–	–	o	o	o	●	Für alle: Mod. (4)
Paarweiser Vergleich/Dual-Vergleich	–	–	o	o	o	●	
Pugh-Matrix	–	–	o	o	o	●	
Punkt-/Variantenbewertung, Entscheidungskriterien-Matrix	–	–	o	o	o	●	
Vorauswahl	–	–	o	o	o	●	
Aufwendige Bewertungsverfahren							
Analytic Hierarchy Process	–	–	o	o	o	o	
Bewertung nach Breiing und Knosala	–	–	o	o	o	o	
Nutzwertanalyse	–	–	o	o	o	o	Für alle: Mod. (4)
Rangfolgeverfahren/Präferenzmatrix/Zielpräferenzmatrix	–	–	o	o	o	o	
Technisch-wirtschaftliche Bewertung	–	–	o	o	o	o	

Legende: ● gut, o mittelmäßig/teilweise, – schlecht
Details zu Methoden: [Ehr13, 528–544; Lin09, A1; Oph05, 41 ff, 81–94; War13]

(Tabelle 5.4) im DfAM-Kontext großes Potenzial. Sie werden daher zusammengeführt und um diverse Hilfsmittel ergänzt.

Die Anwendung der bestehenden DfAM-Ansätze zur funktionsflächenbasierten Bauteilgestaltung und zur methodisch unterstützten Topologieoptimierung können in ihrer Ursprungsform verwendet werden. Sie erfordern jedoch eine entsprechend große Expertise des Anwenders und weitere begünstigende Rahmenbedingungen, vor allem in Bezug auf Konstruktionsart, Systemgrenze und AM-Verfahren. Dasselbe gilt für den methodisch unterstützten Einsatz mesoskopischer Strukturen; Ansätze aus diesem Bereich können zudem aufgrund ihrer Ähnlichkeit konsolidiert werden.

Tabelle 5.10: Übersicht über die Integration bestehender DfAM-Ansätze ins Rahmenwerk

DfAM-Methoden/Hilfsmittel (aus Tabelle 3.8)	Integration (Nr.)
Restriktive Ansätze	
Sammlungen von AM-Konstruktionsregeln	Synth. (6), Neuentw. (8)
Opportunistische Ansätze	
Hinweise auf AM-Potenziale; Checklisten	Neuentw. (8)
Analyse erfolgreicher Fallbeispiele	Neuentw. (8)
Konstruktionsmerkmal-Datenbanken mit geführtem Zugriff	Empf. (5)
Bionik- und TRIZ-basierte Inventionsmethodik	Empf. (5)
AM-spezifische Kreativmethoden	Synth. (6), Mod. (7)
Kombinierte Ansätze	
Funktionsflächenbasierte Bauteilgestaltung	Empf. (5)
Methodisch unterstützte Topologieoptimierung	Empf. (5)
Methodisch unterstützter Einsatz mesoskopischer Strukturen	Synth. (6)

5.4 Anpassung und Entwicklung von Methoden und Hilfsmitteln

Die im vorigen Abschnitt durchgeführte Analyse der Potenziale bestehender Methoden und Hilfsmittel im DfAM-Kontext liefert die Basis für ihre Anpassung und Entwicklung. In diesem Abschnitt werden exemplarisch die innerhalb der Integrationsarten *Synthese, Modifikation* und *Neuentwicklung* vielversprechendsten detailliert ausgearbeitet. Zur Erhöhung der Akzeptanz stehen Methoden im Fokus, die sich besonders für die einfache praktische Anwendung eignen [Hua96c, 10]. Gemäß Definition 5 werden Methoden und Hilfsmittel separat betrachtet: Zunächst werden neue DfAM-Hilfsmittel/-Werkzeuge erarbeitet; erst anschließend werden die Konstruktionsmethoden vorgestellt, da deren DfAM-spezifische Anpassung häufig in einer gezielten Anwendung der Hilfsmittel/Werkzeuge besteht.

5.4.1 Hilfsmittel

Die im Folgenden vorgestellten neuen Hilfsmittel fußen auf den AM-Freiheiten und -Restriktionen. Viele Hilfsmittel sind flexibel einsetzbar: Neben einer Anwendung als gezielte Erweiterung von Konstruktionsmethoden können sie auch methodenunabhängig als schnelles Werkzeug im Konstruktionsprozess angewendet werden.

Checklisten für das Konzipieren und für das Gestalten Checklisten haben sich aufgrund ihrer einfachen Anwendbarkeit als universell einsetzbares Hilfsmittel in Konstruktionsprozessen bewährt (Abschnitt 3.1), liegen aber für DfAM bislang nicht vor. Den im Folgenden vorgestellten Checklisten liegt der Ansatz zugrunde, sie einerseits möglichst flexibel anwendbar zu machen, d. h. Arbeitsschritte nicht unnötig starr vorzugeben, andererseits aber eine umfassende methodische Richtschnur bereitzustellen, die für Erstnutzer auch zunächst unkonventionell erscheinende Arbeitsschritte propagiert. Die Checklisten sind

CHECKLISTE FÜR DAS AM-GERECHTE KONZIPIEREN

Teil I: Orientieren an Funktionen	Erledigt	Nicht erledigt	Nicht relevant
1 Denken Sie zunächst in *Funktionen*, nicht von Beginn an in Bauteilen/Baugruppen. Nutzen Sie ggf. Hilfsmittel zur Funktionsmodellierung.	[ ]	[ ]	[ ]
2 Analysieren Sie bei Anpassungskonstruktionen, ob mehrere benachbarte Bauteile/Baugruppen zu einem einzigen Bauteil zusammengefasst werden können *(Integralbauweise)*. Überdenken Sie die gesamte *Produktarchitektur*.	[ ]	[ ]	[ ]
3 Untersuchen Sie, ob das Produkt von zusätzlichen Funktionen profitiert, die ohne Zusatzaufwand integriert werden können *(Funktionserweiterung)*.	[ ]	[ ]	[ ]

Teil II: Potenziale verstehen, Ideen/Lösungen finden	Erledigt	Nicht erledigt	Nicht relevant
4 Vergegenwärtigen Sie sich die *konstruktiven AM-Potenziale*. Lösen Sie sich gedanklich von den Regeln des klassischen fertigungsgerechten Konstruierens. Fokussieren Sie bei AM zunächst nicht die verfahrensspezifischen Restriktionen/Konstruktionsregeln.	[ ]	[ ]	[ ]
5 Recherchieren Sie bestehende *AM-Produkte als Fallbeispiele* zur Inspiration.	[ ]	[ ]	[ ]
6 Nutzen Sie bewusst *Methoden und Hilfsmittel* für das AM-gerechte Konzipieren (z.B. zur Lösungsraumerweiterung).	[ ]	[ ]	[ ]
7 Nutzen Sie *interdisziplinäre Teams* zur Ideen- und Lösungsfindung (z.B. in Form von Workshops).	[ ]	[ ]	[ ]
8 Lassen Sie sich bei der Lösungsfindung von Vorbildern aus der Natur inspirieren *(Bionik)*.	[ ]	[ ]	[ ]
9 Überdenken Sie bei Anpassungskonstruktionen auch die *Werkstoffauswahl*.	[ ]	[ ]	[ ]
10 Wählen Sie sorgfältig die *für AM geeignetsten Bauteile* aus. Untersuchen Sie auch die Eignung anderer Fertigungsverfahren.	[ ]	[ ]	[ ]
11 Führen Sie bei Bedarf frühzeitig erste *Optimierungsberechnungen zur Potenzialabschätzung* durch (z.B. Topologieoptimierung).	[ ]	[ ]	[ ]

Abbildung 5.6: Checkliste für das AM-gerechte Konzipieren

basierend auf den Erkenntnissen aus Abschnitt 3.2 praxisnah formuliert und eignen sich sowohl für Novizen als auch für Experten im DfAM.

Um den unterschiedlichen Anwendungsfällen Rechnung zu tragen, wird je eine Checkliste für das Konzipieren und für das Gestalten erarbeitet. Der allgemeinen Vorgehensweise zur Lösungsfindung nach Abbildung 5.2 folgend, fokussiert die Checkliste für das Konzipieren (Abbildung 5.6) das opportunistische DfAM, während die Checkliste für das Gestalten

CHECKLISTE FÜR DAS AM-GERECHTE GESTALTEN

Teil I: Lösungen finden, Produkt optimieren	Erledigt	Nicht erledigt	Nicht relevant
1 Führen Sie bei Bedarf relevante *Optimierungsberechnungen* durch (z. B. Topologieoptimierung).	[ ]	[ ]	[ ]
2 Nutzen Sie gezielt geeignete *Methoden und Hilfsmittel* für das AM-gerechte Gestalten.	[ ]	[ ]	[ ]
3 Analysieren Sie, ob mehrere benachbarte Bauteile/Baugruppen zu einem einzigen Bauteil zusammengefasst werden können *(Integralbauweise)*.	[ ]	[ ]	[ ]
4 Untersuchen Sie, ob das Produkt von zusätzlichen Funktionen profitiert, die ohne Zusatzaufwand integriert werden können *(Funktionserweiterung)*.	[ ]	[ ]	[ ]
5 Vergegenwärtigen Sie sich die *konstruktiven AM-Potenziale*. Lösen Sie sich gedanklich von den Regeln des klassischen fertigungsgerechten Konstruierens. Fokussieren Sie bei AM zunächst nicht die verfahrensspezifischen Restriktionen/Konstruktionsregeln.	[ ]	[ ]	[ ]
6 Recherchieren Sie bestehende *AM-Produkte als Fallbeispiele* zur Inspiration.	[ ]	[ ]	[ ]
7 Lassen Sie sich bei der Lösungsfindung von Vorbildern aus der Natur inspirieren *(Bionik)*.	[ ]	[ ]	[ ]

Teil II: Lösung umsetzen, Bauteil gestalten	Erledigt	Nicht erledigt	Nicht relevant
8 Diskutieren Sie Ihre Konstruktion frühzeitig mit dem *Fertigungstechnologen Ihrer Wahl*, z. B. bezüglich der Auswahl von Werkstoff und AM-Verfahren/-Anlage.	[ ]	[ ]	[ ]
9 Berücksichtigen Sie bei der Ausgestaltung die *AM-spezifischen Konstruktionsregeln*. Erfragen Sie ggf. konkrete quantitative Restriktionen beim Fertigungstechnologen Ihrer Wahl.	[ ]	[ ]	[ ]
10 Beachten Sie frühzeitig die *Orientierung des Bauteils in der Baukammer* der AM-Anlage, insb. bei Verfahren mit Stützstrukturen.	[ ]	[ ]	[ ]

Abbildung 5.7: Checkliste für das AM-gerechte Gestalten

(Abbildung 5.7) restriktive und opportunistische Elemente enthält. Bei Anpassungskonstruktionen genügt daher die Anwendung der Checkliste für das Gestalten, da auch sie explizite Hinweise auf AM-Potenziale beinhaltet. In beiden Checklisten wird gezielt auf weitere Methoden und Hilfsmittel verwiesen. Die Checklisten sind so aufgebaut, dass Nutzer jeden Punkt einzeln als „erledigt" oder „nicht erledigt" abhaken können. Sie sollten sämtliche Punkte der Checkliste, d. h. ggf. auch ihnen bislang unbekannte methodische Ansätze, zunächst bewusst in Betracht ziehen, können inadäquate Punkte aber durch die zusätzliche Auswahlmöglichkeit „nicht relevant" auslassen.

Allgemeiner Konstruktionsregelkatalog Ein allgemeiner Konstruktionsregelkatalog für additive Fertigungsverfahren ergibt sich aus den Inhalten sämtlicher veröffentlichter Regelsammlungen für FLM, LS und LBM. Hierfür ist zunächst eine einheitliche Struktur erforderlich, nach der die Regeln aufbereitet werden. Bestehende Sammlungen enthalten einerseits grundlegende qualitative Informationen zu den Besonderheiten und Restriktionen des AM-gerechten Gestaltens, andererseits quantitative Mindest- und Grenzwerte für konstruktive Features sowie Hinweise zu Abständen und zur Gestaltung von Funktionselementen. Diese hierarchische Kategorisierung, die in Abbildung 5.8 dargestellt ist, wird durch Subkategorien weiter verfeinert und bildet die Grundlage für den allgemeinen Konstruktionsregelkatalog. Kategorien und Subkategorien sind verfahrensunabhängig und erleichtern dadurch eine spätere Ausweitung des Katalogs auf zusätzliche AM-Verfahren.

Jede Subkategorie beginnt mit einer Einführung in die enthaltenen Konstruktionsregeln, Hintergrundinformationen zu ihren verfahrenstechnischen Ursachen sowie Hinweisen auf verwandte Subkategorien. Anschließend werden die einzelnen Konstruktionsregeln wie in bestehenden DFM-Werken (Abschnitt 3.1.4) in tabellarischer Form bereitgestellt. In

(1) Grundlegende Restriktionen

Auflösung
- Auflösungsvermögen in X-Y-Richtung
- Auflösungsvermögen in Z-Richtung
- Auflösung in Abhängigkeit von der Laserposition

Bauteilgröße
- Maximaler Bauraum
- Bauplattform als Teil des Werkstücks (hybride Fertigung)

Bauteilorientierung in der AM-Anlage
- Anisotropie der mechanischen Eigenschaften
- Wirkung der Orientierung auf Fertigungskosten und -zeit
- Anordnung des Bauteils bezogen auf die Beschichterrichtung

Materialverteilung und Hohlräume
- Massenanhäufungen vermeiden
- Pulverentfernung aus Hohlräumen
- Füllungsgrad für belastete Bauteile
- Füllungsgrad beim Einsatz von Bohrungen und Durchbrüchen

Oberflächenqualität
- Oberflächenqualität und Stufeneffekt in Abhängigkeit von der Orientierung
- Oberflächenqualität von Upskin- und Downskin-Flächen
- Rauigkeit von Oberflächen
- Typische Aufmaße für die Nachbehandlung
- Zugänglichkeit nachzubearbeitender Oberflächen

Stützstrukturen und Überhänge
- Stützstrukturen minimieren durch Änderung der Orientierung
- Stützstrukturen minimieren durch Fasen und Radien
- Kritische Winkel bei Stützstrukturen
- Kritische Maße bei Überhängen
- Erzwungene Stützstrukturen gegen maschineninduzierte Schwingungen und Prozesskräfte
- Zugänglichkeit von Stützstrukturen für die Nachbearbeitung

(2) Geometrische Features

Bohrungen und Kanäle
- Orientierung von Bohrungen
- Minimaler und maximaler Durchmesser von Bohrungen
- Nachbearbeitung von Bohrungen
- Vermeidung von Stützstrukturen
- Maximale Länge von Kanälen
- Querschnittsform von Kanälen

Ecken und Kanten
- Fasen an Ecken und Kanten
- Selbststabilisierung an Ecken und Kanten
- Vermeidung von Kerbspannungen
- Abstumpfen innen- und außenliegender Ecken

Radien, Zylinder und Stifte
- Stufeneffekt bei der Orientierung von Zylindern und Stiften
- Minimaler Durchmesser/Querschnitt von Zylindern und Stiften

Schrift
- Minimale Schriftgröße

Wände und Übergänge
- Minimale Wandstärke
- Wanddickenverhältnisse bei Übergängen
- Länge, Abstände und Nachbearbeitung von Inseln

(3) Abstände und Funktionselemente

Funktionselemente
- Gestaltung von Gewinden
- Gestaltung von Gelenken und Führungen
- Gestaltung von Filmscharnieren
- Gestaltung von Schnapphaken/Clips

Spalte und Passungen
- Minimale Spaltmaße
- Gestaltung von Spalten
- Spaltlänge und Spaltbreite
- Übermaße und Untermaße für Passungen

Abbildung 5.8: Struktur und Inhalte des allgemeinen Konstruktionsregelkatalogs

Name der Regel

Beschreibung/
Erklärung der
Regel

Schematische
Visualisierung
ungünstiger
und günstiger
konstruktiver
Lösungen

Kategorie

Subkategorie

Einführung/
Hintergrund-
informationen

Gültigkeit der
Regel

Querverweise
auf verwandte
Regeln

Quantitative
Richtwerte mit
Quellenangabe

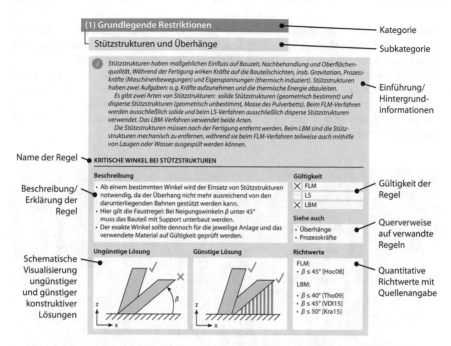

Abbildung 5.9: Musterseite „Kritische Winkel bei Stützstrukturen" aus dem allgemeinen Konstruktionsregelkatalog

Abbildung 5.9 ist mit den „Kritischen Winkeln bei Stützstrukturen" eine Musterseite aus dem Regelkatalog dargestellt.

Für jede Regel werden eine Beschreibung, Visualisierungen für ungünstige und günstige Lösungen, ihre Gültigkeit für die AM-Verfahren sowie quantitative Richtwerte samt zugehöriger Originalquellen bereitgestellt. Da Regeln aufeinander aufbauen, sich gegenseitig beeinflussen oder einander teilweise widersprechen können, werden Wechselwirkungen zwischen den Regeln durch entsprechende Querverweise aufgezeigt. Die unterschiedliche Gültigkeit der Regeln sowohl in Abhängigkeit vom AM-Verfahren als auch für spezifische Anlagen und Werkstoffe wird gezielt kenntlich gemacht.

Wenngleich das AM-Verfahren gemäß DfAM-Vorgehensmodell aus Abschnitt 5.2 beim Einsatz der Konstruktionsregeln bereits definiert sein sollte, ist dies in der Praxis häufig nicht der Fall, sodass die Gegenüberstellung der Konstruktionsregelausprägungen für verschiedene Verfahren auch bei der finalen Auswahl unterstützen kann. Die häufig angegebene Spanne von quantitativen Grenzwerten vermittelt Anwendern ein Gefühl für die anlagen- und werkstoffübergreifenden Größenordnungen, da zu Beginn des Gestaltens auch die zur Fertigung bereitstehende Anlage häufig noch nicht endgültig festgelegt ist.

Die Mischung aus hierarchischer Gliederung, textuellen Erläuterungen und tabellarischer Aufbereitung der Einzelregeln ermöglicht einer breiten Anwendergruppe eine einfache Handhabung und einen zielgerichteten Zugriff. DfAM-Novizen können den Katalog nutzen, um sich einen Überblick zu verschaffen und die Regeln strukturiert zu erlernen. Fortgeschrittenen und Experten dient der Katalog durch seinen einheitlichen Aufbau als Nachschlagewerk, z. B. für quantitative Grenzwerte. Gegenüber den ehemals isoliert voneinander stehenden Regelsammlungen bietet dieser synthetisierte allgemeine Konstruktionsregelkatalog somit einen deutlichen Mehrwert für Theorie und Praxis.

CHECKLISTE: DIE 10 WICHTIGSTEN AM-KONSTRUKTIONSREGELN

Regel	Beachtet	Nicht beachtet	Nicht relevant
1 Die *Genauigkeit/Auflösung* ist begrenzt, z. B. durch die Dicke der Schichten oder das schichterzeugende Element (z. B. Laserstrahl). Typische Schichtdicken liegen bei 0,05–0,2 mm.	[ ]	[ ]	[ ]
2 Einige Verfahren benötigen *Stützstrukturen* zusätzlich zum eigentlichen Bauteil. Diese entstehen – abhängig von der Orientierung des Bauteils in der AM-Anlage – bei Überhängen und bestimmten Winkeln zwischen Bauteil und Bauplattform. Sie müssen im Nachgang entfernt werden.	[ ]	[ ]	[ ]
3 Die Oberflächen von AM-Bauteilen sind häufig relativ rau. Die *Oberflächenqualität* wird insb. durch die Orientierung des Bauteils in der Anlage beeinflusst, z. B. in Abhängigkeit vom Winkel zur Bauplattform.	[ ]	[ ]	[ ]
4 Die *Werkstoffeigenschaften* können anisotrop sein (insb. in Abhängigkeit von der Orientierung in der Anlage).	[ ]	[ ]	[ ]
5 Bei pulverbettbasierten Verfahren (z. B. LS und LBM) muss die *Pulverentfernung* aus Hohlräumen/Kanälen sichergestellt werden.	[ ]	[ ]	[ ]
6 Die *maximale Bauteilgröße* ist durch die Baukammer der AM-Anlage begrenzt, was eine mehrteilige Fertigung erforderlich machen kann.	[ ]	[ ]	[ ]
7 Für *geometrische Features* gelten minimale Abmessungen, z. B. für die minimale Wandstärke.	[ ]	[ ]	[ ]
8 In einigen Verfahren (z. B. LS) können *bewegliche Funktionselemente* direkt hergestellt werden; dabei sind z. B. Spaltmaße zu beachten.	[ ]	[ ]	[ ]
9 Die *Materialauswahl* ist in Abhängigkeit vom AM-Verfahren begrenzt; die Verarbeitung mehrerer Materialien in einem Bauteil ist bei einigen Verfahren sehr gut möglich, bei anderen gar nicht oder nur eingeschränkt.	[ ]	[ ]	[ ]
10 Sofern *Nachbearbeitungsverfahren* zum Einsatz kommen, müssen deren spezifische Konstruktionsregeln berücksichtigt werden, z. B. die Zugänglichkeit beim Fräsen.	[ ]	[ ]	[ ]

Abbildung 5.10: Checkliste: Die 10 wichtigsten AM-Konstruktionsregeln

Checkliste zu wichtigsten Konstruktionsregeln/Restriktionen Als universell einsetzbares Hilfsmittel wird aus dem allgemeinen Konstruktionsregelkatalog eine Checkliste mit den wichtigsten Regeln abgeleitet, die in Abbildung 5.10 dargestellt ist. Die Liste kann zur Einführung für Novizen in das AM-gerechte Konstruieren verwendet werden oder Konstruktionsmethoden als restriktives DfAM-Hilfsmittel unterstützen. Sie kann ferner zur Bewertung von Ideen, konzeptionellen Lösungen und ausgearbeiteten Entwürfen sowie zur schnellen Herstellbarkeitsüberprüfung herangezogen werden.

Interaktive Potenzialsystematik Die in Kapitel 4 entwickelte Systematik enthält umfassende Informationen zu den konstruktiven Freiheiten additiver Fertigungsverfahren und den durch ihren Einsatz realisierbaren Nutzenversprechen. Das Verständnis dieser Wechselbeziehungen kann zur Ausschöpfung der Potenziale in Konstruktionsprojekten entscheidend beitragen. Aufgrund ihres Umfangs mit 22 Freiheiten, 27 Nutzenversprechen und 290 Beziehungen ist die Potenzialsystematik jedoch nicht unmittelbar als praktisches DfAM-Hilfsmittel anwendbar.

Um Nutzern den Zugriff auf die Potenzialsystematik zu erleichtern, wird ein interaktives Netzwerkdiagramm erarbeitet. Die Visualisierung wird mithilfe der Open-Source-Software *Gephi* [Bas09] und auf Basis einer – funktionell und optisch modifizierten – Vorlage als HTML-Datei exportiert.

Jedem Knoten sind verschiedene Attribute zugewiesen, u. a. Gruppenzugehörigkeit, Farbe, Beschreibung, schematische Illustrationen und weiterführende Links. Benutzer können durch das Netzwerk durch Selektieren einzelner Knoten oder Knotengruppen, mithilfe einer Zoomfunktion sowie über eine Volltextsuche navigieren. Wird ein Knoten aktiviert, werden die ein- und ausgehenden Kanten hervorgehoben und nicht verbundene Knoten und Kanten ausgeblendet. Darüber hinaus wird in der rechten Seitenspalte eine Übersicht geöffnet, in der sowohl die Attribute des Knotens als auch seine Beziehungen dargestellt werden. In Abbildung 5.11 ist ein Ausschnitt aus der Benutzeroberfläche mit dem exemplarisch selektierten Knoten „Hinterschnitte" dargestellt.

Die interaktive Potenzialsystematik macht erstmals die Beziehungen zwischen den konstruktiven Freiheiten und den Nutzenversprechen ganzheitlich sichtbar und für Konstrukteure intuitiv erlebbar. Sie bietet im Konstruktionsprozess folgende Zugriffsarten:

- *Featureorientiert:* Der Zugriff erfolgt von links nach rechts durch Selektion von konstruktiven Freiheiten, um ein besseres Verständnis zu erlangen, worin die Freiheiten im Einzelnen bestehen und zu welchem Zweck sie jeweils eingesetzt werden können.

- *Zielorientiert:* Der Zugriff erfolgt von rechts nach links durch Selektion einzelner Nutzenversprechen, um für die Erreichung eines konkreten konstruktiven Ziels mögliche geeignete AM-Freiheiten aufzufinden.

- *Unstrukturiert:* Zusätzlich können insbesondere DfAM-unerfahrene Nutzer das System auch verwenden, um sich mit den konstruktiven Potenzialen vertraut zu machen, indem sie es unsystematisch durchstöbern.

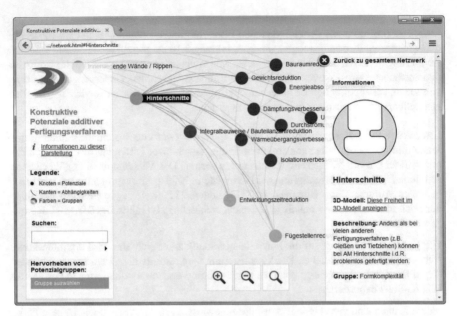

Abbildung 5.11: Ausschnitt aus der Benutzeroberfläche der interaktiven Potenzialsystematik

Abbildung 5.12: Verknüpfung der interaktiven Potenzialsystematik mit Anschauungsmodellen und Fallbeispieldatenbank als zusätzliche Komponenten [Kum17]

Trotz ihrer Benutzeroberfläche bleibt die interaktive Potenzialsystematik per se relativ abstrakt. Aus diesem Grund wird sie zu einem mehrkomponentigen System ausgebaut, das in Abbildung 5.12 dargestellt ist. Zur besseren Veranschaulichung werden die konstruktiven Freiheiten mit dreidimensionalen Modellen verknüpft. Nutzenversprechen erhalten Links zu zugehörigen, bereits realisierten Fallbeispielen, indem diesen in einer Datenbank entsprechende Schlüsselwörter („Tags") zugeordnet werden. Da Anschauungsmodelle und Fallbeispieldatenbank auch unabhängig von der Systematik als DfAM-Hilfsmittel eingesetzt werden können, werden sie in den Folgeabschnitten separat vorgestellt.

Digitale und physische 3D-Anschauungsmodelle Wie in KUMKE ET AL. (2017) vorgestellt [Kum17], können dreidimensionale Anschauungsobjekte einen visuellen Eindruck von konstruktiven Features schaffen, da ein Verständnis ausschließlich auf Basis textueller Beschreibungen für Konstrukteure herausfordernd sein kann. In den Anschauungsobjekten werden die in Kapitel 4 identifizierten konstruktiven Freiheiten daher distinkt umgesetzt und visualisiert.

Auf die in Abbildung 5.13 dargestellte digitale Umsetzung kann interaktiv zugegriffen werden. Anwender können die Ansicht durch Drehen und Zoomen verändern, durch Anklicken der Marker einzelner Features entsprechende Pop-up-Fenster mit weiterführenden Informationen einblenden oder mithilfe von vordefinierten Kameraansichten durch das Modell navigieren. Die Pop-up-Fenster enthalten eindeutige Links zur interaktiven Potenzialsystematik, sodass vom Anschauungsmodell aus direkt auf die durch ein Feature realisierbaren Nutzenversprechen zugegriffen werden kann. Durch die Umsetzung als HTML-Datei sind die Anschauungsmodelle nicht zuletzt plattformunabhängig einsetzbar.

In WATSCHKE ET AL. (2016) sowie in KUMKE ET AL. (2017) wird darüber hinaus eine physische Umsetzung der Anschauungsmodelle beschrieben [Wat16; Kum17]. Physische

Abbildung 5.13: Interaktives digitales 3D-Anschauungsmodell [Kum17]

Abbildung 5.14: Toolbox mit physischen 3D-Anschauungsmodellen für die Verfahren FLM, LS und LBM [Kum17]

Modelle können aufwandsarm als RP-Bauteile realisiert werden und bieten zusätzlich einen haptischen Eindruck, z. B. von Oberflächenrauigkeiten und Spaltmaßen. Mehr als digitale Modelle, die primär zur Repräsentation konstruktiver Features eingesetzt werden, sind Details der physischen Modelle abhängig vom AM-Verfahren. Wie in Abbildung 5.14 dargestellt, liegen die physischen Modelle daher als „Toolbox" mit unterschiedlichen Ausprägungen für die Verfahren FLM, LS und LBM vor. Besonderheit des LS-Modells sind beispielsweise Gelenke und Schnapphaken, während das LBM-Modell gradierte Gitterstrukturen enthält. Die physischen Modelle eignen sich vor allem für das Heranführen von DfAM-Novizen an AM sowie zur Unterstützung von Kreativworkshops.

Fallbeispieldatenbank   Aufbauend auf der Grundidee bestehender Ansätze für die Analyse von AM-Fallbeispielen wird eine neue Datenbank mit erweiterter Funktionalität aufgebaut. Besonderheit gegenüber bestehenden Ansätzen sind die Bereitstellung eines zielgerichteten Zugriffs .

Die Datenbank basiert auf einer semantischen Struktur, die in Abbildung 5.15 dargestellt ist. Jedem Objekt des *Objekttyps* „Fallbeispiel" werden Metainformationen zugeordnet: einfache *Attribute*, z. B. Bezeichnung, Beschreibung und Abbildung, sowie *Beziehungen* zu anderen Objekten, z. B. Zugehörigkeit zu Kategorie, Verwendung von Werkstoffen und Verwendung von AM-Verfahren. Diese verknüpften Objekte haben wiederum selbst Attribute oder ggf. eine diskrete Anzahl an Ausprägungen. Einige Beziehungen zu Objekten anderen Typs müssen eindeutig sein (z. B. Zugehörigkeit zu genau einer Kategorie), andere können mehrfach vorliegen (z. B. Realisierung mehrerer Nutzenversprechen).

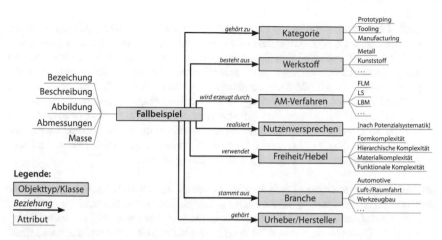

Abbildung 5.15: Semantische Struktur der Fallbeispieldatenbank

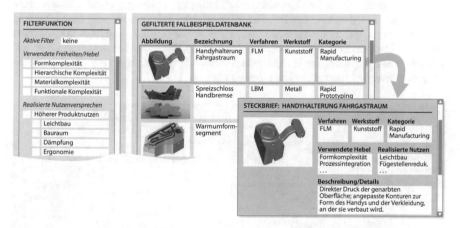

Abbildung 5.16: Schematische Benutzeroberfläche der Fallbeispieldatenbank mit Filterfunktion, Übersicht und Steckbrief

Die Semantik ermöglicht das gezielte Auffinden von Fallbeispielen. Wie in der schematischen Benutzeroberfläche in Abbildung 5.16 dargestellt, können verschiedene Filter auf die Datenbank angewendet werden. Dadurch kann die Ansicht auf die zu einer spezifischen konstruktiven Problemstellung passenden Fallbeispiele reduziert werden. Filter können beliebig durch Und- bzw. Oder-Verknüpfung miteinander kombiniert werden. Die Architektur ermöglicht darüber hinaus die Erzeugung beliebiger benutzerindividueller Ansichten, z. B. tabellarische Übersichten und detaillierte Steckbriefe.

Zentrales Element für die Anwendung der Datenbank als Hilfsmittel im Konstruktionsprozess ist die Zuordnung der verwendeten Freiheiten und realisierten Nutzenversprechen zu jedem Fallbeispiel. Während sich Nutzenversprechen auch nicht selbst entwickelten Fallbeispielen konkret zuweisen lassen, ist dies für Freiheiten/Hebel häufig weniger eindeutig möglich, weshalb auf die AM-Komplexitäten als Oberbegriffe zurückgegriffen wird. Über diese Zuordnung wird die Verknüpfung zur interaktiven Potenzialsystematik geschaffen. Der Zugriff auf die Fallbeispiele im Konstruktionsprozess erfolgt daher primär über die realisierten Nutzenversprechen. Die detailliertere Untersuchung der relevanten Fallbeispiele fördert das Verständnis für AM-spezifische konstruktive Lösungen aus der Praxis und kann dadurch zu neuen Ideen für die eigene Problemstellung anregen.

Katalog der konstruktiven Freiheiten im Vergleich zu anderen Fertigungsverfahren
Durch die Gegenüberstellung der Konstruktionsregeln konventioneller und additiver Fertigungsverfahren wurde in Kapitel 4 ein sogenannter „Freiheitenkatalog" erarbeitet (Tabellen 4.2–4.4). Dieser kann, wie in Abbildung 5.17 gezeigt, nahezu unverändert als DfAM-Hilfsmittel ins Rahmenwerk übernommen werden. Seine Anwendung eignet sich insbesondere für Konstrukteure mit langjähriger Erfahrung im fertigungsgerechten Konstruieren für die analysierten konventionellen Fertigungsverfahren, indem er ihnen eine Übersicht über und ein Gefühl für die Gültigkeit vertrauter Konstruktionsregeln im DfAM-Kontext vermittelt. Daneben kann der Freiheitenkatalog auch als Hilfsmittel bei Anpassungskonstruktionsaufgaben eingesetzt werden, da er die Analyse der Potenziale der additiven Fertigung für konventionelle konstruktive Lösungen unterstützt.

ⓘ Sie haben langjährige Erfahrung im Konstruieren für andere Fertigungsverfahren, z. B. Gießen, und kennen die spezifischen Restriktionen? Diese haben wir im Detail analysiert und mit den konstruktiven Möglichkeiten additiver Fertigungsverfahren verglichen. Dadurch sehen Sie auf einen Blick, welche herkömmlichen Regeln Sie beim AM-Einsatz vernachlässigen können.		
KONSTRUKTIVE FREIHEITEN ADDITIVER FERTIGUNGSVERFAHREN GEGENÜBER DEM GIESSEN		
Konstruktionsregel beim Gießen	**Vergleichbare AM-Regel**	**Neue Freiheit durch AM**
Entformungsschrägen vorsehen	—	JA
Konstante Wandstärken bzw. allmähliche Wandstärkenübergänge vorsehen	—	JA
Innenliegende Wände und Rippen sorgfältig gestalten	—	JA
Masseanhäufungen vermeiden (z. B. an Knotenpunkten)	⊠ Materialverteilung und Hohlräume	TEILWEISE

Abbildung 5.17: Auszug aus dem Katalog der konstruktiven AM-Freiheiten im Vergleich zu anderen Fertigungsverfahren

Moodboards/Reizbilder   Moodboards – eine Sammlung/Collage abstrakter Bilder, Texturen und Formen – werden üblicherweise im Design oder Industriedesign erstellt und eingesetzt. Sie dienen einerseits dem Ausdruck der Intentionen von Designern sowie der Kommunikation von Emotionen und Gefühlen, andererseits fördern sie das laterale Denken durch visuelle Inspiration [Gar01; McD04]. Letzterer Aspekt wird in ähnlicher Form im Rahmen der visuellen Synektik angewendet und analog zur Reizwortmethode als Reizbildmethode bezeichnet [Bru08, 275–282; Lin09, A1; Sch99b, 141 ff.]. Dieser Ansatz lässt sich auf den DfAM-Kontext übertragen.

Abbildung 5.18: Exemplarisches Moodboard zur Inspiration im DfAM-Lösungsfindungsprozess

Durch Bilder, die im Bezug zu den AM-Komplexitätsarten stehen, sind Moodboards Assoziationshilfen, die gezielt Anregungen zu AM-spezifischen Lösungsideen liefern und so die Ausnutzung der konstruktiven Freiheiten fördern können. Abbildung 5.18 enthält ein exemplarisches Moodboard, das beispielsweise komplexe Formen und Oberflächen aus der Natur, moderne Architektur, „unmögliche" Objekte sowie bereits realisierte AM-Bauteile enthält. Moodboards eignen sich insbesondere als opportunistisches Hilfsmittel in der frühen Konzeptphase und als Ergänzung zu einfachen gruppenorientierten Kreativitätsmethoden, z. B. Brainstorming.

Kriterien zur Bewertung und Auswahl   An verschiedenen Stellen des Konstruktionsprozesses sind für den weiteren Verlauf Entscheidungen in Bewertungs- und Auswahlschritten erforderlich, z. B. wenn für eine Aufgabe mehrere Lösungsalternativen vorliegen. Viele zugehörige Methoden nutzen Kriterien zur Objektivierung dieser Schritte. Im DfAM-Kontext können sie bei der Beantwortung der Frage unterstützen, was eine „gute" AM-spezifische Lösung kennzeichnet. Opportunistische Kriterien können beispielsweise zur Bewertung des Mehrwerts und der Innovativität von Lösungsalternativen eingesetzt werden, während mittels restriktiver Kriterien die technische und wirtschaftliche Machbarkeit beurteilt werden kann.

Tabelle 5.11: AM-spezifische Kriterien zur Bewertung und Auswahl

Kriterium	Beschreibung
Innovativität/ Neuheitsgrad	Der Neuheitsgrad einer Idee/Lösung hat beispielsweise Einfluss auf den im Nachgang gerechtfertigten zusätzlichen Konstruktionsaufwand. Bei Anpassungskonstruktionen ist der Mehrwert gegenüber der Vorgängerkonstruktion zu bewerten.
Realisierung von Nutzenversprechen	Die Idee/Lösung muss mindestens ein AM-Nutzenversprechen erfüllen. Mit zunehmender Anzahl der erfüllten Nutzenversprechen kann die Güte der Idee/Lösung steigen.
Gezielter Einsatz von Freiheiten/Hebeln	Konstruktive Freiheiten dürfen nicht einem Selbstzweck dienen, sondern müssen gezielt zur Realisierung von Nutzenversprechen eingesetzt werden.
Materialeffizienz	Bei AM muss Material weitestgehend nur dort platziert werden, wo es aus funktionellen oder ästhetischen Gesichtspunkten benötigt wird, und nicht aus fertigungstechnischen Gründen an zusätzlichen Stellen.
Herstellbarkeit in AM	Für eine gute Herstellbarkeit wurden AM-spezifische Konstruktionsregeln eingehalten und weitere Einschränkungen, insb. in Bezug auf das verfügbare Werkstoffportfolio, berücksichtigt.
Individualisierung	Die durch AM ermöglichte Fertigung kundenindividueller Bauteile muss auch konstruktiv berücksichtigt werden, d. h. in Form von variantengerechter oder modularer Konstruktionen.
Herstellbarkeit in anderen Fertigungsverfahren	Kann die Konstruktion auch auf einfache Weise und ohne umfangreiche Änderungen in konventionellen Fertigungsverfahren realisiert werden, spricht dies häufig aus wirtschaftlichen Gründen gegen AM und mindert daher den DfAM-Gütegrad der Konstruktion.
(Weitere Kriterien)	Eigene situationsabhängige Kriterien sind in Abhängigkeit von den Rahmenbedingungen zusätzlich zu berücksichtigen.

Die in Tabelle 5.11 gesammelten Kriterien dienen als Grundlage für die Bewertung der AM-spezifischen Güte von Ideen und Lösungen. Sie sollten jedoch zusätzlich an die jeweils vorliegenden Rahmenbedingungen angepasst und bei Bedarf erweitert werden. Den Kriterien kann eine Skala, z. B. in Form von Punktwerten, hinzugefügt werden. Darüber hinaus gelten allgemeine, AM-unabhängige Kriterien für eine „gute" Konstruktion weiterhin (z. B. der Grad der Anforderungserfüllung). Die Kriterienliste kann sowohl innerhalb von Konstruktionsschritten, z. B. beim Erarbeiten prinzipieller Lösungen, als auch in den Entscheidungspunkten aus dem Vorgehensmodell verwendet werden.

5.4.2 Methoden

Im Folgenden werden auf Basis bestehender und neuer Ideen DfAM-angepasste Konstruktionsmethoden erarbeitet, innerhalb derer die im letzten Abschnitt vorgestellten Hilfsmittel zielgerichtet zum Einsatz kommen. Jede Methode wird in Form eines Steckbriefs dokumentiert, der dem in Abbildung 5.19 gezeigten einheitlichen Aufbau folgt und dadurch die Praxistauglichkeit erhöht.

Nach einer Kurzeinführung in die Methode wird die Vorgehensweise beschrieben. Darin werden insbesondere DfAM-Abwandlungen detaillierter erläutert; sofern ein bekanntes Standardvorgehen zugrunde liegt, wird auf die entsprechende Literatur verwiesen. Darüber

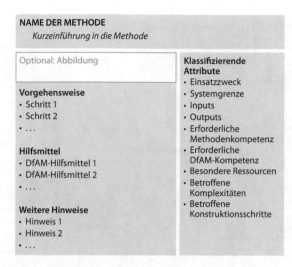

Abbildung 5.19: Aufbau und Inhalte der standardisierten Methodensteckbriefe

hinaus werden in der rechten Seitenspalte klassifizierende Attribute gesammelt, die die üblichen Eckdaten von Methoden gemäß Abschnitt 3.1.2 enthalten und auch in DfAM-spezifischen Attributen bestehen, z. B. die durch die Methode tangierten AM-Komplexitäten. Der Fokus liegt auf Methoden des DfAM im engeren Sinne; zusätzlich wird aufgrund ihrer zentralen Bedeutung eine Methode zur Bauteilidentifikation aufgenommen.

Recherche und Analyse bestehender Lösungen Aus den Grundideen allgemeiner und AM-spezifischer Ansätze zur Recherche und Analyse bestehender Lösungen wird eine neue generische Gesamtmethode erarbeitet, deren Steckbrief in Abbildung 5.20 dargestellt ist. Sie fasst die Methoden Branchen-/Wettbewerbs-/Fremderzeugnisanalyse, Analyse bekannter technischer Systeme, Literaturrecherche, Patentrecherche/-analyse sowie Benchmarking zusammen. Gegenüber bisherigen Ansätzen bietet die neue Methode den Mehrwert, konkrete Hinweise zur Vorgehensweise und Leitfragen bereitzustellen sowie gezielt geeignete Recherche-/Analysehilfsmittel zu empfehlen, u. a. die in Abschnitt 5.4.1 vorgestellten Hilfsmittel Fallbeispieldatenbank und interaktive Potenzialsystematik.

Kreativitätsmethoden Da die allgemeinen kreativ-intuitiven Methoden zur Lösungsfindung sowie die darauf aufbauenden DfAM-Ansätze vergleichbare Ziele verfolgen und auf ähnlichen Vorgehensweisen beruhen, lassen sie sich zu einem gemeinsamen Steckbrief zusammenfassen, der in Abbildung 5.21 dargestellt ist. Bezüglich detaillierter Beschreibungen jeder einzelnen Methode wird auf die einschlägige Literatur und bestehende Methodenportale verwiesen.

RECHERCHE UND ANALYSE BESTEHENDER LÖSUNGEN

Die Recherche und Analyse bestehender Lösungen kann zu vielen Zwecken eingesetzt werden und in verschiedenen Phasen des Konstruktionsprozesses zum Einsatz kommen. Da sie in beliebigem Detaillierungsgrad durchgeführt werden kann, eignet sie sich für den flexiblen Einsatz – als kurze Recherche „zwischendurch" oder als umfassende Detailanalyse.

Vorgehensweise

1. Worum geht es in der Recherche/Analyse? Definieren Sie das Ziel.
   (Beispiele: Suche nach Inspiration für neue Produkte oder Erreichung eines konkreten konstruktiven Ziels, z. B. Leichtbau.)
2. Wählen Sie ein geeignetes Recherche-/Analysehilfsmittel. Mögliche Startpunkte finden Sie in unten stehender Tabelle. Nutzen Sie darüber hinaus die bereitgestellten Leitfragen.
3. Führen Sie die Recherche/Analyse durch.

Leitfragen

- Welche Produkte werden häufig durch AM hergestellt?
- Welche bestehenden AM-Bauteile erfüllen ähnliche Funktionen wie das neu zu entwickelnde?
- Weisen Produkte anderer Branchen Ähnlichkeiten zu dem neu zu entwickelnden eigenen Produkt auf?

- Welche AM-Lösungen erscheinen zunächst unkonventionell und lohnen daher eine nähere Analyse?
- Welche Produkte des Wettbewerbs stehen in direktem Bezug zu dem neu zu entwickelnden?

Recherche-/Analysehilfsmittel

Hilfsmittel	Beschreibung
Fallbeispieldatenbank	In der Datenbank finden Sie eine Übersicht über bereits realisierte AM-Bauteile. Die Datenbank kann nach verschiedenen Kriterien gefiltert werden und ermöglicht so das gezielte Auffinden relevanter Fallbeispiele.
Internetrecherche	Führen Sie eine gezielte Internetrecherche zu Ihrer konkreten technischen Problemstellung durch. Nutzen Sie insb. englische Übersetzungen als Suchbegriffe und suchen Sie bewusst auch nach branchenfremden Lösungen. Zur Inspiration eignen sich auch Bildersuchen.
Besuch von AM-spezifischen Messen und Konferenzen	Messen und Konferenzen eignen sich gut, um einen ersten Einblick von AM-spezifischen Lösungen zu gewinnen, da häufig Aussteller aus verschiedenen Branchen mit unterschiedlichen Anforderungen vertreten sind.
Patentrecherche	Durch eine Patentrecherche können bereits geschützte konstruktive Lösungen aufgefunden werden, die jedoch zu patentierbaren deutlichen Weiterentwicklungen anregen können.
Literaturrecherche	In Literaturquellen finden Sie häufig detaillierter beschriebene Fallbeispiele. Nutzen Sie verschiedene Quellenarten, sowohl wissenschaftliche Fachbücher als auch populäre Medien.
Interaktive Potenzialsystematik	Nutzen Sie die interaktive Potenzialsystematik, um recherchierte Lösungen näher zu analysieren und kritisch zu hinterfragen.

Hinweis: Bleiben Sie skeptisch

- *Konstruktive Freiheiten:* Analysieren Sie die Fallbeispiele hinsichtlich der genutzten Freiheiten. Nicht alle nutzen tatsächlich konstruktive Freiheiten, die in anderen Fertigungsverfahren nicht vorhanden sind.
- *Nutzenversprechen:* Analysieren Sie die recherchierten Fallbeispiele hinsichtlich der realisierten Nutzenversprechen. Aus welchem Grund wurde AM als Fertigungsverfahren gewählt?

Einsatzzweck
Inspiration durch bestehende Lösungen

Systemgrenze
☑ Bauteil
☑ Baugruppe

Inputs
Anforderungen oder bestehendes Produkt

Outputs
Anregungen für konstruktive Lösungen oder zur konstruktiven Anpassung

Erforderliche Methodenkompetenz
☑ Gering
☐ Mittel
☐ Hoch

Erforderliche DfAM-Kompetenz
☑ Gering
☐ Mittel
☐ Hoch

Betroffene Komplexitäten
☑ Formkomplexität
☑ Hierarchische Komplexität
☑ Materialkomplexität
☑ Funktionale Komplexität

Betroffene Konstruktionsschritte

☑ 1	☐ 4	☑ 7
☐ 2	☐ 5	☐ 8
☑ 3	☑ 6	☑ F

Abbildung 5.20: Methodensteckbrief: Recherche und Analyse bestehender Lösungen

KREATIVITÄTSMETHODEN

Kreativ-intuitive Methoden zur Lösungsfindung eignen sich sehr gut zur Erarbeitung innovativer Ideen und Konzepte, da sie gezielt zum Abbau bestehender Denkblockaden beitragen. Ihre Anwendung wird im AM-Kontext daher besonders empfohlen. Das Vorgehen kann auf alle einschlägigen Methoden gleichermaßen angewendet werden, d.h. Brainstorming, Methode 635, Galeriemethode, Walt-Disney-Methode usw.

Vorgehensweise

1. *Einführung in DfAM (optional):*
   Insbesondere bei DfAM-unerfahrenen Teilnehmern kann es sinnvoll sein, zu Beginn eine allgemeine DfAM-Einführung zu geben, um ein Verständnis für Verfahrensprinzip und konstruktive Freiheiten zu schaffen.

2. *Ideen/Lösungen generieren (Lösungsraum öffnen):*
   An dieser Stelle soll der Lösungsraum durch eine Vielzahl an Ideen möglichst weit aufgespannt werden, wofür die Kreativitätsmethoden zum Einsatz kommen. Die AM-spezifische Ideengenerierung kann beispielsweise durch folgende zusätzliche Hilfsmittel gefördert werden:

Hilfsmittel	Beschreibung
3D-Anschauungsmodelle	Visualisierung der konstruktiven Freiheiten, Eignung auch zur schnellen Inspiration (z. B. während eines Brainstormings).
Fallbeispiel- und Bionikdatenbank	Anschauliche Beispiele zur Anregung neuer Lösungen, Anwendung vornehmlich bei längeren Phasen der Einzelarbeit.
Hinweise/Regeln zur Funktionsintegration	Anwendung vornehmlich in Einzelarbeit, auch als Vorbereitung auf einen Workshop.
Interaktive Potenzialsystematik	Einsatz zur Förderung des Verständnisses der konstruktiven Freiheiten und ihrer Nutzen; Anwendung vornehmlich in Einzelarbeit oder längeren Phasen der konzentrierten Lösungssuche.
Moodboards/Reizbilder	Reizbilder zu den konstruktiven AM-Komplexitäten; Anwendung z. B. zur schnellen Inspiration während eines Brainstormings.

3. *Ideen/Lösungen bewerten und auswählen (Lösungsraum schließen)*
   Die generierten Ideen/Lösungsalternativen werden bewertet, die besten werden für die weitere Konkretisierung ausgewählt. Hierfür eignen sich beispielsweise folgende Hilfsmittel:

Hilfsmittel	Beschreibung
Checkliste: Die 10 wichtigsten Regeln des AM-gerechten Konstruierens	Grobbewertung von Alternativen, bereits in frühen Phasen sinnvoll einsetzbar.
Kriterien zur Bewertung und Auswahl	AM-spezifische Kriterien zur Objektivierung von Entscheidungen.
Konstruktionsregelkatalog	Bei detaillierter Bewertung von Alternativen, vornehmlich in der Gestaltungsphase (Schritte 6 und 7).

Spätestens zur Bewertung und Auswahl kann es darüber hinaus erforderlich sein, DfAM-Experten hinzuzuziehen.

Weitere Hinweise

- Viele Kreativitätsmethoden basieren auf einer Gruppenarbeit und werden daher häufig in Form von Workshops angewendet. Dies wird auch im DfAM-Kontext empfohlen. Insbesondere interdisziplinäre Teams können unkonventionelle Lösungen fördern.
- Die Auswahl einer geeigneten Methode ist typischerweise von den Rahmenbedingungen abhängig, z. B. von der Methodenkompetenz der Teilnehmer, der Verfügbarkeit eines Moderators und der Komplexität der Aufgabe. Zusätzlich ist die DfAM-Erfahrung der Teilnehmer zu berücksichtigen.

Einsatzzweck
Vielzahl innovativer Lösungen generieren; gedankliches Lösen von bestehenden Konstruktionen

Systemgrenze
☑ Bauteil
☑ Baugruppe

Inputs
Alternativ oder ergänzend: Anforderungen; identifiziertes Bauteil; zu erfüllende Funktionen

Outputs
Ideen, Lösungsalternativen

Erforderliche Methodenkompetenz
☑ Gering
☑ Mittel
☑ Hoch
(abhängig von gewählter Methode)

Erforderliche DfAM-Kompetenz
☑ Gering
☑ Mittel
☑ Hoch
(abhängig von gewählter Methode)

Betroffene Komplexitäten
☑ Formkomplexität
☑ Hierarchische Komplexität
☑ Materialkomplexität
☑ Funktionale Komplexität

Betroffene Konstruktionsschritte

☑ 1	☐ 4	☑ 7
☐ 2	☐ 5	☐ 8
☑ 3	☑ 6	☑ F

Abbildung 5.21: Methodensteckbrief: Kreativitätsmethoden

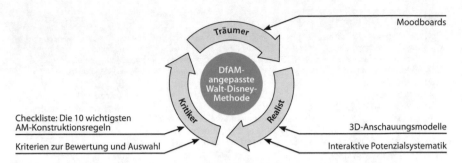

Abbildung 5.22: Walt-Disney-Methode mit zusätzlichen DfAM-Hilfsmitteln [Kum17]

Das Gros der Kreativitätsmethoden hat divergierenden Charakter, weshalb primär opportunistische DfAM-Hilfsmittel ergänzt werden. Genauso wie die Grundmethode sollten die Hilfsmittel sorgfältig ausgewählt werden, z. B. unter Berücksichtigung allgemeiner Aspekte wie Teamgröße sowie des Vorwissens der Anwender hinsichtlich DfAM und Konstruktionsmethodik. Auf der einen Seite kennen DfAM-Experten spezifische Freiheiten und Regeln im Detail; das herausfordernde temporäre Ausklammern dieses Wissens zur bewussten Erweiterung des Lösungsraums kann durch Hilfsmittel gezielt unterstützt werden. Auf der anderen Seite benötigen DfAM-Novizen häufig umfassendere Hilfestellung zur Berücksichtigung neuer Freiheiten. Außerdem sollten bei durchgehend interaktionslastigen Methoden (z. B. Brainstorming) eher leicht zu erfassende und wenig erklärungsbedürftige Medien zur Vermittlung eingesetzt werden (z. B. Moodboards), während bei Methoden mit längeren Phasen der Einzelarbeit (z. B. hybride Gruppenarbeit) auch eine Erweiterung um detaillierte Hilfsmittel (z. B. interaktive Potenzialsystematik) möglich ist.

Kreativitätsmethoden werden häufig im Rahmen von interdisziplinären Workshops angewendet, was auch im DfAM-Kontext vielversprechend ist. Sofern DfAM-Novizen teilnehmen, kann zu Beginn des Workshops eine allgemeine Einführung in die AM-/DfAM-Grundlagen sinnvoll sein. Darüber hinaus enthalten Workshops häufig auch konvergierende Phasen, in denen erarbeitete Lösungen konsolidiert, bewertet und ausgewählt werden. Dieses Element ist ebenfalls mit den zugehörigen Hilfsmitteln im Methodensteckbrief berücksichtigt.

Die Kombination einer Kreativitätsmethode mit verschiedenen Hilfsmitteln ist am Beispiel der Walt-Disney-Methode in Abbildung 5.22 dargestellt. Der für diese Methode charakteristische Übergang Träumer–Realist–Kritiker weist deutliche Parallelen zum allgemeinen Lösungszyklus aus Abbildung 5.2 und zur Differenzierung von opportunistischem und restriktivem DfAM auf [Kum17]. Die Tätigkeiten in den drei Phasen können daher durch passende Hilfsmittel erleichtert werden.

Bionik- und TRIZ-basierte Inventionsmethodik   Die Bionik- und TRIZ-basierte Inventionsmethodik nach KAMPS ET AL. (2016) wird nahezu unverändert zur Anwendung in Phase II (Konzipieren) des DfAM-Vorgehensmodells integriert. Lediglich der irreführenderweise als „Konzeptgenerierung" bezeichnete letzte Schritt der Methodik wird nicht

BIONIK- UND TRIZ-BASIERTE INVENTIONSMETHODIK

Fokus dieser Methodik ist die Entwicklung einer AM-spezifischen konzeptionellen Lösung für ein technisches Problem, das unstrukturiert ist und mit bestehenden Algorithmen nicht oder nur schwer lösbar ist. Sie eignet sich insbesondere, wenn mehrere Funktionen gleichzeitig erfüllt werden sollen. Grundlage der Methodik ist die Kombination von TRIZ und Bionik, um das gedankliche Lösen von bestehenden Konstruktionen zu erleichtern und konstruktive Freiheiten bestmöglich auszunutzen.

Vorgehensweise

1. *Problemdefinition:*
   Komponenten- und Interaktionsanalyse analog zur Funktionsmodellierung der TRIZ-Methodik durchführen und die Hauptfunktionen der Komponenten ermitteln. Technische Widersprüche in einer Wirkanalyse systematisch ermitteln. Anforderungsliste auf Basis der bauteilspezifischen Funktionsanforderungen, der Hauptfunktion und der Ergebnisse der Wirkanalyse ableiten. Priorisierung von Anforderungen durchführen. Hierdurch wird das Problem insgesamt systematisch abstrahiert.

2. *Analogiesuche:*
   Für jede Teilanforderung getrennt Analogien suchen durch passende Suchbegriffe in einer Bionikdatenbank (z. B. *http://www.asknature.org*). In einem zweiten Durchlauf wird die Bandbreite der Suchbegriffe durch Brainstorming erweitert (Leitfrage: „Wie könnte die Natur … umgesetzt haben?"). Extreme Umgebungsbedingungen (z. B. Kühlung in der Wüste) oder Negationen der Funktion (z. B. Reibungsreduktion nach Vorbildern mit Reibungserhöhung) können als Hilfestellung dienen.

3. *Vorauswahl:*
   Systematische Analyse der Analogien durch Überprüfung von Lastfall, Umgebungsbedingungen usw. für jede Teilanforderung und sinnvolle Reduktion der Suchergebnisse.

4. *Analyse und Abstraktion:*
   Detailuntersuchung der vorausgewählten Analogien durch Einbeziehung weiterer Fachleute und Anfertigung erster Skizzen von Teillösungen zu den Teilanforderungen. Hierbei können bereits AM-Besonderheiten, z. B. die Aufbaurichtung, einfließen.

5. *Evolution der Lösung:*
   Verschmelzung der Lösungsvarianten für jede Teilanforderung zu einem Gesamtkonzept. Die Kombination kann mithilfe sogenannter Konzeptblasen durchgeführt werden, wobei jede Blase je einen selbst gewählten Ansatz aus den biologischen Vorbildern enthält. Die Auswahl der Ansätze erfolgt intuitiv, wobei Ansätze, die mehrere Teilanforderungen gleichzeitig erfüllen, bevorzugt werden. An dieser Stelle wird außerdem der Werkstoff ausgewählt. Am Ende werden erste Gesamtkonzepte skizziert.

6. *Bewertung und Auswahl:*
   Als Hilfsmittel können die AM-spezifischen Kriterien zur Bewertung und Auswahl herangezogen werden.

Einsatzzweck
Optimierungsprobleme mit Multifunktionalität und großer Komplexität; gedankliches Lösen von bestehender Konstruktion

Systemgrenze
☑ Bauteil
☐ Baugruppe

Inputs
Anforderungen, ggf. identifiziertes Bauteil

Outputs
Gesamtkonzept (prinzipielle Lösung)

Erforderliche Methodenkompetenz
☐ Gering
☐ Mittel
☑ Hoch

Erforderliche DfAM-Kompetenz
☐ Gering
☐ Mittel
☑ Hoch

Betroffene Komplexitäten
☑ Formkomplexität
☑ Hierarchische Komplexität
☑ Materialkomplexität
☑ Funktionale Komplexität

Betroffene Konstruktionsschritte
☐ 1 ☐ 4 ☐ 7
☑ 2 ☐ 5 ☐ 8
☑ 3 ☑ 6 ☐ F

Abbildung 5.23: Methodensteckbrief: Bionik- und TRIZ-basierte Inventionsmethodik nach [Kam16]

übernommen, da er das detaillierte Auslegen unter Berücksichtigung der AM-Konstruktionsregeln beschreibt, sodass er inhaltlich Phase III (Gestalten) zuzuordnen ist. Zur verbesserten Anwendbarkeit und einfacheren Vergleichbarkeit mit anderen Methoden wird nach dem bekannten Schema ein Steckbrief erstellt, der in Abbildung 5.23 dargestellt ist.

Strategie der einteiligen Maschine   In Abschnitt 5.3.2 wurde die Strategie der einteiligen Maschine nach EHRLENSPIEL [Ehr85, 225 f.; Ehr14, 329 f.] als besonders vielversprechende und anschauliche Methode zur Funktionsintegration identifiziert. Sie lässt sich zudem mit der vergleichbaren Methode der theoretisch minimalen Bauteilanzahl nach KOLLER [Kol98, 276 ff.] kombinieren. Ziel des Ansatzes ist es, „die Gewohnheitsbremse auf[zu]heben, d. h. das unbewußte Verharren an der eingeprägten bekannten Gestalt, die manchmal eine fast suggestive Kraft hat" [Ehr85, 225] und dadurch das Abstrahieren von der bestehenden Lösung zu fördern. Die Methode kann es Konstrukteuren somit in besonderem Maße erleichtern, *additiv zu denken.*

Der in Abbildung 5.24 dargestellte Methodensteckbrief enthält das für die Anwendung im DfAM-Kontext modifizierte Vorgehen. Beim Wiederauftrennen der einteiligen Maschine kommen spezifische DfAM-Hilfsmittel zum Einsatz: Zentrale Konstruktionsregeln, Hinweise auf konstruktive Potenziale sowie grundlegende Verfahrenseigenschaften (z. B. maximale Bauteilgröße und Multimaterialfähigkeit) können Anwender der Methode ebenso unterstützen wie der Katalog der konstruktiven Freiheiten im Vergleich zu anderen Fertigungsverfahren.

Produktarchitekturgestaltung   Aufgrund ihrer hohen Bedeutung für die Ausschöpfung AM-spezifischer Freiheiten wird das sorgfältige Gestalten der Produktarchitektur für Neukonstruktionen bzw. das kritische Überarbeiten für Anpassungskonstruktionen im DfAM-Kontext stark empfohlen. Entscheidend ist in diesem Zusammenhang die Zuordnung von Funktionen zu Komponenten, d. h. die Verknüpfung von Funktions- und Produktstruktur. Selbst für die Produktarchitekturgestaltung im Allgemeinen existieren in Wissenschaft und Praxis bislang kaum methodische Ansätze [Fel13c]. Aus diesem Grund wird in dem in Abbildung 5.25 dargestellten Steckbrief lediglich auf die im DfAM-Kontext einzubeziehenden Leitideen und Hilfsmittel hingewiesen.

Methodisch unterstützte Strukturoptimierung   Die AM-spezifische Vorgehensweise zur *Topologieoptimierung* nach EMMELMANN ET AL. (2011) und KRANZ ET AL. (2014) wird unverändert übernommen und ist in Abbildung 5.26 dargestellt. Es wird explizit auf den geeigneten Zeitpunkt zur Berücksichtigung von Aufbaurichtung und Konstruktionsregeln sowie zur Abstimmung mit einem AM-Fertigungstechnologen hingewiesen. Während das grundsätzliche Vorgehen allgemeingültig und auch zukünftig anwendbar ist, können verbesserte Softwarelösungen die Arbeit stark vereinfachen. Beispielsweise kann die aktuell manuelle CAD-Modellierung, für die das Optimierungsergebnis lediglich einen ersten Vorschlag liefert, in Zukunft (teil-)automatisiert ablaufen, z. B. durch Glättungsalgorithmen [Bra13a]. Anwender der Methode werden auf diese Tatsache explizit hingewiesen.

Analog ist im Zusammenhang mit *mesoskopischen Strukturen* aus konstruktionsmethodischer Sicht insbesondere die korrekte Vorgehensweise für ihren Einsatz relevant. Es soll also primär aufgezeigt werden, unter welchen Randbedingungen und an welchen Stellen im Bauteil die Strukturen in geeigneter Weise platziert werden. Innerhalb der bestehenden Ansätze stellen TANG ET AL. (2015) ein detailliertes Vorgehen bereit, das daher als Grundlage für den in Abbildung 5.27 dargestellten Methodensteckbrief verwendet wird. Die Methode erhält

STRATEGIE DER „EINTEILIGEN MASCHINE"

Diese anschauliche Methode unterstützt gezielt bei der Funktionsintegration im Sinne einer Integralbauweise. Ausgangspunkt ist eine aus mehreren Bauteilen bestehende Baugruppe oder ein Produktkonzept.

Vorgehensweise

1. *Baugruppe zur „Einteiligen Maschine" machen:*
Betrachten Sie gedanklich alles materiell Vorhandene eines

bestehenden Produkts als „zusammengegossen", d.h. als ein einziges Bauteil ohne Rücksicht auf bewegliche Teile, Hinterschnitte, Montageöffnungen, Fugen, Hohlräume usw. Alles besteht aus nur einem Teil, auch wenn es im ersten Moment „verrückt" klingt. Hierdurch entsteht die „Einteilige Maschine".

2. *„Einteilige Maschine" schrittweise wieder auftrennen:*
Trennen Sie die „Einteilige Maschine" nun stufenweise wieder

auf. Nutzen Sie hierbei folgende Kriterien und zusätzliche DfAM-Hilfsmittel und -Hinweise:

Kriterium	Hilfsmittel und Hinweise im DfAM-Kontext
a) Wo sind unterschiedliche Werkstoffe nötig? Grundsätzlich ergibt sich die theoretisch minimale Bauteilanzahl aus der Summe unterschiedlicher Werkstoffe.	Berücksichtigen Sie die spezifischen Freiheiten und Restriktionen des (vor-)ausgewählten AM-Verfahrens hinsichtlich Multimaterialverarbeitung.
b) Wo liegen Relativbewegungen vor?	Für Teile mit geringen Winkelbewegungen können ggf. elastische Verbindungen statt Lagerungen genügen (z.B. Filmscharniere). Einige AM-Verfahren ermöglichen die Fertigung von relativ zueinander beweglichen Elementen ohne Montage. Beachten Sie die Freiheiten und Regeln des ausgewählten Verfahrens. In diesem Fall kann die theoretisch minimale Bauteilanzahl sogar unterschritten werden!
c) Welche maximalen Bauteilabmessungen können in einem Stück gefertigt werden?	Beachten Sie die im ausgewählten AM-Verfahren maximal herstellbaren Abmessungen.
d) Wo muss montiert/demontiert werden?	Orientieren Sie sich nicht an den Regeln für konventionelle Fertigungsverfahren, sondern an den Freiheiten und Restriktionen von AM.
e) Wo müssen Verschleiß-/Ersatzteile austauschbar sein?	
f) Wo sind Teilungen aus Transportgründen nötig?	
g) Wo ist die Zugänglichkeit beim späteren Gebrauch notwendig?	

Weitere Hinweise

- Bei konventionellen Fertigungsverfahren verhindern i.d.R. wirtschaftliche Gründe die Realisierung einer Integralbauweise mit theoretisch minimaler Bauteilanzahl. Dieses Paradigma kann beim Einsatz von AM vernachlässigt werden, da die Bauteilkomplexität bei AM nur geringe Auswirkungen auf die Kosten hat.
- Sie können die Methode einerseits in Einzelarbeit im Sinne einer strukturierten Analyse anwenden. Andererseits eignet sich die Methode auch zur Anwendung in der Gruppe, z.B. zum Lösen von Denkblockaden als Einstieg in einen Workshop.

Einsatzzweck
Integralbauweise

Systemgrenze
☐ Bauteil
☑ Baugruppe

Inputs
Bestehende Baugruppe oder neue konzeptionelle Lösung; definiertes AM-Verfahren

Outputs
Baugruppe mit reduzierter Einzelteilanzahl

Erforderliche Methodenkompetenz
☑ Gering
☐ Mittel
☐ Hoch

Erforderliche DfAM-Kompetenz
☐ Gering
☑ Mittel
☐ Hoch

Betroffene Komplexitäten
☑ Formkomplexität
☐ Hierarchische Komplexität
☑ Materialkomplexität
☑ Funktionale Komplexität

Betroffene Konstruktionsschritte
☐ 1   ☑ 4   ☑ 7
☐ 2   ☐ 5   ☐ 8
☑ 3   ☑ 6   ☑ F

Abbildung 5.24: Methodensteckbrief: Strategie der einteiligen Maschine

zusätzliche Flexibilität, indem die Softwarelösungen zur Erzeugung und Optimierung der Strukturen freigestellt wird (siehe auch Abschnitt 3.3.3).

PRODUKTARCHITEKTURGESTALTUNG

In der Produktarchitekturgestaltung werden Funktions- und Produktstruktur festgelegt und insbesondere die gewünschten Funktionen den technischen Komponenten zugeordnet. Erst eine angepasste Produktarchitektur führt zur vollständigen Ausschöpfung konstruktiver AM-Potenziale. Die Produktarchitekturgestaltung sollte daher gezielt unter Berücksichtigung AM-spezifischer Freiheiten und Restriktionen durchgeführt werden. Nachfolgend werden lediglich die AM-Anpassungen beschrieben; für allgemeine Informationen zur Produktarchitekturgestaltung sei auf die einschlägige Grundlagenliteratur verwiesen.

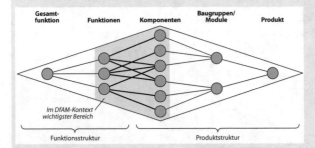

Hinweise im DfAM-Kontext

1. *Reduktion der Komponentenanzahl:* Zur Ausschöpfung der AM-Freiheiten ist die Zuordnung von Funktionen zu Komponenten von zentraler Bedeutung. Prüfen Sie auch bei einer Anpassungs- und Variantenkonstruktion, ob durch AM Möglichkeiten zur Funktionsintegration bestehen. Durch eine Reduktion der Komponentenanzahl kann gleichzeitig die Anzahl der Baugruppen/Module verringert werden.

2. *Anwendung weiterer Methoden:* Nutzen Sie gezielt verwandte Methoden, z. B. die Strategie der einteiligen Maschine.

3. *Anwendung geeigneter DfAM-Hilfsmittel:*

   a) Opportunistische Hilfsmittel: Checklisten, Katalog der konstruktiven Freiheiten im Vergleich zu anderen Fertigungsverfahren, interaktive Potenzialsystematik, Fallbeispieldatenbank

   b) Restriktive Hilfsmittel: Da die Produktarchitekturgestaltung vor der detaillierten Modellierung einzelner Komponenten durchgeführt wird, eignet sich vor allem das Hilfsmittel „Die 10 wichtigsten AM-Konstruktionsregeln"

4. *Abstimmung mit weiteren Fachbereichen:* Die Produktarchitektur hat maßgeblichen Einfluss auf zahlreiche weitere Fachbereiche; ihre Gestaltung ist daher eine interdisziplinäre Aufgabe. Diskutieren Sie Konzepte zur Produktarchitektur frühzeitig mit einem AM-Fertigungstechnologen.

Einsatzzweck
Festlegung von Funktions- und Produktstruktur; Zuordnung von Funktionen zu Komponenten

Systemgrenze
☑ Bauteil
☑ Baugruppe

Inputs
Anforderungen oder bestehendes Produkt

Outputs
Neue/optimierte Produktarchitektur

Erforderliche Methodenkompetenz
☐ Gering
☑ Mittel
☐ Hoch

Erforderliche DfAM-Kompetenz
☐ Gering
☑ Mittel
☐ Hoch

Betroffene Komplexitäten
☑ Formkomplexität
☑ Hierarchische Komplexität
☑ Materialkomplexität
☑ Funktionale Komplexität

Betroffene Konstruktionsschritte
☐ 1   ☑ 4   ☐ 7
☐ 2   ☐ 5   ☐ 8
☑ 3   ☑ 6   ☐ F

Abbildung 5.25: Methodensteckbrief: Produktarchitekturgestaltung

VORGEHEN BEIM EINSATZ DER TOPOLOGIEOPTIMIERUNG

Mithilfe von Topologieoptimierung können verbesserte Konstruktionen hinsichtlich Leichtbau und Steifigkeit erzielt werden. Durch die hohe realisierbare Formkomplexität kann die finale Bauteilgeometrie beim Einsatz von AM sehr nah am Optimierungsergebnis liegen. Das beschriebene Vorgehen enthält primär die DfAM-Besonderheiten. Alle für Topologieoptimierung im Allgemeinen gültigen Inhalte werden nicht im Detail erläutert.

Vorgehensweise

1. *Randbedingungen ermitteln und festlegen* (Optimierungsziel, Bauraum, Lagerstellen, Lastfälle, Werkstoffeigenschaften)

2. *Topologieoptimierung durchführen und auf Plausibilität prüfen*

3. *Optimierungsergebnis interpretieren und weiterverarbeiten:*

   a) Substrukturen identifizieren (z. B. Streben, Schubfelder, Schnittstellen)

   b) Bereiche AM-gerecht priorisieren, insb. hinsichtlich Stützstrukturen und möglichen Eigenspannungen; Bauteilorientierung festlegen (Abstimmung mit Fertigungstechnologen sinnvoll).

4. *Bionische Lösungsprinzipien für Substrukturen identifizieren (optional):* Auf Basis der Lastfälle und unter Einsatz einer Bionikdatenbank geeignete Strukturprinzipien identifizieren (z. B. Bambusstruktur) und technisch abstrahieren.

5. *Bauteil fertigungsgerecht gestalten:* CAD-Modellierung auf Basis des Optimierungsergebnisses und ggf. zusätzlicher Strukturprinzipien; Beachtung sämtlicher Inhalte des AM-Konstruktionsregelkatalogs

6. *Bauteil überprüfen* (z. B. Festigkeits- und Fertigungssimulation)

Weitere Hinweise

– Die Arbeit kann durch spezielle Softwarelösungen stark vereinfacht werden, insb. beim Modellieren der Lösung. Informieren Sie sich über aktuelle Neu- und Weiterentwicklungen.

Einsatzzweck
Insb. Leichtbau/ Steifigkeitserhöhung

Systemgrenze
☑ Bauteil
☐ Baugruppe

Inputs
Anforderungen (Ziele, Lastfälle, Bauraum, Werkstoffeigenschaften)

Outputs
Optimierungsergebnis

Erforderliche Methodenkompetenz
☐ Gering
☑ Mittel
☐ Hoch

Erforderliche DfAM-Kompetenz
☐ Gering
☑ Mittel
☐ Hoch

Besondere Ressourcen
Software zur Topologieoptimierung

Betroffene Komplexitäten
☑ Formkomplexität
☐ Hierarchische Komplexität
☐ Materialkomplexität
☐ Funktionale Komplexität

Betroffene Konstruktionsschritte

☐ 1	☐ 4	☑ 7
☐ 2	☐ 5	☑ 8
☐ 3	☑ 6	☐ F

Abbildung 5.26: Methodensteckbrief: Vorgehen beim Einsatz der Topologieoptimierung nach [Emm11a; Kra14]

METHODISCH UNTERSTÜTZTER EINSATZ MESOSKOPISCHER STRUKTUREN

Additiv gefertigte Gitterstrukturen können unter anderem aus Leichtbaugründen eingesetzt werden. Diese Methode unterstützt dabei, die hierfür geeigneten Stellen im Bauteil zu identifizieren und anschließend die optimalen Parameter für die Gitterstrukturen zu ermitteln.

Vorgehensweise

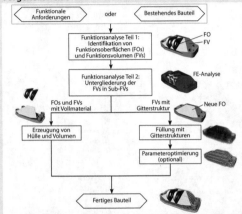

Einsatzzweck
Leichtbau (primär), insb. für Bauteile mit großem Volumen

Systemgrenze
☑ Bauteil
☐ Baugruppe

Inputs
Funktionsanforderungen oder bestehendes Bauteil

Outputs
An geeigneten Stellen mit (optimierten) Gitterstrukturen gefülltes Bauteil

Erforderliche Methodenkompetenz
☐ Gering
☑ Mittel
☐ Hoch

Erforderliche DfAM-Kompetenz
☐ Gering
☐ Mittel
☑ Hoch

Besondere Ressourcen
Spezialsoftware für Gitterstrukturen

Betroffene Komplexitäten
☐ Formkomplexität
☑ Hierarchische Komplexität
☐ Materialkomplexität
☐ Funktionale Komplexität

Betroffene Konstruktionsschritte
☐ 1   ☐ 4   ☑ 7
☐ 2   ☐ 5   ☐ 8
☐ 3   ☑ 6   ☐ F

1. *Identifikation von Funktionsoberflächen (FOs) und Funktionsvolumen (FVs):*
Analysieren Sie die funktionalen Anforderungen an das Bauteil und ermitteln Sie die Funktionsoberflächen (FOs) und Funktionsvolumen (FVs). FOs sind z. B. geometrisch bestimmte Flächen, an denen Kräfte angreifen oder die als Anschraubpunkt für andere Bauteile genutzt werden sollen. FVs verbinden FOs miteinander und dienen z. B. der Übertragung von Kräften.

2. *Untergliederung der FVs in Sub-FVs:*
Die im ersten Schritt generierten FVs werden in Abhängigkeit von ihren jeweiligen Anforderungen in Sub-FVs eingeteilt. Sub-FVs können entweder aus Vollmaterial bestehen oder später mit Gitterstrukturen gefüllt werden. Zur Unterstützung kann eine FE-Analyse durchgeführt werden: Für hoch belastete Bereiche mit hohen Spannungen wird ein Vollmaterial-FV gewählt, für geringer belastete Bereiche werden Gitterstruktur-FVs vorgesehen, wobei im Bauteil auch mehrere Gitterstruktur-FVs unterschiedlicher Art platziert werden können. Zur Verbindung zwischen den Sub-FVs müssen ggf. neue FOs hinzugefügt werden.

3. *Füllung und Optimierung der Gitterstruktur-FVs:*
Die ausgewählten Sub-FVs werden mit Gitterstrukturen gefüllt. Hierfür sollte eine spezialisierte Softwarelösung eingesetzt werden. Darin werden die Parameter der Struktur ausgewählt (Art und Größe der Einheitszelle, Strebendurchmesser, Ausrichtung usw.). Einige Softwarelösungen bieten die Möglichkeit, eine Parameteroptimierung durchzuführen und z. B. Ausrichtung und Strebendurchmesser lokal an die vorliegenden Belastungen anzupassen.

Abbildung 5.27: Methodensteckbrief: Methodisch unterstützter Einsatz mesoskopischer Strukturen nach [Tan15a]

Allgemeine Methoden für das Gestalten Von den zahlreichen aus der allgemeinen Konstruktionslehre bekannten Gestaltungsmethoden eignen sich vor allem das prinzipienorientierte Gestalten und das systematische Variieren zur Ausschöpfung konstruktiver AM-Potenziale. Anders als beim Einsatz konventioneller Fertigungsverfahren ist das Risiko für Fertigungsschwierigkeit bei AM geringer, selbst wenn die Methoden unmodifiziert und unreflektiert angewendet werden. Es ist somit empfehlenswert, sogar in Phase III des Konstruktionsprozesses nicht nur Konstruktionsregeln zu beachten, sondern gezielt allgemeine Gestaltungsmethoden einzusetzen. Die Modifikation der Methoden für DfAM besteht daher nicht nur in einer Anreicherung um spezifische Hilfsmittel, sondern vor allem in ihrer bewussten und restriktionsärmeren Anwendung. Der zugehörige Methodensteckbrief ist in Abbildung 5.28 dargestellt.

Beim prinzipienorientierten Gestalten resultieren teilweise komplexe Konstruktionen, die durch AM häufig aber herstellbar sind. Die kraftflussgerechte Gestaltung kann zu Geometrien hoher Formkomplexität führen, z. B. zu Freiformflächen und Hinterschnitten. Ähnliches gilt für die Prinzipien der Leichtbaukonstruktion, die zusätzlich zum Hinweis im Steckbrief in Tabelle 5.12 veranschaulicht sind. Beispielsweise wird darin mehrfach der Einsatz von Lösungen hoher hierarchischer Komplexität empfohlen. Bestehende funktionsflächenbasierte DfAM-Ansätze [Pon12; Vay12] sind mit diesen Prinzipien eng verknüpft und werden daher ebenfalls als allgemeine Hinweise aufgenommen.

Das systematische Variieren – im DfAM-Kontext primär der Flächen und Körper, der Flächen- und Körperbeziehungen sowie des Werkstoffs – führt zu einer Erweiterung des Lösungsraums und kann durch DfAM-Hilfsmittel ergänzt werden. Als opportunistische Hilfsmittel eignen sich unter anderem die 3D-Anschauungsmodelle und die interaktive Potenzialsystematik; der Konstruktionsregelkatalog kann als restriktives Hilfsmittel dienen. Darüber hinaus liegen in der einschlägigen Literatur verschiedene Checklisten zur Unterstützung vor [Ehr13; VDI04b].

ALLGEMEINE METHODEN FÜR DAS GESTALTEN

Von den aus der allgemeinen Konstruktionslehre bekannten Gestaltungsmethoden eignen sich einige beson-
ders gut zur Ausschöpfung konstruktiver AM-Potenziale. Nutzen Sie daher gezielt die nachfolgend beschrie-
benen Methoden zur Optimierung Ihrer Konstruktion.

Prinzipienbasierte Gestaltung

1. *Kraftflussgerechte Gestaltung:*
   a) Für steife, leichte Bauweisen: direkten und kurzen Kraftfluss anstreben
   b) Für elastische, arbeitsspeichernde Bauweisen: Kraftfluss auf weiten
      Wegen anstreben
   c) Scharfe Kraftflussumlenkungen/Querschnittsübergänge vermeiden

2. *Prinzipien der Leichtbaukonstruktion:*
   a) Möglichst direkte Kraften- und -weiterleitung
   b) Realisierung eines möglichst großen Flächenträgheits- bzw.
      Widerstandsmoments
   c) Feingliederung von Strukturen bzw. gezielte Versteifung von
      Konstruktionen in den Hauptbelastungsrichtungen
   d) Nutzung der natürlichen Stützwirkung durch Krümmung
   e) Gezielte Einbringung von Hohlräumen
   f) Bevorzugen von Integralbauweise

3. *Funktionsflächenorientiertes Gestalten:*
   Es gibt auch die Möglichkeit eines freien erfahrungsbasierten Gestaltens
   innerhalb eines vorgegeben Gestaltungsraums („design space"):
   a) Funktionsflächen (auch „Wirkflächen") identifizieren und festlegen
   b) Funktionsflächen durch Funktionsvolumen miteinander verbinden
      (unter Berücksichtigung der kraftflussgerechten Gestaltung und der
      Leichtbauprinzipien). Beachten Sie hierbei frühzeitig die Aufbaurich-
      tung und priorisieren Sie Funktionsflächen/-volumen entsprechend.
   c) Die Konstruktion kann im Anschluss durch eine Formoptimierung
      oder eine systematische Variation (s.u.) weiter verbessert werden.

Systematische Variation

– *Variation der Flächen und Körper:*
  Variieren Sie Form, Lage, Zahl oder Größe bestehender Konstruktionen
  unter Zuhilfenahme opportunistischer DfAM-Hilfsmittel
– *Variation der Flächen- und Körperbeziehungen:*
  Variieren Sie die Verbindungsart (Stoff-, Form-, Kraftschluss) oder die
  Berührungs-/Kontaktart (Punkt-, Linien, Flächenberührung)
– *Variation der stofflichen Eigenschaften (Werkstoffvariation):*
  Variieren Sie den Werkstoff unter Berücksichtigung der in AM-Verfahren
  verfügbaren Werkstoffe.
Nutzen Sie zur Unterstützung entsprechende Checklisten aus der Literatur.

Hinweise

– Berücksichtigen Sie zur Sicherstellung der Herstellbarkeit stets die
  AM-Konstruktionsregeln.
– Legen Sie insbesondere die Aufbaurichtung frühzeitig fest, da sie
  maßgeblichen Einfluss auf die Gültigkeit von Konstruktionsregeln hat.
– Alle anderen, hier nicht erwähnten Gestaltungsprinzipien (z.B. Prinzip
  des Lastausgleichs) und DfX-Regeln (z.B. montagegerechtes Konstruieren) gelten natürlich weiterhin.

Einsatzzweck
Gestalten (AM-)optimierter
Bauteile

Systemgrenze
☑ Bauteil
☑ Baugruppe

Inputs
Konzeptionelle Lösung oder
bestehendes Produkt

Outputs
Optimierte Bauteilgestalt

**Erforderliche
Methodenkompetenz**
☐ Gering
☑ Mittel
☐ Hoch

**Erforderliche
DfAM-Kompetenz**
☐ Gering
☑ Mittel
☐ Hoch

Betroffene Komplexitäten
☑ Formkomplexität
☑ Hierarchische Komplexität
☑ Materialkomplexität
☐ Funktionale Komplexität

**Betroffene
Konstruktionsschritte**

☐ 1	☐ 4	☑ 7
☐ 2	☐ 5	☐ 8
☐ 3	☑ 6	☐ F

Abbildung 5.28: Methodensteckbrief: Allgemeine Methoden für das Gestalten

Tabelle 5.12: Gestaltungsprinzipien im Leichtbau mit Beispielen
(Auszug in Anlehnung an [Kle13, 67–73])

Gestaltungsprinzip	Ungünstige Lösung	Günstige Lösung	Hinweis
Möglichst direkte Kraftein- und -weiterleitung			Direkte Einleitung der Kraft in die Hauptstruktur
			Keine Umleitung von Kräften
			Möglichst großflächige Einleitung von Kräften
Realisierung eines möglichst großen Flächenträgheits- bzw. Widerstandsmoments			Möglichst Hohlprofile verwenden
			Einsatz von dünnwandigen Profilen mit leichtem Stützkern
Feingliederung von Strukturen bzw. gezielte Versteifung von Konstruktionen in den Hauptbelastungsrichtungen			Einbringen von Rippen oder Sicken zur Versteifung beul- oder knickgefährdeter Bauteile
Nutzung der natürlichen Stützwirkung durch Krümmung			Gekrümmte Formen erhöhen kritische Knick- und Beullasten
			Den Lasten entgegengesetzte Krümmungen wirken Durchbiegungen entgegen und stabilisieren gegen Durchschlagen
Gezielte Einbringung von Hohlräumen			Leichte Querschnitte durch Steglöcher oder Lochblech

Identifikation und Auswahl geeigneter Bauteile/Anwendungen Solange AM sich noch nicht als allgemein bekannte Alternative im Fertigungsverfahrenportfolio etabliert hat und von Konstrukteuren und weiteren Entscheidungsträgern während der Entwicklung neuer Produkte nicht intuitiv als Verfahren in Betracht gezogen wird, spielt die Identifikation geeigneter Bauteile/Anwendungen eine wichtige Rolle und bildet häufig den Ausgangspunkt eines DfAM-Prozesses. Infolgedessen werden die bestehenden Ansätze aus Abschnitt 3.3.2 zu einer passenden Methode konsolidiert und um Praxisaspekte erweitert.

Bestehenden Ansätze zur Bauteilidentifikation im Bereich AM [Con14; Kno16; Lin15] sowie vergleichbaren Methoden im Kontext Leichtbau [Gän15] und Hybridbauweisen [Cud15] ist gemein, aus den jeweiligen Potenzialen abgeleitete Bewertungskriterien zugrunde zu legen. In ihrer Herangehensweise und Detaillierung unterscheiden sie sich jedoch signifikant und decken eine weite methodische Spanne von Kreativitätsworkshopkonzepten bis hin zu Datenbankanalysen ab. Unter Berücksichtigung aller Ansätze wird eine flexible generische Methode zur Bauteilidentifikation und -auswahl erarbeitet, die eine Vielzahl an Anwendungsfällen abdeckt.

Die in Abbildung 5.29 dargestellte Vorgehensweise sieht vor, als *Vorbereitung* des eigentlichen Prozesses Ziele und Anwendungsfall genau zu definieren, die Verfügbarkeit relevanter Daten sicherzustellen und Stakeholder für AM zu sensibilisieren. Im anschließenden *Screening* ist das Ziel, eine möglichst große Anzahl potenziell geeigneter Bauteile/Anwendungen aufzufinden (Quantität vor Qualität). Dieser Schritt kann unter Zuhilfenahme von Leitfragen sowie verschiedener Methoden durchgeführt werden, die ein breites Spektrum an Anwendungsfällen abdecken. Die gesammelten Bauteile werden in der anschließenden *Evaluation* detailliert untersucht. Hierfür können die in Abschnitt 5.3.2 untersuchten Bewertungsmethoden herangezogen werden, z. B. eine Nutzwertanalyse. Von zentraler Bedeutung ist die Definition geeigneter Bewertungskriterien, die neben den in diesem Abschnitt vorgestellten konstruktiven Aspekten weitere anwendungsabhängige AM-Potenziale – insbesondere wirtschaftlicher Art – berücksichtigen sollten. Die idealerweise quantitativ bewerteten Bauteile können in eine Rangfolge gebracht werden. Für die vielversprechendsten Bauteile wird die *Selektion* durchlaufen, in der auf Basis detaillierter Analysen eine Entscheidung bezüglich umzusetzender Bauteile getroffen wird.

IDENTIFIKATION UND AUSWAHL GEEIGNETER BAUTEILE/ANWENDUNGEN

Die Methode kann einerseits genutzt werden, um aus einer Datenbank diejenigen bislang konventionell gefertigten Bauteile herauszufiltern, die durch AM günstiger produziert, in ihrer Leistung gesteigert oder nach anderen technischen und wirtschaftlichen Gesichtspunkten optimiert werden können. Andererseits kann die Methode zur Identifikation potenziell geeigneter Funktionen/Anwendungen genutzt werden, ohne dass ein bestehendes Bauteil zugrunde liegt.

Vorgehensweise

1. *Vorbereitung:* Anwendungsfall definieren (RP, RT, RM); Ziel festlegen (z. B. Anzahl zu identifizierender Bauteile); Stakeholder identifizieren und über AM-Potenziale informieren; Verfügbarkeit von Bauteildaten sicherstellen

2. *Screening:*
   a) Teilespektrum/Systemgrenze definieren
   b) Sammeln einer möglichst großen Anzahl an potenziell geeigneten Bauteilen; Leitfragen und Methoden zur Unterstützung anwenden (Auswahl abhängig von Anwendungsfall)
   c) Leitfragen
      – Welche Bauteile profitieren besonders von Leichtbau?
      – Welche Bauteile haben großen Einfluss auf die Effizienz des Gesamtproduktes/-prozesses?
      – Bei welchen Bauteilen ist das fertigungsgerechte Gestalten eine Herausforderung?
      – Welche Produkte bestehen aus vielen Einzelteilen?
      – Welche Bauteile weisen eine hohe Komplexität auf?
      – Welche Bauteile werden nur in sehr geringen Stückzahlen hergestellt?
      – Bei welchen Bauteilen sind Variantenvielfalt/Individualisierungsgrad hoch oder wünschenswert?
      – Welche Bauteile werden selten oder in unregelmäßigen Abständen benötigt?
      – Bei der Herstellung welcher Bauteile fällt eine hohe Abfallmenge (z. B. Zerspanvolumen) an?
      – …
   d) Methoden

Methode	Beschreibung
(Kreativ-)Workshop	Eignung v. a. bei Fokussierung konstruktiver Freiheiten; interdisziplinäres Team empfohlen
Experteninterview	Strukturierte Befragung von Bauteilverantwortlichen bzgl. aktueller fertigungstechnischer Herausforderungen
Wettbewerbs-/Branchenanalyse	Anregungen durch Untersuchung fremder Produkte
Push-Datenanalyse	Gezielte Recherche in Stücklisten, Stammdaten usw.; Ableitung von Potenzialen aus strategischen Unternehmens-/Entwicklungszielen möglich
Pull-Datenanalyse	Gezielte Berücksichtigung von AM als Fertigungsalternative bei aktuellen Problemen, z. B. bei Engpassrunden für Ersatzteile; Durchführung einmalig oder regelmäßig (z. B. wöchentlich)

3. *Evaluation:*
   a) Vorauswahl der potenziell geeignetsten Bauteile treffen
   b) Hinzuziehen von AM-Experten und ggf. weiterer Fachbereiche (z. B. Qualitätssicherung) erforderlich
   c) Bauteile und Daten (z. B. Masse, Abmessungen) strukturiert darstellen
   d) Objektivierung der Entscheidungsfindung mithilfe von Bewertungsmethoden; Kriterien in Abhängigkeit vom Anwendungsfall auf Basis der AM-Potenziale definieren (idealerweise auch quantitative); ggf. K.o.-Kriterien verwenden (z. B. Materialverfügbarkeit)
   e) Bewertung durchführen (Einzel- oder Teamarbeit)
   f) Ranking der Bauteile auf Basis von Punktewerten (optional)

4. *Selektion*
   a) Steckbriefe zu bestbewerteten Bauteilen aus Evaluation erstellen
   b) Bauteile mit Stakeholdern diskutieren/analysieren (z. B. hinsichtlich technischer Potenziale, erforderlicher konstruktiver Anpassungen, technischer und wirtschaftlicher Machbarkeit)
   c) Bauteile auswählen und für weitere Umsetzung vorschlagen

Einsatzzweck
Bauteile/Anwendungen finden, die eine (besondere) AM-Eignung aufweisen

Systemgrenze
☑ Bauteil
☑ Baugruppe

Inputs
Anwendungsabhängig (siehe Vorgehensweise)

Outputs
Potenziell für AM geeignete Bauteile/Anwendungen

Erforderliche Methodenkompetenz
☐ Gering
☑ Mittel
☐ Hoch

Erforderliche DfAM-Kompetenz
☐ Gering
☑ Mittel
☐ Hoch

Betroffene Komplexitäten
☑ Formkomplexität
☑ Hierarchische Komplexität
☑ Materialkomplexität
☑ Funktionale Komplexität

Betroffene Konstruktionsschritte
☑ 1   ☑ 4   ☐ 7
☐ 2   ☑ 5   ☐ 8
☐ 3   ☐ 6   ☐ F

Abbildung 5.29: Methodensteckbrief: Identifikation und Auswahl geeigneter Bauteile/Anwendungen

5.4.3 Methoden- und Hilfsmittelbaukasten

Aus der Anpassung und Entwicklung von Methoden und Hilfsmitteln ergibt sich eine Sammlung, die analog zur klassischen Konstruktionsmethodik als Baukasten bezeichnet wird. Vorab müssen auch die Hilfsmittel durch die aus dem Methodensteckbrief bekannten Attribute charakterisiert werden, was für den Großteil der Attribute problemlos möglich ist. Tabelle 5.13 enthält als Zusammenfassung dieses Abschnitts den Baukasten der entwickelten DfAM-Methoden und -Hilfsmittel, exemplarisch strukturiert nach ihrer Anwendbarkeit in den Prozessschritten.

Tabelle 5.13: Methoden- und Hilfsmittelbaukasten für DfAM

	Konstruktionsschritt								
	1	2	3	4	5	6	7	8	F
Methoden									
Recherche und Analyse bestehender Lösungen	•	•			•	•	•		•
Kreativitätsmethoden	•	•			•	•			•
Bionik- und TRIZ-basierte Inventionsmethodik			•	•		•			
Strategie der einteiligen Maschine				•	•		•	•	•
Produktarchitekturgestaltung				•	•		•		
Vorgehen beim Einsatz der Topologieoptimierung							•	•	
Methodisch unterstützter Einsatz mesoskopischer Strukturen							•	•	
Allgemeine Methoden für das Gestalten							•	•	
Identifikation und Auswahl geeigneter Bauteile/ Anwendungen	•			•	•				
Hilfsmittel									
Checkliste für das Konzipieren				•	•		•		
Checkliste für das Gestalten							•	•	•
Allgemeiner Konstruktionsregelkatalog							•	•	
Checkliste zu wichtigsten Konstruktionsregeln/ Restriktionen					•		•	•	
Katalog der konstruktiven Freiheiten im Vergleich zu anderen Fertigungsverfahren				•	•		•		
Interaktive Potenzialsystematik				•	•		•		•
Digitale und physische 3D-Anschauungsmodelle				•			•		•
Fallbeispieldatenbank	•			•			•		•
Moodboards/Reizbilder				•			•		•
Kriterien zur Bewertung und Auswahl				•	•		•	•	

Legende: • anwendbar

5.5 Nutzungskonzept

Im Gegensatz zu bestehenden DfAM-Ansätzen aus der Literatur deckt die in diesem Kapitel erarbeitete Konstruktionsmethodik alle Ausprägungen des AM-gerechten Konstruierens ab, von der einfachen Anpassungskonstruktion durch einen DfAM-Novizen bis zur Neukonstruktion durch einen DfAM-Experten. Dies macht eine aufgabenspezifische Nutzung der Methodik erforderlich, die einerseits in einer Anpassung des Vorgehensmodells (Abschnitt 5.5.1), andererseits in einer geeigneten Anwendung der Methoden und Hilfsmittel (Abschnitt 5.5.2) besteht. Das Nutzungskonzept ermöglicht die Ableitung kontextspezifischer Methodiken (Abschnitt 5.5.3).

5.5.1 Anpassung des Vorgehensmodells

Das DfAM-Vorgehensmodell ist analog zu VDI-Richtlinie 2221 generisch aufgebaut und grundsätzlich auf alle Konstruktionsaufgaben anwendbar. Seine Allgemeingültigkeit macht jedoch eine Anpassung an die jeweils vorliegenden Rahmenbedingungen erforderlich, die insbesondere von Konstruktionsart und -ziel konstituiert werden.

Wie in der allgemeinen Konstruktionsmethodik werden auch bei der Anwendung der DfAM-Methodik Neukonstruktionen und Anpassungs-/Variantenkonstruktionen unterschieden. In Abhängigkeit davon werden die relevanten Schritte ausgewählt und in jeweils geeignetem Detaillierungsgrad bearbeitet. Hierdurch ergeben sich unterschiedliche „Pfade" durch das Vorgehensmodell. In Abbildung 5.30 sind Beispiele der Methodikanwendung veranschaulicht. Die Darstellung ist weitgehend idealisiert und berücksichtigt die für reale Projekte typischen Iterationen nur exemplarisch.

Bei einer Neukonstruktion ohne Vorgängerprodukt (Abbildung 5.30 a) werden die Schritte der Methodik vollständig und im Wesentlichen in der vorgeschlagenen Reihenfolge durchlaufen. Die Besonderheit besteht in einer Betonung der Funktionsintegration. Bei einer Anpassungskonstruktion kann beispielsweise zwischen Baugruppe und Bauteil unterschieden werden. Insbesondere bei Baugruppen (Abbildung 5.30 b) ist es zur Ausschöpfung der AM-Freiheiten sinnvoll, die konzeptionelle Lösung zu überdenken und Funktionsintegrationsmöglichkeiten sowohl hinsichtlich Integralbauweise als auch hinsichtlich Funktionserweiterung zu analysieren. Bei der Anpassungskonstruktion eines Einzelteils (Abbildung 5.30 c) sind die Möglichkeiten zur Funktionsintegration geringer, können jedoch optional auch durch eine Verschiebung der Systemgrenze berücksichtigt werden. Exemplarisch ist eine mögliche Iteration nach der Konstruktionsüberprüfung in Schritt 8 dargestellt. Eine Anpassungskonstruktion kann auch einem vereinfachten Ablauf folgen (Abbildung 5.30 d): Wurde bereits ein vergleichbares Produkt für AM optimiert, kann auf Basis der Erfahrungen etwa der Entscheidungsknoten (Schritte 4 und 5) übersprungen werden, z. B. wenn das gleiche Bauteil eines ähnlichen Produkts mit leicht veränderten Lastfällen und Dimensionen angepasst werden soll.

Neben diesen klassischen Konstruktionsarten bietet das Vorgehensmodell weitere Anwendungsmöglichkeiten. Bei der Anpassung eines Bauteils mit dem Konstruktionsziel Leichtbau

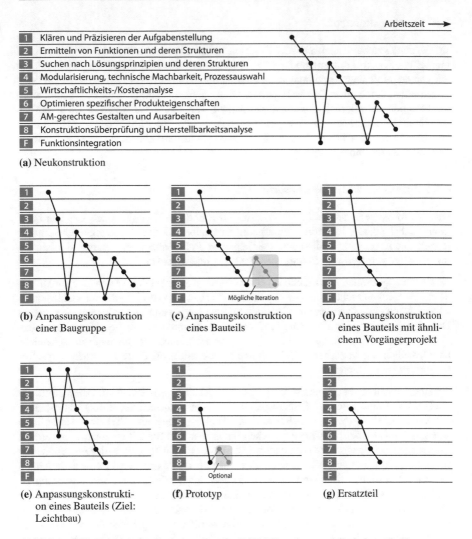

Abbildung 5.30: Beispiele für die Anwendung des DfAM-Vorgehensmodells (schematisch)

(Abbildung 5.30 e) ist es beispielsweise auch denkbar, mit einer Optimierungsberechnung (z. B. Topologieoptimierung) zu starten, um zunächst das allgemeine Leichtbaupotenzial abzuschätzen. Erst anschließend wird im Falle einer positiven Bewertung der eigentliche Prozess durchlaufen. Darüber hinaus kann das Vorgehensmodell auch auf die Prototypen-herstellung übertragen werden (Abbildung 5.30 f): Während technische Machbarkeit und Prozessauswahl auch in diesem Kontext beachtet werden müssen, hat die Wirtschaftlichkeit häufig untergeordnete Bedeutung. Eine konstruktive Anpassung ist bei Prototypenbauteilen zumeist sogar unerwünscht, um Abweichungen von späteren Serienbauteilen gering zu halten, und wird nur vorgenommen, falls eine AM-Herstellbarkeit nicht gegeben ist. Bei Ersatzteilen (Abbildung 5.30 g) hingegen bildet häufig eine systematische Bauteilauswahl zusammen mit der Bewertung von technischer und wirtschaftlicher Machbarkeit den Ausgangspunkt; zur Sicherstellung einer hohen Qualität erforderliche AM-Anpassungen der Konstruktion werden i. d. R. in Kauf genommen.

5.5.2 Anwendung der Methoden und Hilfsmittel

Neben einer Anpassung des Vorgehensmodells ist eine adaptierte Anwendung der Methoden und Hilfsmittel erforderlich. Diese besteht in einer situationsabhängigen Auswahl und Modifikation sowie in einer kombinierten Anwendung mehrerer Methoden.

Die *Auswahl* der für einen aktuellen Anwendungsfall geeigneten Methoden und Hilfsmittel kann, wie aus der Literatur bekannt [Fra04; Lin09, 59–62], mittels einer kriterienbasierten Auswahllogik auf Basis der klassifizierenden Attribute des Steckbriefs (Abbildung 5.19) vorgenommen werden. Neben den klassischen Attributen wie den nötigen konstruktionsmethodischen Vorkenntnissen oder der Anwendbarkeit einer Methode in den einzelnen Konstruktionsschritten sind insbesondere die erforderliche DfAM-Expertise und optional die betroffenen AM-Komplexitäten zentrale Auswahlkriterien. Eine Auswahl mithilfe detaillierter Punktbewertungen [Gür16, 91 f.] ist ebenfalls möglich, rechtfertigt im Kontext einer möglichst einfachen praktischen Anwendbarkeit und aufgrund der noch gut überschaubaren Anzahl an Methoden und Hilfsmitteln ihren hohen Aufwand jedoch kaum.

Wie bereits in den einzelnen Methodensteckbriefen beschrieben, ist darüber hinaus eine *Modifikation* der Methoden selbst in Abhängigkeit von den jeweils vorliegenden Randbedingungen sinnvoll. Diese kann unter anderem durch das Konstruktionsziel motiviert werden, z. B. indem in einem Leichtbauprojekt bewusst nach entsprechenden Fallbeispielen gesucht wird, oder durch die DfAM-Expertise der Teilnehmer vorgegeben sein, z. B. indem DfAM-Novizen gezielt niedrigschwellige Hilfsmittel zur Verfügung gestellt werden.

Der Methodenbaukasten (Tabelle 5.13) ermöglicht zusammen mit eindeutig definierten Inputs und Outputs jeder einzelnen Methode eine *Kombination und Verknüpfung* von Methoden. Beispielsweise können die mithilfe der Bionik- und TRIZ-basierten Inventionsmethodik erarbeiteten konzeptionellen Lösungen als direkte Eingangsdaten für die allgemeinen Gestaltungsmethoden oder für den methodisch unterstützten Einsatz mesoskopischer Strukturen verwendet werden.

Nicht zuletzt sind bei der Nutzung der DfAM-Konstruktionsmethodik stets auch alle weiteren Inhalte der klassischen Konstruktionslehre in Betracht zu ziehen. Vor allem die in Abschnitt 5.3.2 als geeignet oder empfehlenswert identifizierten Methoden und Hilfsmittel können und sollten auch in DfAM-Projekten zum Einsatz kommen.

5.5.3 Ableitung kontextspezifischer Methodiken

Durch das in den vorigen Abschnitten beschriebene Nutzungskonzept können aus dem DfAM-Rahmenwerk kontextspezifische Submethodiken abgeleitet werden. Bei häufiger Anwendung unter stets ähnlichen Randbedingungen erhöht eine Standardisierung des Konstruktions-prozesses seine Effektivität und Effizienz. Im industriellen Kontext kann beispielsweise ein Fachbereich eine für seine spezifischen Bedürfnisse angepasste DfAM-Methodik ableiten, die auf einer Vorauswahl der relevanten Schritte des Vorgehensmodells und der Vorgabe spezifischer Methoden und Hilfsmittel beruht. Darüber hinaus werden Schnittstellen zu anderen Fachbereichen eindeutig definiert, sowohl hinsichtlich Zeitpunkt als auch Inhalt erforderlicher Abstimmungen.

Das Prinzip ist in Abbildung 5.31 exemplarisch veranschaulicht. Bei dem dargestellten An-wendungsfall handelt es sich um einen Fachbereich, der AM für Anpassungskonstruktionen einzelner Komponenten in Betracht zieht, um Gewicht und Kosten seiner Bauteile zu redu-zieren. Eine Veränderung der Produktarchitektur ist nicht erwünscht. Der Fachbereich hat aus dem DfAM-Rahmenwerk die für ihn relevanten Prozessschritte extrahiert, obligatorisch anzuwendende Methoden und Hilfsmittel festgelegt und Schnittstellen konkretisiert.

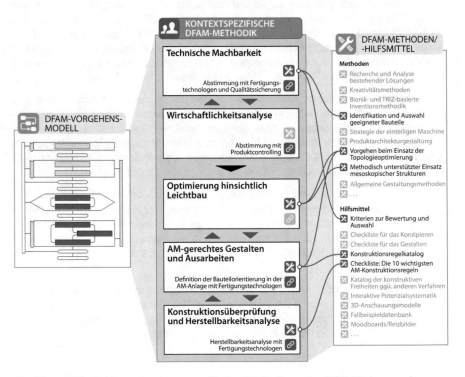

Abbildung 5.31: Ableitung einer kontextspezifischen Methodik aus dem DfAM-Rahmenwerk

5.6 Aktualisierung und Erweiterung

Die vorgestellte DfAM-Konstruktionsmethodik wurde mit größtmöglicher Flexibilität zur Aktualisierung und Erweiterung gestaltet, da sie inhaltlich an neue DfAM-Forschungsergebnisse oder neue AM-Verfahren anpassbar sein muss. Die Modifikationen beschränken sich weitestgehend auf die Methoden und Hilfsmittel; das Vorgehensmodell und das Rahmenwerk selbst behalten auch zukünftig Gültigkeit.

Abbildung 5.32 enthält die Vorgehensweise zur Aktualisierung der Methodik bei Veröffentlichung neuer DfAM-Forschungsergebnisse. Nach einer Bewertung hinsichtlich Relevanz und Neuheitsgrad im Kontext des DfAM-Rahmenwerks wird zwischen Hilfsmitteln und Methoden differenziert. Für Hilfsmittel gilt: Liegt bereits ein ähnliches Hilfsmittel vor, wird es entsprechend um die neuen Forschungsergebnisse erweitert, d. h. es werden beispielsweise dem allgemeinen Konstruktionsregelkatalog zusätzliche quantitative Werte hinzugefügt. Besteht noch kein vergleichbares Hilfsmittel, wird das Forschungsergebnis als neues Hilfsmittel aufgenommen, indem es praxisnah aufbereitet, hinsichtlich verwendeter Termini angeglichen,

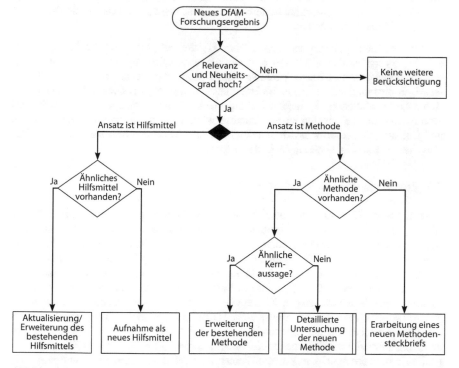

Abbildung 5.32: Aktualisierung der Konstruktionsmethodik auf Basis neuer DfAM-Forschungsergebnisse

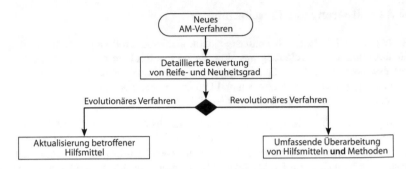

Abbildung 5.33: Aktualisierung der Konstruktionsmethodik auf Basis neuer AM-Verfahren

durch die standardisierten Attribute klassifiziert und den Methoden zugeordnet wird. Für Methoden wird analog vorgegangen mit dem Unterschied, dass bei Vorliegen einer ähnlichen Methode geprüft wird, ob dem neuen Forschungsansatz dieselbe Grundidee zugrunde liegt oder sie im Widerspruch steht. Im letzteren Fall ist eine detaillierte Analyse und Bewertung der neuen Methode erforderlich.

Die Markteinführung eines neuen AM-Verfahrens (siehe auch Abschnitt 2.3.3) kann ebenfalls eine Anpassung der Methodik erforderlich machen, da es beispielsweise die Ausprägung der in Kapitel 4 abgeleiteten konstruktiven Potenziale nachhaltig beeinflussen kann. Da Verfahrenseigenschaften grundsätzlich in den Hilfsmitteln und weniger in den Methoden enthalten sind, ist bei evolutionären Weiterentwicklungen eine Aktualisierung betroffener Hilfsmittel ausreichend. Erst bei revolutionären Neuentwicklungen sind umfassende Überprüfungen und Überarbeitungen erforderlich, die dann auch die Methoden betreffen können. Diese Vorgehensweise ist in Abbildung 5.33 dargestellt.

5.7 Zusammenfassung

Eine angepasste Konstruktionsmethodik für additive Fertigungsverfahren dient zur Unterstützung bei der systematischen Berücksichtigung verfahrensspezifischer Freiheiten und Restriktionen. Grundlage der Methodik ist ein sogenanntes DfAM-Rahmenwerk, dessen zentrales Element ein auf VDI-Richtlinie 2221 basierendes Vorgehensmodell samt detailliert beschriebenen Prozessschritten zur Strukturierung des Konstruktionsprozesses darstellt. Im Gegensatz zu bisherigen DfAM-Ansätzen ist die neue Methodik umfassend und deckt eine Vielzahl von Rahmenbedingungen, Konstruktionsarten und Anwenderbedürfnissen ab. In das Rahmenwerk werden zahlreiche Methoden und Hilfsmittel integriert, die aus der allgemeinen Konstruktionsmethodik und bestehenden DfAM-Ansätzen abgeleitet oder vollständig neu erarbeitet werden. Eine einfache praktische Anwendbarkeit in vielfältigen Konstruktionsprojekten wird ermöglicht, indem alle Elemente der Methodik strukturiert und praxisnah aufbereitet sind, z. B. durch standardisierte Steckbriefe und einheitliche Begrifflichkeiten. Durch eine situationsgerechte Anpassung von Vorgehensmodell und Methoden/Hilfsmitteln können aus dem Rahmenwerk kontextspezifische Methodiken abgeleitet werden.

6 Umsetzung der Methodik als interaktives Kompendium

Um eine einfache Anwendbarkeit der DfAM-Konstruktionsmethodik aus Kapitel 5 zu gewährleisten, wird sie als digitaler Leitfaden umgesetzt, der als interaktives Kompendium bezeichnet wird. In diesem Kapitel wird auf Basis der Anforderungen aus der industriellen Praxis (Abschnitt 6.1) zunächst eine geeignete Plattform ausgewählt und ihr grundlegender Aufbau beschrieben (Abschnitt 6.2). Anschließend werden die Umsetzung der konkreten Inhalte des Konstruktionskompendiums vorgestellt (Abschnitt 6.3) sowie Möglichkeiten zur Nutzung und Pflege aufgezeigt (Abschnitt 6.4).

6.1 Anforderungen aus der industriellen Praxis

Die Umsetzung der Methodik als interaktives Kompendium erfolgt nach den Erfordernissen aus der industriellen Praxis. Sie orientiert sich an den Merkmalen der Produktentwicklung in der Automobilindustrie aus Abschnitt 3.2 sowie den Besonderheiten eines großen Konzerns, d. h. eines Zusammenschlusses mehrerer Unternehmen mit einer Vielzahl an Produkten, Mitarbeitern, Fachbereichen, Standorten usw. Da jedoch zahlreiche Parallelen zu anderen Branchen bestehen, z. B. zur Luftfahrtindustrie, und viele Anforderungen für kleine und mittlere Unternehmen gleichermaßen relevant sind, ist die vorgestellte Umsetzung auch unter anderen Randbedingungen einsetzbar. Im Einzelnen werden an das Kompendium folgende Anforderungen gestellt:

- *Flexibilität und Wissensmanagement:* Inhaltlich sind aus Kapitel 5 unterschiedlich geartete Elemente zu berücksichtigen: Prozessbeschreibungen, Leitfäden, Best Practices, tabellarische Übersichten, interaktive HTML-Dateien, Datenbanken samt Filterfunktion sowie diverse Verknüpfungen zwischen diesen Elementen. Im Sinne des Wissensmanagements (siehe auch Abschnitt 3.1.2) muss das Kompendium als Kernaufgabe die unternehmensinterne Verteilung, Nutzung und Bewahrung von bestehendem und zukünftigem AM-/DfAM-Wissen erfüllen, das in unterschiedlicher Form vorliegt.

- *Einfache Bedienbarkeit und ansprechende Gestaltung:* Vor dem Hintergrund der bereits existierenden Fülle komplexer unternehmensinterner Systeme und der zunehmenden Verbreitung von modernen Apps sollte das Kompendium möglichst einfach bedienbar und optisch ansprechend gestaltet sein.

- *Integration in die bestehende Systemlandschaft:* Die Einbettung des Kompendiums in existierende Systeme muss sichergestellt sein, z. B. durch eine einfache Verknüpfung mit anderen Datenbanken.

- *Technisch einfacher Zugang:* Mitarbeiter aller Konzerngesellschaften und Fachbereiche sollten ohne große technische Hürden auf das Kompendium zugreifen können, also beispielsweise keine spezielle Freischaltung benötigen.

© Springer Fachmedien Wiesbaden GmbH, ein Teil von Springer Nature 2018
M. Kumke, *Methodisches Konstruieren von additiv gefertigten Bauteilen*,
AutoUni – Schriftenreihe 124, https://doi.org/10.1007/978-3-658-22209-3_6

- *Berücksichtigung unterschiedlicher Nutzerbedürfnisse:* Die AM-Interessenten innerhalb eines Großkonzerns sind sehr divers. Sie reichen von klassischen Konstrukteuren, die AM im Produktentstehungsprozess für RP-, RT- und RM-Anwendungen in Betracht ziehen, über Produktionstechniker, die Montagehilfsmittel konstruieren und auf einer bürotauglichen FLM-Anlage fertigen, bis hin zu übergreifenden Zielgruppen wie Innovationsmanagern, die Potenziale und Restriktionen von AM im Hinblick auf zukünftige Produktgenerationen bewerten. Darüber hinaus kann sich das Produktspektrum der verschiedenen Konzernunternehmen signifikant unterscheiden. Nicht zuletzt verfügen die Anwender über verschieden große AM-/DfAM-Expertise. Das Kompendium muss die individuellen Bedürfnisse aller Nutzergruppen adäquat berücksichtigen.

- *Einfache Aktualisierbarkeit:* Aufgrund der noch jungen Historie von AM und DfAM werden in Forschung und Praxis dynamisch neue Erkenntnisse erlangt, die mit geringem Aufwand Einzug in das Kompendium erhalten sollten. Aktualisierungen und Erweiterungen sollten niederschwellig und idealerweise durch die Kompendiumsnutzer selbst durchführbar sein.

- *Geringe Kosten für Einrichtung und Betrieb:* Investitionen in IT-Infrastruktur sowie laufende fixe und variable Kosten für die Systempflege sollten möglichst gering sein, z. B. indem eine bestehende Systemarchitektur als Grundlage dient.

6.2 Plattform und allgemeiner Aufbau

Wiki als technische Basis   Zur technischen Realisierung kommen unter den beschriebenen Rahmenbedingungen verschiedene Plattformen infrage, die in Tabelle 6.1 hinsichtlich ihrer Erfüllung der Anforderungen aus dem vorigen Abschnitt bewertet sind. Die Gegenüberstellung zeigt, dass lediglich das Enterprise Wiki [Sei11] alle Kriterien erfüllt. Zudem ist es im betrieblichen Kontext eine flexible, bekannte und akzeptierte Plattform mit bereits vielen existierenden Wiki-Spaces.

Als konzernweit verfügbares Enterprise Wiki steht im Rahmen dieser Arbeit die Lösung *Confluence* von Atlassian zur Verfügung, in dem als Erweiterungen Makros für Semantikfunktionen implementiert sind.

Allgemeine Inhalte   Das Wiki wird im Sinne eines möglichst umfassenden Wissensmanagementsystems nicht nur für das Konstruktionskompendium, sondern auch für weitere allgemeine Inhalte zum Thema additive Fertigung verwendet. Zur einfachen Verständlichkeit im betrieblichen Kontext auch für Novizen und Fachfremde wird im Wiki überwiegend der populäre Begriff „3D-Druck" als generische Bezeichnung für alle additiven Fertigungsverfahren verwendet (siehe Abschnitt 2.1). Die Startseite des *3D-Druck-Wikis* ist in Abbildung 6.1 dargestellt. Neben DfAM-Inhalten bietet es Informationen in folgenden Bereichen:

- Einführung und Verfahrensbeschreibungen,
- Grundlegendes zu Potenzialen und zur Kostenstruktur,
- Steckbriefe zu aktuellen Projekten und Anwendungen im Konzern,
- Standorte von AM-Anlagen im Konzern,

Tabelle 6.1: Vergleich möglicher Plattformen zur Umsetzung des Kompendiums

	Enterprise Wiki	Individuelle Intranetseite	Individuelles Softwaresystem	Konzernnorm	PDF-Leitfaden	Plugin für CAD-Software	Dokumenten-managementsystem
Flexibilität und Wissensmanagement	●	●	●	–	○	–	●
Einfache Bedienbarkeit und ansprechende Gestaltung	●	●	●	–	○	○	○
Integration in die bestehende Systemlandschaft	●	●	○	●	●	○	●
Technisch einfacher Zugang	●	●	–	●	●	○	○
Berücksichtigung unterschiedlicher Nutzerbedürfnisse	●	●	●	–	○	○	●
Einfache Aktualisierbarkeit	●	○	○	–	○	○	●
Geringe Kosten für Einrichtung und Betrieb	●	–	–	●	●	○	–

Legende: ● sehr gut, ○ akzeptabel, – unzureichend

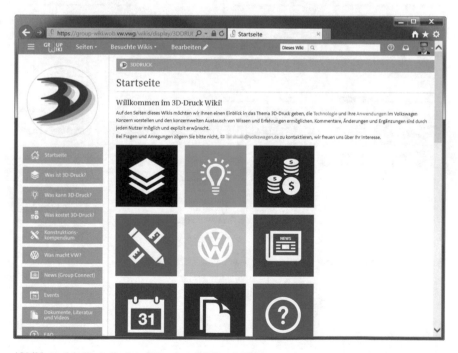

Abbildung 6.1: Startseite des allgemeinen 3D-Druck-Wikis

- zentrale konzerninterne Ansprechpartner für weiterführende Informationen,
- Hinweise auf interne und externe Veranstaltungen zur additiven Fertigung,
- Neuigkeiten zu Technologie und Anwendungen sowie
- Hinweise und Links auf empfehlenswerte Literatur, Studien und Videos.

Die neben dem Konstruktionskompendium enthaltenen weiterführenden Informationen eignen sich insbesondere als Nachschlagewerk sowie zur Einführung ins Thema, werden im Folgenden jedoch nicht weiter vertieft.

Semantische Struktur   Für verschiedene allgemeine und konstruktionsspezifische Inhalte werden Semantikfunktionen zur datenbanktechnischen Umsetzung verwendet. Dies bietet den Vorteil, Daten miteinander in Beziehung setzen und flexibel darstellen zu können. Das gesamte semantische Netz ist in Abbildung 6.2 dargestellt. Aus den Attributen und Beziehungen des Objekttyps „AM-Verfahren" lassen sich beispielsweise standardisierte Verfahrenssteckbriefe ableiten; Abbildung 6.3 enthält einen exemplarischen Steckbrief, wie er im Wiki angezeigt wird.

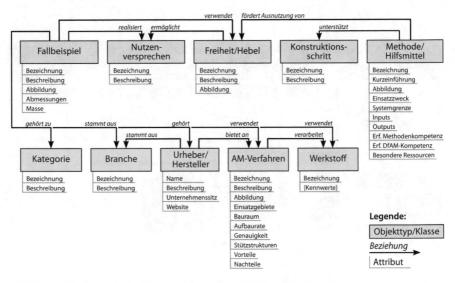

Abbildung 6.2: Semantisches Netz der Datenbank im 3D-Druck-Wiki

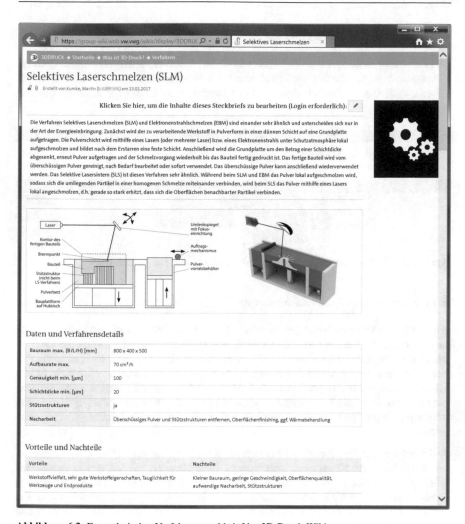

Abbildung 6.3: Exemplarischer Verfahrenssteckbrief im 3D-Druck-Wiki

6.3 Inhalte des Konstruktionskompendiums

Das Konstruktionskompendium als Teil des 3D-Druck-Wikis erhält aufgrund seines Umfangs eine eigene Navigationsleiste, die in Abbildung 6.4 dargestellt ist. Das Kompendium enthält alle wesentlichen in Kapitel 5 vorgestellten Inhalte und einige darüber hinausgehende Informationen.

Abbildung 6.4: Navigationsleiste des Konstruktionskompendiums im 3D-Druck-Wiki

6.3.1 Prozesskette und Konstruktionsprozess

Als Hintergrundinformation wird im Bereich „Prozesskette" die allgemeine AM-Prozesskette aus Abschnitt 2.2 beschrieben. Die Kenntnis nachgelagerter Schritte fördert das Gesamtprozessverständnis der Anwender. Die Einordnung der Konstruktionsaufgaben in die Prozesskette stellt auch den Einstieg in den Bereich „Konstruktionsprozess" dar. Auf einer Übersichtseite (Abbildung 6.5) werden daneben die Verantwortlichkeiten aufgezeigt und eine Einführung in die Besonderheiten des AM-gerechten Konstruierens gegeben. Darin wird mithilfe von Links auf weiterführende Seiten wie den Konstruktionsregelkatalog verwiesen.

Auf den folgenden Unterseiten des Bereichs wird die konstruktionsmethodische Vorgehensweise aus Abschnitt 5.2 erläutert. Neben dem DfAM-Vorgehensmodell, dessen zugehörige Wikiseite in Abbildung 6.6 enthalten ist, liegt für jeden Prozessschritt eine detaillierte Beschreibung vor, die für Schritt 3 exemplarisch in Abbildung 6.7 dargestellt ist. In der Erklärung zu den prozessschrittspezifischen Aufgaben wird mithilfe von Symbolen und Infokästen auf besonders wichtige Aspekte hingewiesen. In der rechten Seitenspalte werden zugeordnete Methoden und Hilfsmittel angezeigt und verlinkt. Über die Semantikfunktion (Abbildung 6.2) erfolgt diese Zuordnung auch bei Aktualisierungen automatisch.

Darüber hinaus enthält das Konstruktionskompendium die für die praktische Anwendung wichtigen Hinweise zur aufgabenspezifischen Anpassungen des Vorgehensmodells aus Abschnitt 5.5.1. Wie in Abbildung 6.8 auszugsweise dargestellt, werden unter anderem verschiedene Beispieldurchläufe gezeigt, anhand derer Anwender ihre individuelle Vorgehensweise ableiten können.

Abbildung 6.5: Allgemeine Hinweise im Konstruktionskompendium zum AM-spezifischen Konstruieren und seiner Einordnung in die AM-Prozesskette

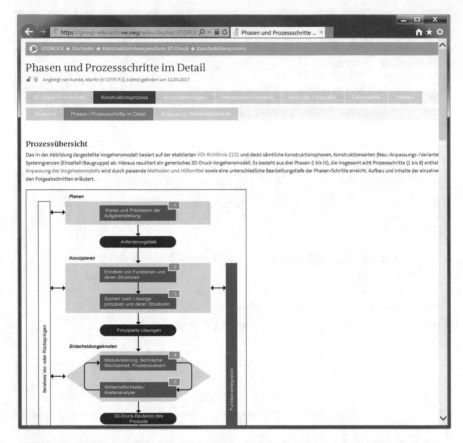

Abbildung 6.6: Darstellung des DfAM-Vorgehensmodells im Konstruktionskompendium (Auszug)

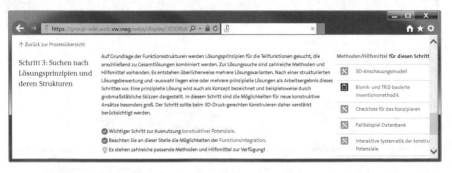

Abbildung 6.7: Beschreibung der Prozessschritte des DfAM-Vorgehensmodells im Konstruktionskompendium (Auszug)

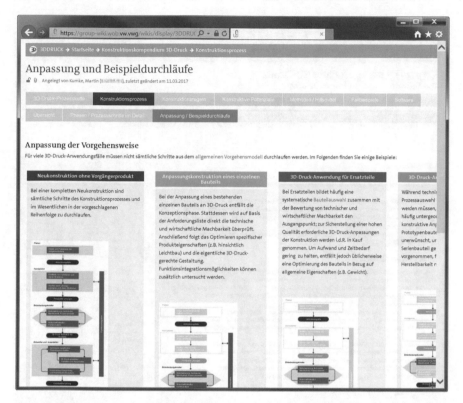

Abbildung 6.8: Hinweise im Konstruktionskompendium zur aufgabenspezifischen Anpassung des Vorgehensmodells inkl. Beispielen (Auszug)

6.3.2 Konstruktionsregeln

Aufgrund seiner zentralen Bedeutung für die Praxis erhält das Hilfsmittel Konstruktions-regelkatalog einen eigenen Bereich im Kompendium. In Abbildung 6.9 ist die Startseite des Katalogs dargestellt, die neben einer Einführung auch die Checkliste der zehn wich-tigsten Konstruktionsregeln enthält. Letztere ist entsprechend mit den detaillierten Regeln verlinkt.

Inhalte und Aufbau orientieren sich am allgemeinen Konstruktionsregelkatalog aus Ab-schnitt 5.4.1. Die dort erarbeitete übergreifende Strukturierung in Kategorien und Subkatego-rien ermöglicht die Gestaltung einer Navigationsleiste für die digitale Umsetzung. Innerhalb der Subkategorien wird im Wiki ein leicht abgewandelter Aufbau gewählt: Alle Regeln einer Subkategorie werden auf einer einzigen Wikiseite zusammengefasst, die eine Mischung aus allgemeinen Beschreibungen und tabellarischen Darstellungen verwendet. Abbildung 6.10 enthält eine exemplarische Wikiseite, die nach diesem Muster aufgebaut ist. Anwender

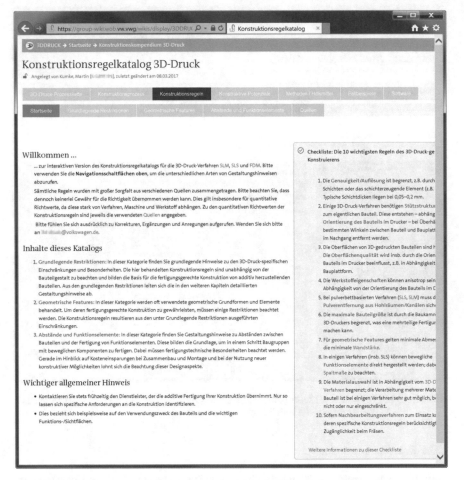

Abbildung 6.9: Startseite des Konstruktionsregelkatalogs im Konstruktionskompendium

erhalten hierdurch eine einfach zu erfassende Übersicht über zugehörige Regeln und Hintergrundinformationen. Die digitale Umsetzung ermöglicht außerdem Verlinkungen innerhalb des Konstruktionsregelkatalogs, sowohl auf ähnliche Regeln als auch auf Literaturquellen für quantitative Richtwerte. Letztere können um weitere Erfahrungswerte aus der Praxis ergänzt und mit internen Ansprechpartnern als Quelle hinterlegt werden.

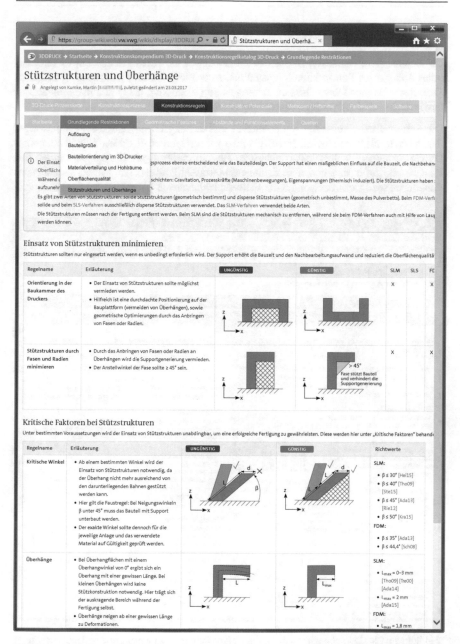

Abbildung 6.10: Exemplarische Wikiseite des Konstruktionsregelkatalogs im Konstruktions-kompendium

6.3.3 Konstruktive Potenziale

Die Bereitstellung von Informationen zu den konstruktiven Potenzialen ist ein weiteres zentrales Anliegen im Konstruktionskompendium. Auch dieser Bereich ist mehrteilig aufgebaut. Zunächst wird eine Übersichtsseite bereitgestellt (Abbildung 6.11), die insbesondere für Novizen eine niederschwellige Einführung bereitstellt.

Die Systematik der konstruktiven Potenziale und das zugehörige 3D-Anschauungsmodell liegen bereits als interaktive HTML-Hilfsmittel vor und werden direkt ins Wiki übernommen. Da die Systematik selbst insbesondere zu Beginn erklärungsbedürftig ist, werden ihre Bestandteile auf einer eigenen Wikiseite erläutert (Abbildung 6.12). Mittels semantischer Funktionen wird sie außerdem mit der Fallbeispieldatenbank (Abschnitt 6.3.5) verknüpft.

Abbildung 6.11: Übersichtsseite zu den konstruktiven Potenzialen im Konstruktionskompendium

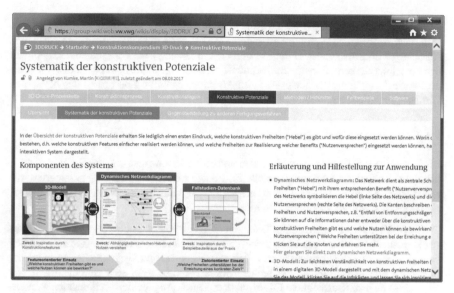

Abbildung 6.12: Einführung in die interaktive Potenzialsystematik im Konstruktions-
kompendium mit Links zum Netzwerkdiagramm (aus Abbildung 5.11), zum 3D-
Anschauungsmodell (aus Abbildung 5.13) und zur Fallbeispieldatenbank (aus
Abbildung 5.16)

Abbildung 6.13: Katalog der konstruktiven Freiheiten im Vergleich zu anderen Fertigungsverfahren
im Konstruktionskompendium (aus Abbildung 5.17)

Drittes Element dieses Bereichs im Konstruktionskompendium ist der Katalog der konstruktiven Freiheiten im Vergleich zu anderen Fertigungsverfahren, von dem ein Auszug in Abbildung 6.13 enthalten ist. Durch die digitale Umsetzung kann der Freiheitenkatalog mit den einzelnen Konstruktionsregeln verknüpft werden, wodurch Anwendern das Verständnis für die Ausprägung der neuen AM-Konstruktionsregeln im Kontrast zu den bekannten DFM-Regeln erleichtert wird.

6.3.4 Methoden und Hilfsmittel

Die in Abschnitt 5.4 erarbeiteten Methoden und Hilfsmittel werden vollständig im Konstruktionskompendium zur Verfügung gestellt. Zusätzlich werden auch diejenigen integriert, die in Abschnitt 5.3 als im DfAM-Kontext empfehlenswert identifiziert wurden, auch wenn sie nicht DfAM-spezifisch modifiziert wurden.

Die in Abbildung 6.14 dargestellte Übersichtsseite enthält oben eine Einführung, da konstruktionsmethodisches Vorwissen insbesondere bei Novizen nicht vorausgesetzt werden kann. Die Hauptansicht besteht in einer *tabellarischen Sammlung* sämtlicher vorhandener Methoden und Hilfsmittel. In der rechten Seitenspalte befindet sich eine als *Methoden/ Hilfsmittel-Selektor* bezeichnete Filterfunktion. Durch Angabe der vorliegenden Randbedingungen und Vorkenntnisse wird Anwendern die Auswahl geeigneter Methoden und Hilfsmittel erleichtert. Filtermöglichkeiten bestehen in folgenden Bereichen:

- Methode oder Hilfsmittel,
- erforderliche DfAM-Kompetenz (gering, mittel, hoch),
- erforderliche Methodenkompetenz (gering, mittel, hoch),
- betroffener Schritt im Konstruktionsprozess,
- Systemgrenze (Bauteil oder Baugruppe) und
- betroffene konstruktive Hebel/Komplexitäten.

Die Filterfunktion nutzt die für jede Methode hinterlegten semantischen Informationen. Durch Aktivieren der Filter, die auch miteinander kombiniert werden können, wird die Sammlung entsprechend reduziert, sodass nur noch relevante Methoden und Hilfsmittel angezeigt werden.

Durch Klicken auf die Namen der einzelnen Methoden und Hilfsmittel in der Sammlung öffnet sich ein *Steckbrief*, der dem einheitlichen Aufbau aus Abbildung 6.15 folgt. Abweichend zu den Steckbriefen aus Abschnitt 5.4 enthalten sie eine ausführlichere und praxisnähere Beschreibung und Hervorhebungen wichtiger Grundideen. Ergänzend werden sie durch Links mit anderen Steckbriefen oder weiterführenden Informationen im Wiki, z. B. den konstruktiven Potenzialen, verknüpft sowie um Verweise auf konzerninterne Datenbanken erweitert, z. B. zur Literatur- und Patentanalyse.

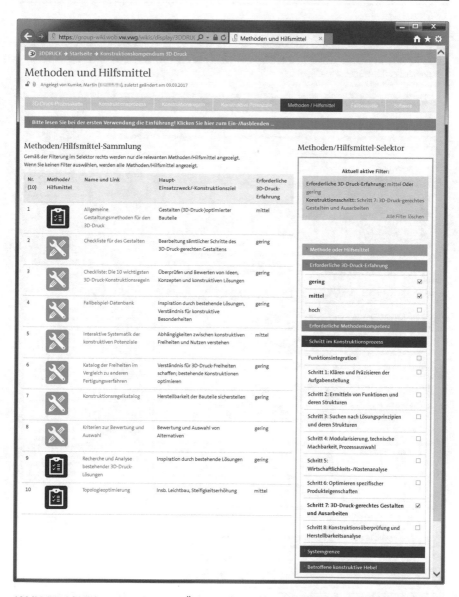

Abbildung 6.14: Methoden/Hilfsmittel-Übersicht im Konstruktionskompendium inkl. Filter zur situationsspezifischen Selektion

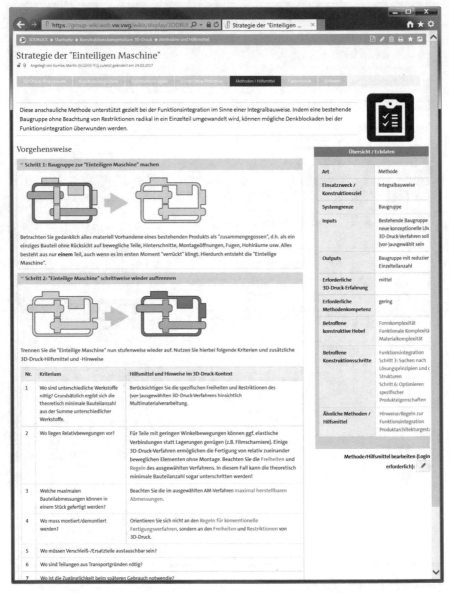

Abbildung 6.15: Exemplarischer Methodensteckbrief im Konstruktionskompendium (Aufbau gemäß Abbildung 5.19)

6.3.5 Fallbeispiele

Die Fallbeispieldatenbank wird entsprechend dem Konzept aus Abschnitt 5.4.1 umgesetzt. Ihr in Abbildung 6.16 dargestellter Aufbau mit tabellarischer Übersicht und Filterfunktion in der Seitenspalte ist vergleichbar mit der Methoden/Hilfsmittel-Sammlung. Als Filter sind sämtliche semantischen Informationen implementiert, die beliebig miteinander kombiniert werden können:

- verwendete AM-Verfahren,
- verwendete Werkstoffe,
- Bauteilkategorie (Prototyp, Betriebsmittel, Serienbauteil, Ersatzteil),
- Herkunft (Branche, Konzernunternehmen),
- realisierte Nutzenversprechen gemäß Potenzialsystematik und
- verwendete konstruktive Hebel (Komplexitäten).

Abbildung 6.16: Fallbeispielübersicht im Konstruktionskompendium inkl. Filterfunktion

Zur Nutzung der Datenbank in Verbindung mit der Potenzialsystematik müssen den Fallbeispielen die konstruktiven Potenziale eindeutig zugewiesen werden, insbesondere die
realisierten Nutzenversprechen. Zu jedem Fallbeispiel kann ein Steckbrief angezeigt werden,
der alle Informationen übersichtlich darstellt und für konzerninterne Bauteile um die Angabe
zuständiger Ansprechpartner ergänzt ist.

6.3.6 Software

Da DfAM-spezifische Softwarelösungen einen zunehmend höheren Stellenwert bekommen,
werden sie in einem eigenen Bereich ins Konstruktionskompendium integriert. Anwender
können sich in der Softwareübersicht (Abbildung 6.17) einen Überblick über die für verschiedene Teilschritte der AM-spezifischen Konstruktion verfügbaren Softwarelösungen
verschaffen (z. B. zum Erzeugen und Optimieren von Gitterstrukturen). Für die Programme
liegen weitere Informationen zu ihrem Funktionsumfang, der aktuellen Verfügbarkeit von
Lizenzen innerhalb des Konzerns sowie lokaler Installationsmöglichkeiten vor. Nicht zuletzt
können Anwender im Bereich „Tipps und Tricks" ihre eigenen Best Practices ablegen, z. B.
zum Export von STL-Dateien.

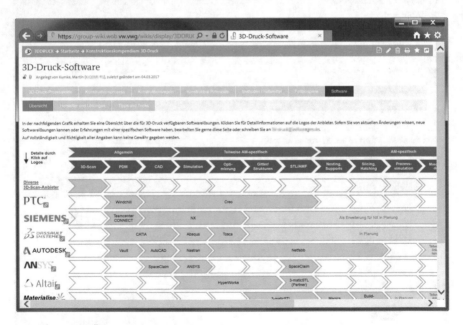

Abbildung 6.17: Übersicht über DfAM-Software im Konstruktionskompendium

6.4 Nutzung und Pflege

Das Konstruktionskompendium im 3D-Druck-Wiki kann auf verschiedene Weise verwendet werden. Einerseits kann es in beliebigem Detaillierungsgrad als Schulungsmedium für AM und DfAM dienen. Andererseits kann es Konstrukteure bei konkreten Projekten als klassisches Konstruktionhilfsmittel unterstützen. Da seine Inhalte den gesamten Konstruktionsprozess abdecken, bietet es eine durchgängige Unterstützung von Projektbeginn bis zur Übergabe an die Fertigung.

Die Seiten des Wikis können nach Login durch alle Nutzer erweitert oder neu angelegt werden. Dank einem übersichtlichen Editor ist die Bearbeitung niederschwellig durchführbar. Für häufig wiederkehrende Bearbeitungsschritte stehen spezielle Eingabemasken zur Verfügung, z. B. für das Anlegen neuer Fallbeispiele mit semantischen Informationen. Außerdem können Nutzer die Kommentarfunktion auf jeder Wikiseite nutzen, z. B. um ihre Erfahrungen mit einer Konstruktionsmethode zu beschreiben oder öffentliche Fragen an den Artikelautor zu richten.

Trotz der für Wikis charakteristischen „Selbstaktualisierung" durch die Nutzer ist beim Einsatz im Großkonzern eine zusätzliche Redaktion sinnvoll. Diese kann beispielsweise durch ein dediziertes Team aus AM-/DfAM-Experten übernommen werden. Das Team prüft zum einen regelmäßig Änderungen im Hinblick auf die Richtigkeit der Angaben, eine gute Verständlichkeit und einen angemessenen Detaillierungsgrad sowie die korrekte Verwendung von Begrifflichkeiten. Zum anderen stellt es durch eigene Beiträge in Abstimmung mit beteiligten Fachbereichen die Aktualität und Konsistenz der Informationen sicher. Insbesondere Letzteres kann entscheidend für die Akzeptanz des Wikis im industriellen Kontext sein.

6.5 Zusammenfassung

Als praktische Umsetzung der angepassten Konstruktionsmethodik für additive Fertigungsverfahren wird ein interaktives System aufgebaut, das als Konstruktionskompendium bezeichnet wird. Es basiert auf einem Enterprise Wiki mit zusätzlichen semantischen Funktionen, da hierdurch sämtliche Anforderungen aus der industrielle Praxis hinsichtlich Wissensmanagement und Nutzerfreundlichkeit erfüllt werden können. Das Kompendium ist Teil eines allgemeinen Wikis zum Thema additive Fertigung („3D-Druck-Wiki"), in dem unter anderem weiterführende Informationen zu den Verfahren und Werkstoffen sowie konzerninterne Ansprechpartner und Projekte enthalten sind. Im Kompendium selbst werden alle Elemente der Konstruktionsmethodik bereitgestellt: Informationen zu Prozesskette und (situationsangepasstem) Konstruktionsprozess, der allgemeine Konstruktionsregelkatalog, detailliertes Wissen über konstruktive Potenziale, Methoden und Hilfsmittel inkl. Auswahlunterstützung, die Fallbeispieldatenbank sowie Informationen zu speziellen Softwarelösungen. Für die Pflege des Systems wird empfohlen, neben der Bearbeitung durch die Nutzer selbst ein dediziertes Redaktionsteam vorzusehen.

7 Validierung

Die Validierung von Methoden und Hilfsmitteln, d. h. der wissenschaftliche Nachweis ihrer Wirksamkeit und Notwendigkeit, ist seit jeher eine zentrale Herausforderung im Forschungsfeld der Konstruktionsmethodik (siehe auch Abschnitt 3.1.1). Begründet wird dies unter anderem durch die Schwierigkeit, den Erfolg der Methodenanwendung zu messen, unterschiedliche organisationale Rahmenbedingungen, den großen Einfluss persönlicher Vorkenntnisse und Präferenzen der Methodenanwender sowie teilweise aufwendige erforderliche Versuchsreihen [Ehr13, 145–157; Fre06]. Dies gilt insbesondere für Methoden in den frühen Konstruktionsphasen, die häufig auf Kreativität und Intuition beruhen, wodurch die Grenze zwischen „Wissenschaft" und „Kunst" verschwimmt [Pap15].

Dennoch kann die Anwendung der entwickelten DfAM-Konstruktionsmethodik in Beispielprojekten Erkenntnisse über ihre Eignung liefern und zudem weiteren Forschungsbedarf aufzeigen. Die Anwendung wird anhand von zwei automobilen Beispielen demonstriert: einer Anpassungskonstruktion in Abschnitt 7.1 und einer Neukonstruktion in Abschnitt 7.2. Die Beispiele wurden gezielt als möglichst unterschiedlich hinsichtlich Konstruktionsart, Systemgrenze, Teamzusammensetzung, Anforderungen und Konstruktionsziel ausgewählt, um mehrere Methoden und Hilfsmittel in verschiedenen Szenarien testen zu können. Auf Basis von Anwenderfeedback können zudem erste Schlussfolgerungen zur subjektiv empfundenen Wirksamkeit der Konstruktionsmethodik gezogen werden, die ihren Erfolg maßgeblich beeinflusst [Ehr13, 156].

Dies gilt analog für die Umsetzung der Methodik als interaktives Kompendium: Sein Erfolg hängt von der Bewertung und Akzeptanz durch seine (potenziellen) Anwender ab. Es wird daher in Abschnitt 7.3 durch eine quantitativ auswertbare Umfrage evaluiert.

7.1 Anwendungsbeispiel 1: Anpassungskonstruktion eines Leichtbau-Technologiedemonstrators

Zur Veranschaulichung der konstruktiven Freiheiten additiver Fertigungsverfahren soll ein Technologiedemonstrator aufgebaut werden. Als Fokus wird ein hoher Leichtbaugrad festgelegt. Um die Vergleichbarkeit mit einem konventionell gefertigten Bauteil zu gewährleisten, wird eine Anpassungskonstruktion durchgeführt, d. h. prinzipielle Lösung und Systemgrenze bleiben unverändert. Abbildung 7.1 zeigt das gewählte Vorgehen und die eingesetzten Methoden und Hilfsmittel. Im Projektablauf sind aufgrund der hochgradig spezialisierten Aufgaben in den Einzelschritten Experten aus mehreren Fachbereichen im Sinne einer verteilten Einwicklung beteiligt.

Klären und Präzisieren der Aufgabenstellung Im ersten Projektschritt wird zum Klären und Präzisieren der Aufgabenstellung eine *Bauteilidentifikation* durchgeführt, um eine möglichst vielversprechende Beispielanwendung auszuwählen. Der zugehörigen Methode

© Springer Fachmedien Wiesbaden GmbH, ein Teil von Springer Nature 2018
M. Kumke, *Methodisches Konstruieren von additiv gefertigten Bauteilen*,
AutoUni – Schriftenreihe 124, https://doi.org/10.1007/978-3-658-22209-3_7

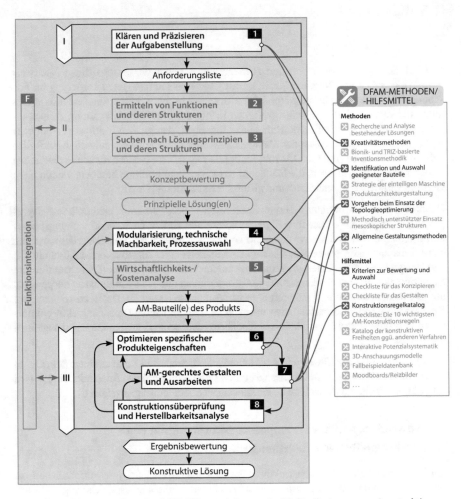

Abbildung 7.1: Anwendung der DfAM-Konstruktionsmethodik für die Anpassungskonstruktion
eines Leichtbau-Technologiedemonstrators

aus Abbildung 5.29 folgend wird in einem ersten Screening eine Vielzahl an Bauteilideen
generiert. Hierfür kommen folgende Methoden zum Einsatz: Brainstorming-Workshop,
Recherche in Stücklisten, Expertengespräche zu aktuellen fertigungstechnischen Herausforderungen, Wettbewerber- und Branchenanalyse sowie Inspiration durch physische Serien-
und Forschungsfahrzeuge. Die gesammelten Ideen werden in der anschließenden Evaluation
mithilfe einer Nutzwertanalyse hinsichtlich Leichtbaupotenzial, weiteren Potenzialen sowie
technischer Umsetzbarkeit in AM bewertet. Gemeinsam mit sämtlichen Stakeholdern fällt
die Auswahl auf einen aus der Serie als Gussbauteil bekannten *Radträger*, der in Abbil-

Abbildung 7.2: Radträger als Serienbauteil

dung 7.2 dargestellt ist. Ein Radträger ist das Radaufhängungsbauteil an einer nicht gelenkten Achse, das die Radnabe bzw. das Rad aufnimmt und über Lenker mit dem Fahrzeugaufbau verbunden ist.

Als Ausgangspunkt wird analog zur Serie das *Bauteillastenheft* zugrunde gelegt, das als Anforderungen, die im Sinne einer Zielwertkaskadierung von der Gesamtfahrzeugspezifikation abgeleitet wurden, insbesondere Kinematikpunkte, Lastfälle und die Bauraumsituation enthält. Als weitere Anforderung für den Technologiedemonstrator wird eine Massenreduktion bei gleichbleibender Steifigkeit und Festigkeit aufgenommen.

Modularisierung, technische Machbarkeit und Prozessauswahl   Aufgrund der hohen Anforderungen an Steifigkeit und Festigkeit kommen lediglich metallverarbeitende AM-Verfahren infrage. Um zusätzlich eine hohe Formkomplexität realisieren zu können, wird *LBM als Fertigungsverfahren* ausgewählt. Die in diesem Verfahren verfügbare Aluminiumlegierung AlSi10Mg ist darüber hinaus mit dem Gusswerkstoff aus der Serienanwendung vergleichbar. Da ausreichend große Baukammern bei handelsüblichen LBM-Anlagen verfügbar sind, ist eine Aufteilung der Komponente in mehrere Module nicht erforderlich.

Optimieren spezifischer Produkteigenschaften   Auf Grundlage der Anforderungen wird eine *Topologieoptimierung* durchgeführt, wodurch die lastoptimale Materialverteilung ermittelt wird. Da die Demonstration der technischen Möglichkeiten des LBM-Verfahrens im Vordergrund steht, bleiben Fertigungsrestriktionen in der Topologieoptimierung unberücksichtigt. Abbildung 7.3 a zeigt den zur Verfügung stehenden Gestaltungsraum. Die Optimierung betrifft Betriebs- und Missbrauchslastfälle, sodass sowohl elastische als auch plastische Verformungen eine Rolle spielen. Vorab müssen eigene Werkstoffanalysen durchgeführt und ein vollständiges Spannungs-Dehnungs-Diagramm erzeugt werden, da die für die Optimierung erforderliche „wahre Spannung" in der Regel nicht in Materialdatenblättern enthalten ist. Das in Abbildung 7.3 b in Form eines Voxelmodells dargestellte Optimierungsergebnis dient als Vorschlag für die anschließende Bauteilgestaltung, die dem methodischen Vorgehen beim Einsatz der Topologieoptimierung (Abbildung 5.26) folgt.

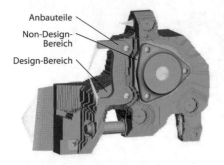

(a) Bauraummodell   (b) Voxelmodell als Optimierungsergebnis

Abbildung 7.3: Topologieoptimierung des Radträgers ohne Fertigungsrestriktionen

(a) CAD-Konstruktion   (b) Festigkeitssimulation (illustrativ)

Abbildung 7.4: CAD-Konstruktion und Simulation des LBM-optimierten Radträgers

AM-gerechtes Gestalten und Ausarbeiten Nach einer Plausibilitätsprüfung wird das Topologieoptimierungsergebnis von einem Konstrukteur interpretiert und manuell in eine *CAD-Konstruktion* umgesetzt. Der Konstruktionsprozess wird durch die allgemeinen Methoden für das Gestalten (Abbildung 5.28), den Konstruktionsregelkatalog (Abbildung 5.8) sowie eine Abstimmung mit dem Betreiber der LBM-Anlage unterstützt. Die finale CAD-Geometrie ist in Abbildung 7.4 a dargestellt.

Konstruktionsüberprüfung und Herstellbarkeitsanalyse Die Konstruktionsüberprüfung besteht in *FEM-Simulationen*, wodurch die in der finalen Geometrie tatsächlich vorliegende Spannungsverteilung ermittelt wird. Sie ist illustrativ in Abbildung 7.4 b dargestellt. Auf ihrer Grundlage erfolgen so lange Iterationen mit der CAD-Konstruktion, bis sämtliche unerwünschten Spannungsspitzen eliminiert sind.

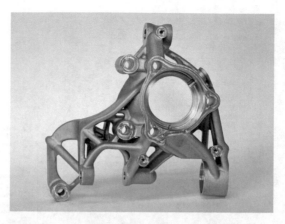

Abbildung 7.5: LBM-gefertigtes Radträger-Demonstratorbauteil mit spanend bearbeiteten Funktionsflächen

Abschluss und weitere Schritte Nach dem Durchlaufen des Konstruktionsprozesses wird das Bauteil im LBM-Verfahren hergestellt. Die Funktionsflächen werden zur Erfüllung von Genauigkeits- und Oberflächenanforderungen spanend nachbearbeitet. Das fertige Bauteil ist in Abbildung 7.5 dargestellt. Gegenüber dem Guss-Serienbauteil wird eine signifikante Gewichtsreduktion erreicht.

7.2 Anwendungsbeispiel 2: Neukonstruktion

In einem zweiten Anwendungsbeispiel wird die Methodik für eine Neukonstruktion im Automobilinnenraum eingesetzt. Ziel ist ein möglichst hoher Funktionsintegrationsgrad durch Einsatz der AM-Freiheiten. Zu dessen Realisierung liegt der Schwerpunkt auf der Konzepterarbeitung ohne direktes Vorgängerprodukt und den zugehörigen DfAM-Methoden und -Hilfsmitteln, deren Eignung im Rahmen von Workshops evaluiert wird. Die Vorgehensweise und die Anwendung des Methoden-/Hilfsmittelbaukastens sind in Abbildung 7.6 veranschaulicht.

Klären und Präzisieren der Aufgabenstellung Aufgrund der offenen Aufgabenstellung wird ein initialer Ideenworkshop zur Identifikation vielversprechender Funktionen und Anwendungen durchgeführt. Teilnehmer mit fachlichem Hintergrund in Design, Konstruktion und Fahrzeugkonzeption sowie überwiegend umfassendem AM-Vorwissen haben die Aufgabe, auf Basis zentraler Kundenanforderungen Ideen zum Einsatz der AM-Freiheiten zu erarbeiten. Als Hilfsmittel stehen allen Teilnehmern eine Einführungspräsentation in die AM-Potenziale sowie Moodboards als zusätzliche Inspirationsquelle (Abbildung 5.18) zur Verfügung. Die in mehreren Phasen mit unterschiedlichen Gruppenzusammensetzungen und unter Einsatz von Kreativitätsmethoden (Brainstorming, Brainwriting, Mindmapping) erarbeiteten Ideen sind illustrativ in Abbildung 7.7 dargestellt.

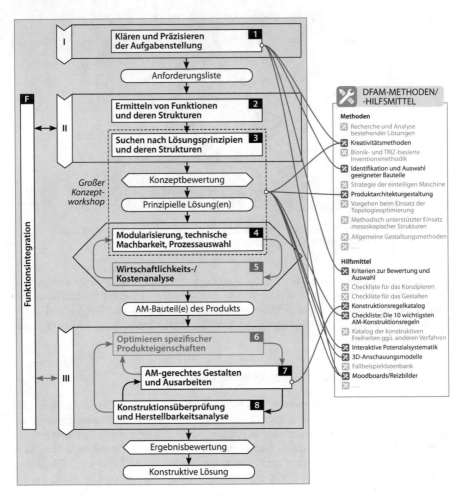

Abbildung 7.6: Anwendung der DfAM-Konstruktionsmethodik für die Neukonstruktion eines multifunktionalen Interieurbauteils

Darüber hinaus wird ein Teilnehmerfeedback zu Methoden und Hilfsmitteln eingeholt. Die auszugsweise in Abbildung 7.8 dargestellte Auswertung zeigt, dass die Workshopteilnehmer – trotz bestehender AM-Vorkenntnisse – sowohl eine Präsentation zu den AM-Potenzialen am Anfang des Workshops als auch Reizbilder als zusätzliche Inspirationsquelle begrüßen.

Abschließend wird unter Einsatz der Kriterien zur Bewertung und Auswahl gemeinsam mit den Stakeholdern die Idee einer individualisierbaren *multifunktionalen Mittelkonsole* als vielversprechend für die weitere Konkretisierung selektiert.

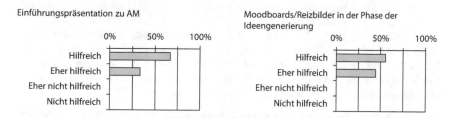

(a) Freie Ideengenerierung

(b) Zusammenführung der Ideen in Ideensteckbriefe

Abbildung 7.7: Exemplarische Ergebnisse des Ideenworkshops zu den AM-Potenzialen im Interieur

Einführungspräsentation zu AM

Moodboards/Reizbilder in der Phase der Ideengenerierung

Abbildung 7.8: Feedback der Teilnehmer des Ideenworkshops zu DfAM-Hilfsmitteln

Ermitteln von Funktionen und deren Strukturen; Funktionsintegration Für die ausgewählte Idee werden die Anforderungen und Funktionen detailliert. Hierbei kommen auch methodische Hinweise zur Funktionsintegration (Tabelle 5.8) zum Einsatz. Für die multifunktionale Mittelkonsole werden Fest- und Wunschfunktionen in drei Kategorien festgelegt: Design/Mechanik/Technik, Funktionalisierung und Individualisierung.

Konzeptworkshop zur Anwendung von Methoden und Hilfsmitteln Das Konzipieren (Suchen nach Lösungsprinzipien und deren Strukturen) und die Evaluation zugehöriger DfAM-Methoden und -hilfsmittel stellt den Schwerpunkt dieses Anwendungsbeispiels dar. Wie in KUMKE ET AL. (2017) gezeigt [Kum17], wird hierfür ein großer Konzeptworkshop durchführt, in dem neben Lösungsprinzipien/-strukturen auch die Produktarchitektur und geeignete AM-Verfahren definiert werden.

Im Konzeptworkshop sollen folgende *Hypothesen* getestet werden:

* *Hypothese 1:* DfAM-Novizen und DfAM-Experten benötigen unterschiedliche Arten von Hilfsmitteln.

* *Hypothese 2:* Die in Kapitel 5 entwickelten DfAM-Methoden und -Hilfsmittel werden von Konstrukteuren geschätzt und unterstützen sie in ihrer Arbeit.

* *Hypothese 3:* Die Ergebnisqualität in Bezug auf Innovativität (Ausnutzung von Potenzialen) und Umsetzbarkeit (Einhaltung von Restriktionen) kann durch DfAM-Hilfsmittel verbessert werden.

Teams sind in der Praxis häufig heterogen besetzt: Ihre Mitglieder sind in Bezug auf DfAM-Wissen als Novizen oder Experten sowie auf Zwischenstufen einzuordnen. Um dennoch die Leistung von Novizen, die durch DfAM-Hilfsmittel unterstützt werden, zu bewerten und ihre spezifischen Bedürfnisse zu ermitteln (Hypothese 1), werden Experten und Novizen bei der Teamzusammenstellung getrennt (Tabelle 7.1). Um den Einfluss der DfAM-Hilfsmittel im Allgemeinen zu untersuchen (Hypothese 3), werden je ein Expertenteam mit und ohne Hilfsmittel gebildet. Die Zuordnung der Teilnehmer zu DfAM-Experten oder -Novizen basiert auf ihrer Selbsteinschätzung, die im Vorfeld abgefragt wurde.

Grundlage des Workshops ist die DfAM-angepasste Walt-Disney-Methode aus Abbildung 5.22. Teams A und B erhalten zusätzlich folgende DfAM-Hilfsmittel: Moodboards (Abbildung 5.18), die interaktive Potenzialsystematik (Abbildung 5.11), 3D-Anschauungsmodelle (Abbildungen 5.13 und 5.14) und die Checkliste der wichtigsten AM-Konstruktionsregeln (Abbildung 5.10). Alle Teilnehmer verfügen über eine Ingenieurausbildung mit unterschiedlichem Umfang an Berufserfahrung. Die drei Teams arbeiten in getrennten Räumen, um den Ideenaustausch zwischen den Teams zu verhindern. Der Workshop wird von zwei Moderatoren geleitet, die nicht zugleich Teil eines Teams sind.

Im Workshopverlauf entwickeln die Teams Lösungsansätze und technische Konzepte für die multifunktionale Mittelkonsole. Abbildung 7.9 enthält exemplarisch einige im Workshop erarbeitete Skizzen. Zur Ermittlung der Konzeptqualität werden die anonymisierten Ergebnisse im Nachgang von vier AM-Experten mit automobilem Vorwissen anhand folgender Kriterien bewertet: Erfüllungsgrad der Aufgabenstellung, Innovativität der Lösungen, Verträglichkeit der Lösungen untereinander, gezielte Ausnutzung von AM-Potenzialen, Einhaltung von AM-Konstruktionsregeln sowie Auswahl geeigneter AM-Verfahren. Die Kriterien folgen einer Skala von 0 Punkten (gering/schlecht) bis 3 Punkten (hoch/gut). Die in Abbildung 7.10 dargestellte Bewertung zeigt, dass die Ergebnisse der DfAM-Experten (Teams A und C)

Tabelle 7.1: Teamzusammenstellung für den DfAM-Konzeptworkshop

	DfAM-Experten	DfAM-Novizen
Mit DfAM-Hilfsmitteln	Team A	Team B
Ohne DfAM-Hilfsmittel	Team C	—

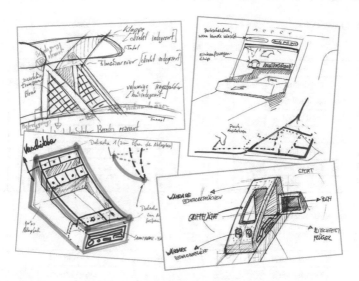

Abbildung 7.9: Exemplarische Skizzen aus dem DfAM-Konzeptworkshop [Kum17]

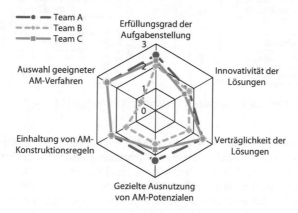

Abbildung 7.10: Expertenbewertung der Qualität der konzeptionellen Lösungen [Kum17]

signifikant besser bewertet werden als die der Novizen (Team B). Ferner erhält das Expertenteam mit DfAM-Hilfsmitteln (Team A) eine gleiche oder bessere Bewertung als das Expertenteam ohne DfAM-Hilfsmittel (Team C) für jedes Bewertungskriterium. Dennoch sind auch die Ergebnisse der Novizen in einigen Bereichen konkurrenzfähig, insbesondere hinsichtlich der Innovativität der Lösungen.

Direkt im Anschluss an den Workshop wird von den Teilnehmern ein Feedback zum allgemeinen Ablauf, zu den DfAM-Hilfsmitteln sowie zur Menge des bereitgestellten AM-Wissens

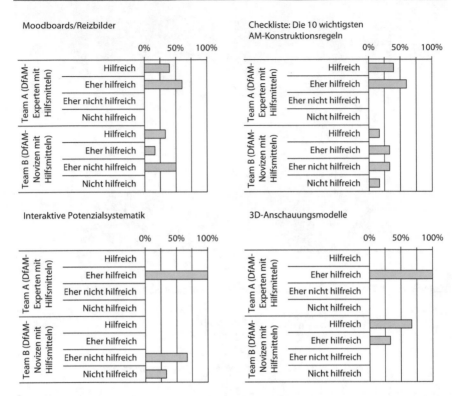

Abbildung 7.11: Feedback der Teilnehmer des Konzeptworkshops zu DfAM-Hilfsmitteln [Kum17]

abgefragt. Insgesamt wird der Workshop positiv bewertet: Es gibt keine wesentlichen Schwierigkeiten beim Verständnis seiner Struktur oder zwischenmenschliche Probleme, die die Ergebnisse potenziell verfälschen. Eine konzentrierte Arbeitsatmosphäre wird durch Moderatorbeobachtungen bestätigt. Die Walt-Disney-Methode wird allerdings unterschiedlich bewertet: Während einige Teilnehmer die Methode als sehr geeignet empfinden, lehnen andere sie vollständig ab. Diese Einschätzung weist jedoch keine Korrelation zu AM-Expertise, konstruktionsmethodischem Vorwissen oder Teamzugehörigkeit auf.

Methoden und Hilfsmittel werden in separaten Abschnitten des Feedbackbogens evaluiert. Wie in Abbildung 7.11 gezeigt, bestehen signifikante Unterschiede zwischen Team A und Team B in der Bewertung der DfAM-Hilfsmittel. Während die Experten jedes Hilfsmittel mindestens als „eher hilfreich" bewerten, empfinden die Novizen die detaillierteren Hilfsmittel für Konstruktionsregeln und -potenziale als „(eher) nicht hilfreich". Lediglich physische Modelle erhalten eine einheitlich positive Bewertung, insbesondere von Novizen.

Zur Menge des bereitgestellten AM-Wissens kann unter den Teilnehmern keine eindeutige Präferenz festgestellt werden (Abbildung 7.12). Während Novizen (Team B) die Menge als

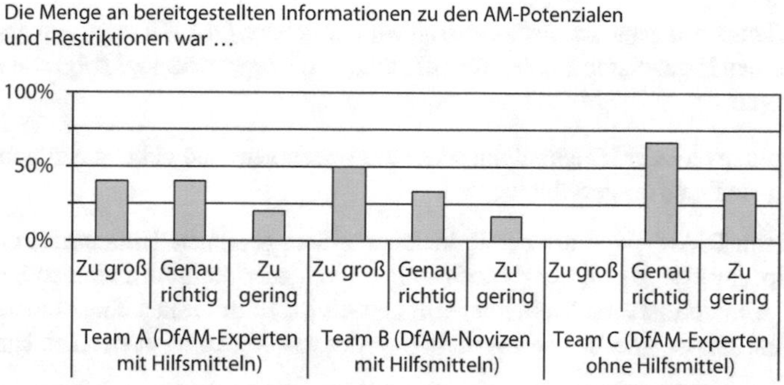

Die Menge an bereitgestellten Informationen zu den AM-Potenzialen
und -Restriktionen war ...

Abbildung 7.12: Feedback der Teilnehmer des Konzeptworkshops zur Menge des bereitgestellten AM-Wissens [Kum17]

eher zu hoch empfinden, bewerten selbst Teilnehmer, die gänzlich ohne Hilfsmittel arbeiten (Team C), die Wissensmenge mehrheitlich als „genau richtig".

Die Ergebnisse liefern neue Erkenntnisse zu DfAM-Methoden und -Hilfsmitteln. Insbesondere Experten befürworten alle Hilfsmittel, die als Anreicherung für Konstruktionsmethoden bereitgestellt werden. Im Gegensatz dazu scheinen die meisten Novizen durch detaillierte Hilfsmittel eher überfordert zu sein. Da einige von ihnen dennoch auch von Novizen positiv bewertet werden, hängt die Eignung von Hilfsmitteln nicht nur von der DfAM-Expertise ab, sondern wird auch maßgeblich von individuellen Präferenzen beeinflusst. Hypothese 1 wird daher bestätigt.

Die uneinheitliche Bewertung der Walt-Disney-Methode kann zum Teil dadurch begründet sein, dass ihre korrekte Anwendung einige Anstrengung erfordert, die einigen Teilnehmer zusätzlich zur Gewöhnung an die neuen DfAM-Hilfsmittel schwerfällt. Da dennoch jeder Teilnehmer zumindest ein Hilfsmittel positiv bewertet, kann Hypothese 2 teilweise bestätigt werden.

Aufgrund der verhältnismäßig guten Leistung des Novizenteams in einigen Bewertungskriterien und aufgrund der besseren Leistung des Expertenteams mit Hilfsmitteln kann Hypothese 3 bestätigt werden. Zwar können Hilfsmittel die Ergebnisqualität positiv beeinflussen; diese Erkenntnis ist jedoch aufgrund der kleinen Stichprobe und der potenziellen Dominanz einzelner Teammitglieder nicht notwendigerweise verallgemeinerbar. DfAM-Experten können auch ohne zusätzliche Hilfsmittel in der Lage sein, herstellbare Lösungen zu erarbeiten und geeignete AM-Prozesse auszuwählen. Daher sind weitere Studien zum detaillierten Test von Hypothese 3 erforderlich.

DfAM-Methoden sollten nicht um zu viele Informationen angereichert werden, insbesondere in zeitlich beschränkten Workshops, da dies vor allem bei Novizen zu einem Informationsüberfluss führen kann. Ferner vermisst selbst die Mehrheit von Team C DfAM-Hilfsmittel nicht. Physische 3D-Anschauungsmodelle werden jedoch gemeinhin begrüßt und sollten daher Teil von DfAM-Workshops sein.

Insgesamt können angepasste Methoden und Hilfsmittel den DfAM-Prozess unterstützen. Basierend auf den Ergebnissen werden für zukünftige Konzeptworkshops folgende Richtlinien vorgeschlagen:

*   Als Rahmenwerk zur Ideenfindung sollte eine geeignete und bekannte allgemeine Konstruktionsmethode ausgewählt werden.

*   Passend zur DfAM-Expertise der Teilnehmer sollten geeignete Hilfsmittel zur Potenzialausschöpfung ergänzt werden, jedoch sollten nicht zu viele Informationen bereitgestellt werden. Sinnvoll ist eine Vielfalt an Hilfsmitteln, z. B. mit unterschiedlichem Detaillierungsgrad, sodass jeder Teilnehmer sein bevorzugtes Werkzeug auswählen kann.

*   Detaillierte DfAM-Hilfsmittel sollten den Teilnehmern im Vorfeld zur Verfügung gestellt werden, sodass sie sich mit Struktur und Inhalten vertraut machen können.

*   Die Bildung gemischter Teams aus DfAM-Novizen und -Experten kann sinnvoll sein, da Novizen die Fertigkeiten der Experten zur Sicherstellung der Herstellbarkeit benötigen, Experten jedoch ihrerseits von der unvoreingenommenen Denkweise der Novizen für innovative Ideen profitieren können.

Folgeschritte zum Gestalten und Ausarbeiten   Das vielversprechendste Konzept wird im Anschluss an den Konzeptworkshop weiter detailliert. Der Gestaltungs- und Ausarbeitungsprozess unter Einsatz des Konstruktionsregelkatalogs (Abbildung 5.8) liegt außerhalb des Fokus dieses Anwendungsbeispiels. Der Vollständigkeit halber ist in Abbildung 7.13 die CAD-Geometrie einer Komponente der multifunktionalen Mittelkonsole dargestellt, die für das LS-Verfahren als einteilige konstruktive Lösung ausgelegt wird.

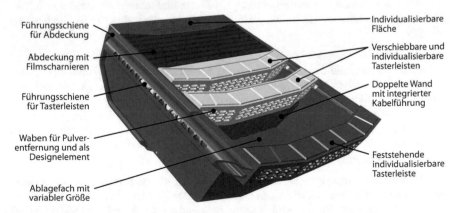

Abbildung 7.13: Konstruktionsstand einer exemplarischen Komponente der multifunktionalen Mittelkonsole

7.3 Evaluation des interaktiven Konstruktionskompendiums

Aufbau und Durchführung Das interaktive Konstruktionskompendium wird mithilfe einer unternehmensinternen Onlinebefragung evaluiert. Die Fragen zum Kompendium sind in eine allgemeine Befragung zum 3D-Druck-Wiki im Intranet (siehe Abbildung 6.1) eingebettet. Der kompendiumsspezifische Teil enthält Fragen zur Struktur, zu den Inhalten und zur (potenziellen) Nutzung des Kompendiums sowie zur Gesamtbewertung und Weiterempfehlung. Um die Ausfüllbarkeit zu erleichtern, basieren nahezu alle Fragen auf demselben Muster: Es wird die Zustimmung zu einer Aussage mithilfe einer vierteiligen Skala bewertet („stimme zu" – „stimme eher zu" – „stimme eher nicht zu" – „stimme nicht zu").

Alle zur Befragung Eingeladenen sind als AM-Anwender/-Interessenten registriert und kennen das 3D-Druck-Wiki und seine Bestandteile durch unternehmensinterne Informationsveranstaltungen mindestens in Grundzügen. Die Onlinebefragung läuft über einen Zeitraum von zwei Wochen. Insgesamt geben $N = 51$ Teilnehmer eine Rückmeldung. Abbildung 7.14 enthält Hintergrundinformationen zur Teilnehmerstruktur. Während der Großteil der Teilnehmer zumindest grundlegende AM-Kenntnisse hat, ist die Gruppe heterogen in Bezug auf Fachbereich und Vorkenntnisse in den Bereichen allgemeine und AM-gerechte Konstruktion, wobei der Anteil mit Konstruktionsexpertise überwiegt, sodass der Teilnehmerkreis zur Zielgruppe des Kompendiums passt.

Ergebnisse In der Befragung wird zu allen sechs Hauptkategorien des Konstruktionskompendiums, die in Abschnitt 6.3 vorgestellt wurden, um eine Bewertung von Struktur und Inhalten gebeten. Die Ergebnisse sind in Abbildung 7.15 dargestellt. Es ist eine sehr positive

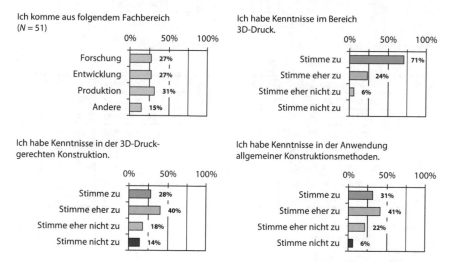

Abbildung 7.14: Hintergrundinformationen der Teilnehmer an der Befragung zum Konstruktionskompendium

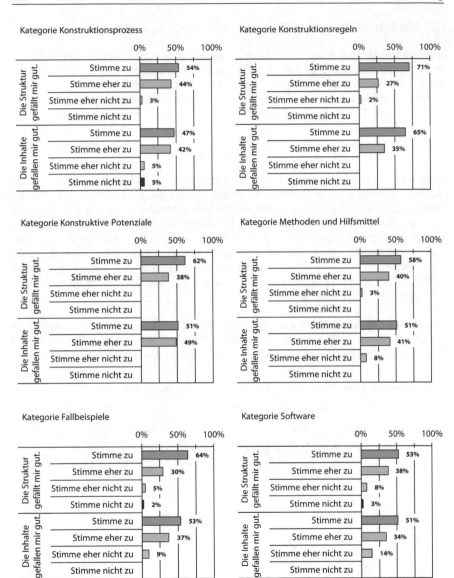

Abbildung 7.15: Bewertung von Struktur und Inhalten der einzelnen Bestandteile des Konstruktionskompendiums

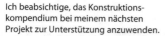

Abbildung 7.16: Bewertung zur Nutzung des Konstruktionskompendiums

Einschätzung zu erkennen: In sämtlichen Kategorien vergeben zwischen 47 und 71 % der Teilnehmer die Bestbewertung; der höchste Anteil (eher) negativer Bewertungen ist 14 % für die Inhalte in der Kategorie Software. Darüber hinaus lässt eine Detailauswertung erkennen, dass Teilnehmer mit DfAM-Vorkenntnissen tendenziell eine leicht bessere Bewertung vergeben als Teilnehmer ohne DfAM-Vorkenntnisse; ein eindeutiger Zusammenhang mit der DfAM-Expertise oder anderen charakteristischen Eigenschaften (z. B. Fachbereich) ist auch aufgrund der insgesamt guten Bewertung und der deutlich größeren Anzahl an Teilnehmern mit DfAM-Kenntnissen jedoch nicht festzustellen.

Ein differenzierteres Bild zeigt sich bei den Fragen zur Nutzung des Kompendiums in Abbildung 7.16. Der mit 76 % deutlich überwiegende Teil der Befragten kann sich einen Einsatz beim nächsten eigenen AM-Projekt vorstellen. Die Bereitschaft, im Sinne des Wiki-Konzepts selbst Inhalte zum Kompendium beizutragen, ist jedoch nur bei etwa der Hälfte der Teilnehmer gegeben.

Es wird gezielt abgefragt, inwiefern die Teilnehmer die Interessen ihres eigenen Fachbereichs berücksichtigt sehen (Abbildung 7.17). Hierfür ist die Quote der uneingeschränkten Zustimmung mit 17 bis 45 % geringer als bei der Einzelbewertung von Inhalten und Struktur. Für die im DfAM-Kontext hauptsächlich relevanten Fachbereiche Forschung, Entwicklung und Produktion ist jedoch auch die Ablehnungsquote mit maximal 14 % eher gering.

Die Auswertung der Fragen zur Weiterempfehlung und Gesamtbewertung in Abbildung 7.18 unterstreicht mit einer uneingeschränkten Weiterempfehlungsquote von 70 % und keiner einzigen Negativstimme bei der Gesamtbewertung die insgesamt äußerst positive Einschätzung der Teilnehmer.

Diskussion Die Teilnehmeranzahl mit $N = 51$ erscheint für eine erste Abschätzung als ausreichend. Die Zusammensetzung des Teilnehmerkreises hinsichtlich Fachbereich und Konstruktionsexpertise ist geeignet, um eine fachlich fundierte Einschätzung zu den Inhalten des Konstruktionskompendiums zu geben.

Durch die Ergebnisse der Befragung kann die Umsetzung der Konstruktionsmethodik als interaktives, Wiki-basiertes Kompendium als geeignet bestätigt werden. Insbesondere die hohe Weiterempfehlungsrate und die gute Gesamtbewertung zeigen die innerbetriebliche Akzeptanz des Kompendiums, die für seine dauerhafte Anwendung unverzichtbar ist. Ein Mehrwert

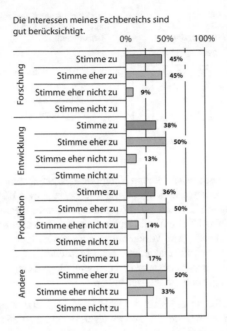

Abbildung 7.17: Bewertung der Berücksichtigung spezifischer Fachbereichsinteressen im Konstruktionskompendium

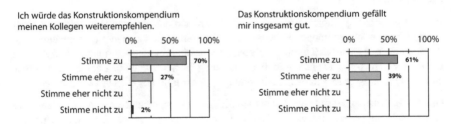

Abbildung 7.18: Weiterempfehlung und Gesamtbewertung des Konstruktionskompendiums

im industriellen Kontext ist somit eindeutig gegeben. Darüber hinaus wird gleichzeitig auch die Konstruktionsmethodik selbst, die größtenteils unmittelbar Einzug ins Kompendium gefunden hat, als inhaltlich sinnvoll bewertet.

Die im Vergleich zur sehr positiven Gesamtbewertung etwas schlechtere Einschätzung für einige Bereiche, z. B. zu den Inhalten in der Kategorie Software und zur Berücksichtigung fachbereichsspezifischer Interessen, zeigt den zukünftigen Bedarf für die inhaltliche Pflege und Erweiterung des Kompendiums sowie einer zunehmenden Anpassung an die Bedürfnisse einzelner Abteilungen. Insbesondere aufgrund der Umsetzung als Wiki ist die aktuelle Version jedoch nur eine Momentaufnahme, die durch Beiträge der Nutzer jederzeit aktualisiert werden kann. Da viele Nutzer hierfür eine Bereitschaft signalisieren, erscheint die Wiki-Lösung grundsätzlich geeignet; eine dedizierte Redaktion ist dennoch weiterhin erforderlich.

8 Schlussbetrachtungen

In diesem Kapitel werden die zentralen Ergebnisse der Arbeit zusammengefasst, gesamtheitlich diskutiert und hinsichtlich ihres Mehrwerts für Forschung und Praxis bewertet. Aus den Limitationen sowie den Schnittstellen zu angrenzenden Forschungsgebieten wird abschließend der weitere Forschungsbedarf abgeleitet.

8.1 Zusammenfassung und Diskussion

Die additive Fertigung bietet im Vergleich zu anderen Fertigungsverfahren neue Freiheiten in der Konstruktion. Eine unvollständige Definition, worin diese Freiheiten im Einzelnen bestehen, eine nur fragmentiert vorliegende Methodik zur Unterstützung einer angepassten Konstruktionsarbeit sowie fehlende Konzepte zur Bereitstellung der Konstruktionshinweise in der Praxis verhinderten jedoch bislang die vollständige Ausschöpfung. Die konstruktiven Potenziale additiver Fertigungsverfahren zur Produktoptimierung oder zur Kostenreduktion blieben daher mindestens teilweise ungenutzt. In dieser Arbeit wurde daher gemäß ihrem Ziel eine an die Besonderheiten additiver Fertigungsverfahren angepasste Konstruktionsmethodik entwickelt sowie eine Möglichkeit für den Transfer in die Praxis vorgestellt.

8.1.1 Ergebnisse vor dem Hintergrund der Forschungsfragen

Im Folgenden werden die erzielten Ergebnisse hinsichtlich ihres Beitrags zur Beantwortung der in Kapitel 1 gestellten Forschungsfragen bewertet.

Forschungsfrage 1 Um die Frage zu beantworten, worin die konstruktiven Potenziale additiver Fertigungsverfahren im Einzelnen bestehen, wurde in Kapitel 4 eine auf einer eingehenden Analyse fußende Systematik erarbeitet. Der Grundgedanke ist die Einteilung der Potenziale in konstruktive Freiheiten (Hebel) und durch ihren Einsatz realisierbare Mehrwerte (Nutzenversprechen) sowie eine trennscharfe Abgrenzung zwischen diesen beiden Gruppen.

Freiheiten bezeichnen konstruktive Lösungen oder Features, die mit additiven Fertigungsverfahren besonders gut umgesetzt werden können, wobei die grundlegenden konstruktiven Möglichkeiten über alle AM-Verfahrensvarianten weitgehend einheitlich sind (siehe Kapitel 2). Die Freiheiten können einerseits aus einem strukturierten Vergleich der Konstruktionsregeln anderer („konventioneller") und additiver Fertigungsverfahren ermittelt werden. In dieser Arbeit wurde dieser Vergleich für die verbreiteten Fertigungsverfahren Gießen, Tiefziehen/ Widerstandspunktschweißen und Fräsen durchgeführt. Andererseits können Freiheiten aus den inhärenten Merkmalen der additiven Fertigung abgeleitet werden, da die konstruktiven Möglichkeiten so weit über denen konventioneller Verfahren liegen, dass ein ausschließlicher Abgleich von Restriktionen bestimmte Freiheiten unaufgedeckt ließe. Auch diese Variante

© Springer Fachmedien Wiesbaden GmbH, ein Teil von Springer Nature 2018
M. Kumke, *Methodisches Konstruieren von additiv gefertigten Bauteilen*,
AutoUni – Schriftenreihe 124, https://doi.org/10.1007/978-3-658-22209-3_8

zum Auffinden konstruktiver Freiheiten wurde durchgeführt. Die aus der Literatur bekannte Einteilung der Freiheiten in die Kategorien Formkomplexität, hierarchische Komplexität, Materialkomplexität und funktionale Komplexität konnte deutlich konkretisiert werden, indem 22 spezifische Freiheiten definiert wurden. Als Besonderheit additiver Fertigungsverfahren wurde nicht zuletzt identifiziert, dass die Freiheiten aus mehreren Komplexitätskategorien in einem Bauteil miteinander kombiniert werden können, was in anderen Fertigungsverfahren nur selten möglich ist.

Im zweiten Schritt wurde analysiert, welche konkreten Nutzenversprechen sich durch den Einsatz der Freiheiten realisieren lassen. Sie eignen sich vornehmlich zur Generierung eines zusätzlichen oder höheren Produktnutzens (z. B. Ergonomieverbesserung) sowie zur Kostenreduktion (z. B. Entfall von Montagekosten), wobei innerhalb dieser Kategorien 27 Nutzenversprechen identifiziert wurden.

Indem sämtliche Freiheiten und Nutzenversprechen mithilfe einer Design Structure Matrix miteinander in Beziehung gesetzt wurden, konnten in Summe 290 Verknüpfungen ermittelt werden. Als anschauliche Darstellung der Systematik wurde ein Netzwerkdiagramm bestehend aus Knoten (Freiheiten und Nutzenversprechen) und Kanten (Beziehungen) erzeugt. Es ermöglicht seinen Anwendern, sowohl den konstruktiven Mehrwert einzelner Freiheiten zu verstehen (featureorientierter Zugriff) als auch für eine bestimmte Zielstellung geeignete Freiheiten zu identifizieren (zielorientierter Zugriff). Durch die umfassende Systematik der konstruktiven Potenziale additiver Fertigungsverfahren wurde somit nicht nur eine Antwort auf Forschungsfrage 1 gefunden, sondern auch ein vielseitig einsetzbares und erweiterbares Hilfsmittel erarbeitet.

Forschungsfrage 2   Als Antwort auf die Frage, inwiefern der Konstruktionsprozess an die Eigenschaften additiver Fertigungsverfahren anzupassen ist und welche Vorgehensweisen, Methoden und Hilfsmittel als Unterstützung dienen können, wurde in Kapitel 5 eine umfassende Konstruktionsmethodik für das Design for Additive Manufacturing entwickelt. Die eingehende Analyse bestehender Ansätze des allgemeinen und des DfAM-spezifischen Konstruierens in Kapitel 3 sowie der Besonderheiten additiver Fertigungsverfahren (Kapitel 2 und 4) zeigte, dass der gesamte methodische Konstruktionsprozess angepasst werden muss, existierende Ansätze jedoch in Bezug auf Vollständigkeit, Berücksichtigung geeigneter Methoden und Hilfsmittel sowie Flexibilität und Abstraktionsniveau noch nicht die Anforderungen an eine vollständige Konstruktionsmethodik erfüllten, die unter verschiedenen Rahmenbedingungen, für sämtliche Konstruktionsarten und für unterschiedliche Anwenderbedürfnisse geeignet ist. Diese Forschungslücke wurde durch die entwickelte Konstruktionsmethodik geschlossen.

Als Kern der Methodik wurde ein Vorgehensmodell erarbeitet, das auf der etablierten VDI-Richtlinie 2221 basiert. Seine Besonderheiten bestehen erstens in einer Betonung der konzeptionellen Phase zur Ausschöpfung der konstruktiven Potenziale, konkret im gezielten divergierenden Erweitern des Lösungsraums sowie einer Hervorhebung von Möglichkeiten zur Funktionsintegration und zur Produktarchitekturgestaltung. Zweitens wurde zwischen Konzept- und Entwurfsphase ein Entscheidungsknoten eingefügt, um die technischen und

wirtschaftlichen Möglichkeiten und Grenzen additiver Fertigungsverfahren gezielt zu berücksichtigen und geeignete AM-Bauteile eindeutig zu definieren. Drittens wurden Entwurfs-
und Ausarbeitungsphase speziell auf die für die additive Fertigung ausgewählten Bauteile
zugeschnitten, indem sowohl Optimierungsberechnungen als auch das restriktionengerechte
Konstruieren im Fokus stehen.

Zusätzlich zum Vorgehensmodell wurde ein detailliertes Konzept zur Integration von Konstruktionsmethoden und -hilfsmitteln entwickelt und umgesetzt. Durch eine kriterienbasierte
Analyse bestehender allgemeiner Methoden und Hilfsmittel wurden die im DfAM-Kontext
vielversprechendsten identifiziert, ausgewählt und für eine geeignete Integrationsart vorgeschlagen. Zusammen mit bereits existierenden DfAM-spezifischen Ansätzen wurde anschließend ein umfangreicher Methoden- und Hilfsmittelbaukasten erarbeitet. Für alle Methoden
wurden detaillierte Steckbriefe erstellt und geeignete Kombinationen mit Hilfsmitteln aufgezeigt, sodass sie in der praktischen Konstruktionsarbeit anwendbar werden. Die entwickelten
Methoden bestehen beispielsweise in angepassten Kreativitätstechniken, Strategien zur
Funktionsintegration, Vorgehensweisen zur Strukturoptimierung sowie allgemeinen Gestaltungsmethoden. Hilfsmittel dienen zur DfAM-spezifischen Erweiterung der Methoden
und umfassen unter anderem Checklisten, Konstruktionskataloge, interaktive Systeme und
Datenbanken sowie physische und digitale Anschauungsmodelle.

Alle Bestandteile der Methodik wurden in ein sogenanntes DfAM-Rahmenwerk integriert,
das nicht zuletzt ein umfassendes Nutzungskonzept zur situationsgerechten Anwendung der
Methodik sowie ein Konzept zur Erweiterung und Aktualisierung beinhaltet.

Die Methodik wurde in Kapitel 7 jeweils für eine Anpassungs- und für eine Neukonstruktion angewendet. Die qualitative und quantitative Auswertung in Bezug auf Ergebnisgüte
und Teilnehmerfeedback demonstrierte die Anwendbarkeit und den Mehrwert der neuen
Lösungsansätze. Als Antwort auf Forschungsfrage 2 wurde somit eine an additive Fertigungsverfahren angepasste Konstruktionsmethodik erarbeitet, die im Rahmen erster praktischer
Projekte validiert wurde.

Forschungsfrage 3 In Kapitel 6 wurde als praktische Umsetzung der Methodik ein interaktives Konstruktionskompendium erarbeitet, das den Transfer der Ergebnisse an interessierte
Anwender aus der Praxis ermöglicht. Aus den Anforderungen eines Großkonzerns hinsichtlich Wissensmanagement, Nutzerfreundlichkeit und Kosten-Nutzen-Verhältnis wurde
das Enterprise Wiki mit zusätzlichen Semantikfunktionen als geeignete technische Basis
identifiziert. Das Konstruktionskompendium ist in ein allgemeines Wiki zum Thema additive
Fertigung eingebettet und enthält sämtliche Bestandteile der entwickelten Konstruktionsmethodik. Durch die digitale Umsetzung und mithilfe der Semantikerweiterung konnte die
Anwenderfreundlichkeit für einige Elemente der Methodik erweitert werden, z. B. durch
Zusatzfunktionen zur Methoden- und Hilfsmittelauswahl. Auf Forschungsfrage 3 wurde folglich eine geeignete Antwort gefunden, da das interaktive Kompendium sich nicht nur bereits
im industriellen Einsatz befindet, sondern auch in einer umfangreichen Onlineevaluation
von seinen Nutzern insgesamt sehr positiv bewertet wurde (Kapitel 7), sodass Eignung und
Mehrwert als sichergestellt angesehen werden können.

8.1.2 Beitrag zur Theorie

Die in dieser Arbeit erzielten Ergebnisse leisten naturgemäß ihren primären Beitrag im theoretischen Bereich des Forschungsfelds Design for Additive Manufacturing. In Kapitel 3 wurde eine vollständige Literaturstudie für dieses Forschungsfeld durchführt und eine – bis dato noch nicht vorliegende – allgemeingültige Klassifikation der unterschiedlichen Ansätze entwickelt. Diese Klassifikation kann in der DfAM-Forschung zukünftig zur Einordnung neuer Arbeiten verwendet werden.

Durch die Analyse der konstruktiven Potenziale additiver Fertigungsverfahren in Kapitel 4 wurde eine umfassende Definition ihrer konkreten Ausprägungen erarbeitet. Anders als in den bekannten Forschungsansätzen wurden konstruktive Freiheiten erstmals systematisch durch einen Vergleich der Restriktionen additiver und anderer Fertigungsverfahren abgeleitet. Die Potenzialsystematik bestehend aus Hebeln und Nutzenversprechen sowie die Veranschaulichung durch ein Netzwerkdiagramm liefern die erforderliche Übersicht über die neuen Möglichkeiten der additiven Fertigung für die Konstruktion und sollten auch aufgrund ihrer einfachen Erweiterbarkeit den Ausgangspunkt aller weiteren Forschungsarbeiten im Gebiet des potenzialorientierten DfAM darstellen.

Nachdem die bestehende DfAM-Forschung weitgehend isolierte Ansätze hervorgebracht hatte, wurde durch die angepasste DfAM-Konstruktionsmethodik in Kapitel 5 in dieser Form erstmals die Verknüpfung zur klassischen Konstruktionsmethodik als natürliche gemeinsame Basis geschaffen. Durch das DfAM-Rahmenwerk und seine Bestandteile wurde somit nicht nur ein neues Konzept für das AM-spezifische Konstruieren für sämtliche Anwendungsfälle und unter sämtlichen Randbedingungen geschaffen, sondern auch eine Möglichkeit zur Einbindung bestehender DfAM-Ansätze gefunden, um ihre Stärken durch geeignete Schnittstellen tatsächlich auszunutzen.

Außerdem wurden verschiedene Möglichkeiten zur Nutzung von allgemeinen fertigungsverfahrenunabhängigen Konstruktionsmethoden und -hilfsmitteln aufgezeigt. Durch ihre Integration und DfAM-spezifische Anpassung wurde dieses Konzept in der Arbeit bereits zu großen Teilen umgesetzt, sodass ein umfangreicher Methoden- und Hilfsmittelbaukasten für das DfAM analog zur klassischen Konstruktionsmethodik entstanden ist. Das Integrationskonzept bietet wiederum die Basis für die zukünftige weitere Einbindung neuer Methoden und Hilfsmittel.

8.1.3 Beitrag zur Praxis

Die nur geringe Berücksichtigung von Praxisanforderungen in früheren DfAM-Ansätzen wurde als eine wesentliche Forschungslücke identifiziert, sodass die Anwendbarkeit in der industriellen Praxis in dieser Arbeit durchgängig als Leitgedanke zugrunde lag. Der konkret gelieferte Beitrag besteht zum einen in einer praxisnahen Aufbereitung der Forschungsergebnisse, zum anderen in der Wissensbereitstellung durch das interaktive Konstruktionskompendium.

In Kapitel 5 wurden alle DfAM-angepassten Methoden in Form von standardisierten Steckbriefen aufbereitet. Durch eine eindeutige und prägnante Beschreibung der Vorgehensweise mit Leitfadencharakter wird Konstrukteuren in der Praxis die Anwendung der Methoden erleichtert oder überhaupt erst ermöglicht. Durch den einheitlichen Aufbau sind die Methoden leicht zu erfassen und direkt miteinander vergleichbar. Ferner wurden Methoden häufig aus verschiedenen Quellen synthetisiert, sodass Anwender von der sinnvollen Kombination mehrerer ähnlicher Ansätze profitieren, ohne eine aufwendige eigene Einarbeitung in Kauf nehmen zu müssen. Die Methodensteckbriefe erweitern insofern nicht nur signifikant die DfAM-spezifische Forschung, sondern verbessern auch die praktische Anwendbarkeit klassischer Konstruktionsmethoden. Nicht zuletzt wurden für komplexe Konzepte stets praktisch anwendbare Umsetzungen erarbeitet, z. B. die interaktive HTML-Version der Potenzialsystematik.

Insbesondere wurde mit dem interaktiven Konstruktionskompendium in Kapitel 6 ein gezielter Beitrag zum Transfer der Ergebnisse in die Ingenieurspraxis geschaffen. Durch das Wiki-basierte System wird das DfAM-Wissen nicht nur allen Interessenten unkompliziert zugänglich gemacht, sondern auch Entwicklungsprozesse von vornherein gezielt schlank gehalten. In Summe trägt die vorliegende Arbeit dazu bei, das Konstruieren für additive Fertigungsverfahren in die industrielle Praxis einzuführen und die vielfältigen Potenziale für optimierte Produkte ganzheitlich auszuschöpfen.

8.1.4 Limitationen

Umfang und Gültigkeit Bei Konstruktionsmethodik handelt es sich traditionell um ein großes und vielfältiges Forschungsfeld. Eine Arbeit in diesem Bereich kann daher niemals den Anspruch einer Vollständigkeit erheben. Im Kontext der Ableitung der konstruktiven Potenziale additiver Fertigungsverfahren besteht eine mögliche Limitation darin, dass lediglich die Konstruktionsregeln einer Auswahl von konventionellen Fertigungsverfahren analysiert wurden. Zwar handelt es sich hierbei um die verbreitetsten Verfahren; die Untersuchung der Freiheiten und Restriktionen weiterer Verfahren kann dennoch zusätzliche Erkenntnisse zu den tatsächlichen Besonderheiten der additiven Fertigung liefern. Ähnliches gilt für neue oder in dieser Arbeit nur rudimentär betrachtete AM-Verfahren, die ebenfalls mit geänderten oder erweiterten konstruktiven Potenzialen einhergehen können.

Die angepasste DfAM-Konstruktionsmethodik wurde gezielt als möglichst umfassend und unter Berücksichtigung zahlreicher Konstruktionsarten und Randbedingungen entwickelt. Dennoch gilt sie primär für den klassischen Maschinenbau und potenziell weniger für die Entwicklung elektronischer oder mechatronischer Produkte. Darüber hinaus basiert die Methodik auf der klassischen Vorgehensweise aus VDI-Richtlinie 2221. Diese gilt zwar in Forschung und Praxis als anerkannt, wird jedoch aktuell erstmals seit dem Jahr 1993 einer umfassenden Überarbeitung unterzogen. Wenngleich die entwickelten DfAM-Methoden und -Hilfsmittel ihre Gültigkeit unabhängig von der Einbettung in eine Gesamtmethodik behalten, ist das Vorgehensmodell bei Bedarf sowohl an neue Richtlinien oder Forschungsergebnisse anzupassen als auch im industriellen Kontext unter Berücksichtigung unternehmensspezifischer Produktentstehungsprozesse zu modifizieren. Eine entsprechende Anpassung gilt auch für die praxisnahe Umsetzung der Methodik, da unter veränderten Rahmenbedingungen auch eine andere technische Basis sinnvoll und andere Inhalte opportun sein können.

Akzeptanz in der Ingenieurspraxis   Der Mehrwert von Methoden und Hilfsmitteln für das Konstruieren wird insbesondere in der Praxis teilweise kritisch gesehen. Dies gilt gleichermaßen für das DfAM, obwohl die Notwendigkeit eines Umdenkens vielfach erkannt wurde. Die entwickelten Methoden und Hilfsmittel wurden zwar im Rahmen der ersten Anwendungsstudien in Kapitel 7 weitgehend positiv aufgenommen und als hilfreich bewertet. Eine Skepsis gegenüber unkonventionellen Ansätzen bleibt dennoch häufig bestehen. Die Akzeptanz neuer Konstruktionsmethodiken hängt insgesamt maßgeblich von persönlichen Präferenzen und Vorerfahrungen der Anwender ab. In der Tat können die besten Methoden und Hilfsmittel die Kreativität und der Erfindergeist von Konstrukteuren bei der Lösungsfindung nur unterstützen und nicht ersetzen. Insofern bleibt es eine ingenieurmäßige Aufgabe, die konstruktiven Freiheiten additiver Fertigungsverfahren bestmöglich auszuschöpfen.

Validität   Wie in der Einführung von Kapitel 7 ausführlich beschrieben, ist die Validierung neuer Konstruktionsmethoden und -hilfsmittel seit jeher eine zentrale Herausforderung. Dies gilt uneingeschränkt auch für die Ergebnisse dieser Arbeit. Zum eindeutigen Nachweis der Validität ist einerseits der Umfang der Stichprobe zu erhöhen, andererseits sind weitere Tests in unterschiedlichen Szenarien erforderlich. Darüber hinaus konnten in den Beispielprojekten dieser Arbeit nicht sämtliche Methoden und Hilfsmittel angewendet werden, sodass weitere wissenschaftliche Studien zur Validierung aller Bestandteile der DfAM-Methodik erforderlich sind.

8.2 Ausblick auf weitere Forschungsarbeiten

Die Inhalte dieser Arbeit liefern Anknüpfungspunkte für zukünftige Forschungsarbeiten. Diese bestehen in einer unmittelbaren Aktualisierung, Erweiterung und Überprüfung der Konstruktionsmethodik, der Verknüpfung mit angrenzenden Forschungsgebieten sowie dem weiteren Transfer der Ergebnisse in die Praxis.

Aktualisierung, Erweiterung und Überprüfung   Vor dem Hintergrund der sich technologisch dynamisch weiterentwickelnden additiven Fertigungsverfahren und des aktiven Forschungsgebiets DfAM sind alle Bestandteile der entwickelten Konstruktionsmethodik stets auf Aktualität zu überprüfen. Gemäß dem in Abschnitt 5.6 gezeigten Konzept zur Aktualisierung sollte zukünftig der Einfluss sowohl neuer AM-Verfahren als auch neuer DfAM-Ansätze auf die Methodik bewertet werden. Darüber hinaus sollten Fortschritte im Bereich der allgemeinen Konstruktionsmethodik berücksichtigt werden, z. B. aus überarbeiteten Richtlinien.

Aus den im vorigen Abschnitt erläuterten Limitationen dieser Arbeit ergibt sich der konkrete Bedarf, gezielt die Freiheiten und Restriktionen weniger verbreiteter konventioneller Fertigungsverfahren zu untersuchen und den AM-spezifischen Möglichkeiten gegenüberzustellen, um die Systematik der konstruktiven Potenziale weiterzuentwickeln. Von einer Detaillierung profitieren auch weitere Hilfsmittel aus dieser Arbeit, z. B. die digitalen und physischen Anschauungsobjekte, bei denen es zudem lohnenswert erscheint, speziell auf die Freiheiten und Restriktionen einzelner AM-Verfahren ausgerichtete Objekte zu erzeugen.

Die kriterienbasierte Bewertung allgemeiner Konstruktionsmethoden in Abschnitt 5.3 bildet den Ausgangspunkt für die weiterhin erforderliche Forschung zu ihrer DfAM-spezifischen Auswahl und Anpassung. Zwar wurden im Rahmen dieser Arbeit bereits diverse DfAM-Umsetzungen ausgearbeitet, die Untersuchung weiterer als geeignet identifizierter Methoden erscheint dennoch sinnvoll.

Insbesondere angesichts der noch nicht vollständig durchgeführten Validierung aller Methodikbestandteile sind weitere Studien erforderlich. Darin sollten gezielt offene Fragestellungen aus Kapitel 7 untersucht werden, z. b. zur Notwendigkeit von Methoden und Hilfsmitteln für DfAM-Experten, zur spezifischen Unterstützung von Novizen, zur Eignung physischer Anschauungsmodelle sowie zum projektspezifischen Ablaufplan.

Verknüpfung mit angrenzenden Forschungsgebieten Ergänzend zur unmittelbaren Fortführung der Arbeit an der angepassten Konstruktionsmethodik ist es zielführend, DfAM langfristig nicht als das isolierte Konzept weiterzuentwickeln, als das es in der aktuellen Forschung häufig betrachtet wird. Die in dieser Arbeit vorgenommene Verknüpfung mit der allgemeinen Konstruktionsmethodik ist hierfür ein erster Schritt, der jedoch erweitert werden kann, wenn sämtliche andere Design-for-X-Ausprägungen mit DfAM verbunden werden. Interessante Ansatzpunkte für Forschungsvorhaben liefern beispielsweise das leichtbau- oder recyclinggerechte Gestalten.

Zur Etablierung der additiven Fertigung als gleichberechtigte Alternative im Fertigungsverfahrenportfolio sollte vermehrt Forschung im Bereich Verfahrensauswahl betrieben werden. Während bestehende DfAM-Ansätze die Auswahl häufig auf die verschiedenen AM-Arten beschränken, sollte zukünftig auf Basis des aus der prinzipiellen Phase resultierenden Lösungskonzepts kritisch hinterfragt werden, ob AM für die spezifische Anwendung tatsächlich das optimale Fertigungsverfahren darstellt. Zur Beantwortung dieser Fragestellung müssen neue Methoden und Hilfsmittel erarbeitet werden. Hierfür ist auch eine zunehmende Erweiterung des DfAM um Wirtschaftlichkeitsberechnungen erforderlich.

Darüber hinaus sollte der Fokus auch auf weniger naheliegende, aber durchaus verwandte Forschungsgebiete gelegt werden. Dies sind unter anderem Open Innovation, das Design Thinking, das Interactive Design und die verteilte Produktentwicklung sowie Aspekte der Teamarbeit. Nicht zuletzt ist vor allem die generative Gestaltung für eine Verknüpfung mit dem Design for Additive Manufacturing prädestiniert.

Weiterer Transfer in die Praxis Anknüpfend an die in dieser Arbeit vorgestellten Möglichkeiten zum Transfer der Ergebnisse in die Praxis sollten weitere Ansätze entwickelt werden. Die Einführung der additiven Fertigung im betrieblichen Kontext erfordert beispielsweise geeignete Schulungs- und Workshopkonzepte, die auf den theoretischen und praktischen Erkenntnissen dieser Arbeit aufbauen können. Dabei müssen auf Basis der Randbedingungen und Vorkenntnisse der Zielgruppe unter anderem die Methodenauswahl und die zeitliche Abfolge der Bereitstellung von Wissen und Hilfsmitteln betrachtet werden. Eine zunehmende Integration von DfAM-Wissen in spezialisierte Softwarelösungen und CAD-Umgebungen kann einen weiteren Beitrag zur Etablierung in der Praxis leisten, erfordert jedoch umfassende weitere Forschungsarbeit. Nicht zuletzt ist eine durch die additive Fertigung erforderliche Anpassung des organisationsspezifischen Produktentstehungsprozesses unter Berücksichtigung sämtlicher Stakeholder zu untersuchen.

Literaturverzeichnis

[Abe11] ABELE, E. und REINHART, G. (2011): *Zukunft der Produktion: Herausforderungen, Forschungsfelder, Chancen*, Hanser: München.

[Ach13] ACHLEITNER, A.; ANTONY, P.; ASCHER, F.; BERGER, E.; BURGERS, C.; DÖLLNER, G.; FRIEDRICH, J. K.-H.; FUTSCHIK, H. D.; GRUBER, M.; KIESGEN, G.; MOHRDIECK, C. H.; NOREIKAT, K. E.; SCHULZE, H.; WAGNER, M. und WÖHR, M. (2013): Formen und neue Konzepte. In: H.-H. Braess und U. Seiffert (Hrsg.): *Vieweg Handbuch Kraftfahrzeugtechnik*, Springer Vieweg: Wiesbaden, 7. Auflage, S. 119–219.

[Ach15] ACHILLAS, C.; AIDONIS, D.; IAKOVOU, E.; THYMIANIDIS, M. und TZETZIS, D. (2015): A methodological framework for the inclusion of modern additive manufacturing into the production portfolio of a focused factory. *Journal of Manufacturing Systems*, Vol. 37, Part 1, S. 328–339.

[Ada14] ADAM, G. A. O. und ZIMMER, D. (2014): Design for Additive Manufacturing— Element transitions and aggregated structures. *CIRP Journal of Manufacturing Science and Technology*, Vol. 7 Nr. 1, S. 20–28.

[Ada15a] ADAM, G. A. O. (2015): *Systematische Erarbeitung von Konstruktionsregeln für die additiven Fertigungsverfahren Lasersintern, Laserschmelzen und Fused Deposition Modeling*, Shaker: Aachen.

[Ada15b] ADAM, G. A. O. und ZIMMER, D. (2015): On design for additive manufacturing: evaluating geometrical limitations. *Rapid Prototyping Journal*, Vol. 21 Nr. 6, S. 662–670.

[Ado13] ADOMEIT, P.; BAAR, R.; BECK, M.; BÖNNEN, D.; DORENKAMP, R.; DRESCHER, I.; GREINER, J.; GUMPOLTSBERGER, G.; HEINL, E.; JEAN, E.; KURZ, G.; LANZER, H.; PECNIK, H.; PINGEN, B.; PISCHINGER, F.; SASSE, C.; SCHINDLER, K.-P.; SPINDLER, K. und STEINEL, K. (2013): Antriebe. In: H.-H. Braess und U. Seiffert (Hrsg.): *Vieweg Handbuch Kraftfahrzeugtechnik*, Springer Vieweg: Wiesbaden, 7. Auflage, S. 221–496.

[AK08] AUMUND-KOPP, C. und PETZOLDT, F. (2008): Laser sintering of parts with complex internal structures, In: R. Lawcock (Hrsg.): *Proceedings of the 2008 World Congress on Powder Metallurgy & Particulate Materials*, Vol. 1, Parts 1–3, Fraunhofer IFAM: Washington D.C., S. 3-85–97.

[AK13] AUMUND-KOPP, C.; ISAZA, J. und PETZOLDT, F. (2013): Komplexität und Funktion – Chancen additiver Fertigung, In: *Rapid.Tech*, Fraunhofer IFAM: Erfurt.

© Springer Fachmedien Wiesbaden GmbH, ein Teil von Springer Nature 2018
M. Kumke, *Methodisches Konstruieren von additiv gefertigten Bauteilen*,
AutoUni – Schriftenreihe 124, https://doi.org/10.1007/978-3-658-22209-3

[Alb05] ALBERS, A.; BURKARDT, N.; DEIGENDESCH, T. und MARZ, J. (2005): Micro-specific design for tool-based micromachining, In: *AEDS Workshop*, Pilsen, CZ.

[Alt14] ALTMANN, O. (2014): Schmelzkerntechnik. In: A. Bührig-Polaczek; W. Michaeli und G. Spur (Hrsg.): *Handbuch Urformen*, Hanser: München, S. 872–876.

[Anc10] ANCAU, M. und CAIZAR, C. (2010): The computation of Pareto-optimal set in multicriterial optimization of rapid prototyping processes. *Computers & Industrial Engineering*, Vol. 58 Nr. 4, S. 696–708.

[And85] ANDREASEN, M. M.; KÄHLER, S. und LUND, T. (1985): *Montagegerechtes Konstruieren*, Springer: Berlin Heidelberg.

[And15] ANDREASEN, M. M.; HANSEN, C. T. und CASH, P. (2015): *Conceptual Design: Interpretations, Mindset and Models*, Springer: Cham Heidelberg New York Dordrecht London.

[Are13] AREMU, A.; ASHCROFT, I.; WILDMAN, R.; HAGUE, R.; TUCK, C. und BRACKETT, D. (2013): The effects of bidirectional evolutionary structural optimization parameters on an industrial designed component for additive manufacture. *Proceedings of the Institution of Mechanical Engineers, Part B: Journal of Engineering Manufacture*, Vol. 227 Nr. 6, S. 794–807.

[Ari12] ARIADI, Y.; CAMPBELL, R. I.; EVANS, M. A. und GRAHAM, I. J. (2012): Combining Additive Manufacturing with Computer Aided Consumer Design, In: *Solid Freeform Fabrication Symposium*, S. 238–249, URL: https://sffsymposium.engr. utexas.edu/Manuscripts/2012/2012-17-Ariadi.pdf, letzter Abruf: 30.05.2017.

[AST12] ASTM (2012): ASTM F2792 – 12a: Standard Terminology for Additive Manufacturing Technologies, ASTM International, , West Conshohocken, PA.

[Atz10] ATZENI, E.; IULIANO, L.; MINETOLA, P. und SALMI, A. (2010): Redesign and cost estimation of rapid manufactured plastic parts. *Rapid Prototyping Journal*, Vol. 16 Nr. 5, S. 308–317.

[Atz12] ATZENI, E. und SALMI, A. (2012): Economics of additive manufacturing for end-usable metal parts. *The International Journal of Advanced Manufacturing Technology*, Vol. 62 Nr. 9–12, S. 1147–1155.

[Bal06] BALDICK, R. (2006): *Applied Optimization: Formulation and Algorithms for Engineering Systems*, Cambridge University Press: Cambridge.

[Bal13] BALDINGER, M.; LEUTENECKER, B. und RIPPEL, M. (2013): Strategische Relevanz generativer Fertigungsverfahren. *Industrie Management*, Vol. 29 Nr. 2, S. 11–14.

[Bas09] BASTIAN, M.; HEYMANN, S. und JACOMY, M. (2009): Gephi: An Open Source Software for Exploring and Manipulating Networks, In: *International AAAI Conference on Weblogs and Social Media*, San Jose, CA, S. 361–362, URL:

http://www.aaai.org/ocs/index.php/ICWSM/09/paper/view/154, letzter Abruf: 30.05.2017.

[Bau09] BAUER, S. (2009): *Entwicklung eines Werkzeugs zur Unterstützung multikriterieller Entscheidungen im Kontext des Design for X*, VDI-Verlag: Düsseldorf.

[Bau11] BAUMERS, M.; TUCK, C. und HAGUE, R. (2011): Realised levels of geometric complexity in additive manufacturing. *International Journal of Product Development*, Vol. 13 Nr. 3, S. 222–244.

[Bau12] BAUMERS, M.; TUCK, C.; WILDMAN, R.; ASHCROFT, I.; ROSAMOND, E. und HAGUE, R. (2012): Combined Build-Time, Energy Consumption and Cost Estimation for Direct Metal Laser Sintering, In: *Solid Freeform Fabrication Symposium*, University of Texas: Austin, TX, S. 932–944, URL: https://sffsymposium.engr.utexas.edu/Manuscripts/2012/2012-71-Baumers.pdf, letzter Abruf: 30.05.2017.

[Bau16] BAUMERS, M.; DICKENS, P.; TUCK, C. und HAGUE, R. (2016): The cost of additive manufacturing: machine productivity, economies of scale and technology-push. *Technological Forecasting & Social Change*, Vol. 102, S. 193–201.

[Bav16] BAVENDIEK, A.-K.; INKERMANN, D. und VIETOR, T. (2016): Teaching Design Methods with the Interactive 'Methodos' Portal, In: D. Marjanovic; M. Storga; N. Pavkovic; N. Bojcetic und S. Skec (Hrsg.): *Proceedings of the DESIGN 2016 14th International Design Conference*, S. 2049–2058.

[BDG10] BDG (BUNDESVERBAND DER DEUTSCHEN GIESSEREI-INDUSTRIE) (2010): Sand- und -Kokillenguss aus Aluminium: Technische Richtlinien, URL: http://www.kug.bdguss.de/fileadmin/content/Publikationen-Normen-Richtlinien/buecher/Sand-_und_Kokillenguss_aus_Aluminium.pdf, letzter Abruf: 30.05.2017.

[BDG11] BDG (BUNDESVERBAND DER DEUTSCHEN GIESSEREI-INDUSTRIE) (2011): Guss aus Kupfer und Kupferlegierungen: Technische Richtlinien, URL: http://www.bdguss.de/fileadmin/content_bdguss/BDG-Service/Infothek/Broschueren/Guss_aus_Kupfer_und_Kupferlegierungen.pdf, letzter Abruf: 30.05.2017.

[Bec05] BECKER, R.; GRZESIAK, A. und HENNING, A. (2005): Rethink assembly design. *Assembly Automation*, Vol. 25 Nr. 4, S. 262–266.

[Ben04] BENDSØE, M. P. und SIGMUND, O. (2004): *Topology Optimization: Theory, Methods, and Applications*, 2. Auflage, Springer: Berlin Heidelberg.

[Ber12] BERMAN, B. (2012): 3-D printing: The new industrial revolution. *Business Horizons*, Vol. 55 Nr. 2, S. 155–162.

[Ber13] BERGER, U.; HARTMANN, A. und SCHMID, D. (2013): *Additive Fertigungsverfahren: Rapid Prototyping, Rapid Tooling, Rapid Manufacturing*, Europa-Lehrmittel: Haan-Gruiten.

[Bey13] BEYER, C. und KOCHAN, D. (2013): Innovationspotenzial der Generativen Ferti-
         gung. In: J. Feldhusen und K.-H. Grote (Hrsg.): *Pahl/Beitz Konstruktionslehre:
         Methoden und Anwendung erfolgreicher Produktentwicklung*, Springer Vieweg:
         Berlin Heidelberg, 8. Auflage, S. 48–99.

[Bey14] BEYER, C. (2014): Strategic Implications of Current Trends in Additive Man-
         ufacturing. *Journal of Manufacturing Science and Engineering*, Vol. 136 Nr. 6,
         S. 064701-1–8.

[Bib99] BIBB, R.; TAHA, Z.; BROWN, R. und WRIGHT, D. (1999): Development of a
         rapid prototyping design advice system. *Journal of Intelligent Manufacturing*,
         Vol. 10 Nr. 3–4, S. 331–339.

[Bir05] BIRKHOFER, H.; JÄNSCH, J. und KLOBERDANZ, H. (2005): An extensive and
         detailed view of the application of design methods and methodology in industry,
         In: *International Conference on Engineering Design (ICED 05)*, Melbourne.

[Bir11a] BIRKHOFER, H. (2011): *The Future of Design Methodology*, Springer: London.

[Bir11b] BIRKHOFER, H. (2011): Introduction. In: H. Birkhofer (Hrsg.): *The Future of
         Design Methodology*, Springer: London, S. 1–18.

[Bir13] BIRKERT, A.; HAAGE, S. und STRAUB, M. (2013): *Umformtechnische Herstel-
         lung komplexer Karosserieteile: Auslegung von Ziehanlagen*, Springer Vieweg:
         Berlin Heidelberg.

[BM11]   BIN MAIDIN, S. (2011): *Development of a Design Feature Database to Support
         Design for Additive Manufacturing (DfAM)*, Dissertation, Loughborough Univer-
         sity, URL: https://dspace.lboro.ac.uk/2134/9111, letzter Abruf: 30.05.2017.

[BM12]   BIN MAIDIN, S.; CAMPBELL, I. und PEI, E. (2012): Development of a design fea-
         ture database to support design for additive manufacturing. *Assembly Automation*,
         Vol. 32 Nr. 3, S. 235–244.

[Bod96] BODE, E. (1996): *Konstruktions-Atlas: Werkstoff- und verfahrensgerecht konstru-
         ieren*, 6. Auflage, Hoppenstedt: Darmstadt.

[Boo94] BOOTHROYD, G. (1994): Product design for manufacture and assembly.
         Computer-Aided Design, Vol. 26 Nr. 7, S. 505–520.

[Boo96] BOOTHROYD, G. (1996): Design For Manufacture And Assembly: The
         Boothroyd-Dewhurst Experience. In: G. Q. Huang (Hrsg.): *Design for X: Con-
         current engineering imperatives*, Springer: Dondrecht, S. 19–40.

[Boo11] BOOTHROYD, G.; DEWHURST, P. und KNIGHT, W. A. (2011): *Product Design
         for Manufacture and Assembly*, 3. Auflage, CRC Press: Boca Raton, FL.

[Boo13] BOOTZ, A.; FISCHER, G.; GRUBER, S.; HOHENÖCKER, O.; KIRCHER, O.; LAUTERBACH, M.; MIKLIS, M.; MÜLLER, R.; NIKLAS, J.; OCVIRK, N.; PAULY, A.; REMFREY, J.; RIEGER, H.; SAGAN, E.; SCHWARZ, M.; SEETHALER, L.; THOMAS, U. und VOLK, H. (2013): Fahrwerk. In: H.-H. Braess und U. Seiffert (Hrsg.): *Vieweg Handbuch Kraftfahrzeugtechnik*, Springer Vieweg: Wiesbaden, 7. Auflage, S. 631–832.

[Boo16] BOOTH, J. W.; ALPEROVICH, J.; REID, T. N. und RAMANI, K. (2016): The Design for Additive Manufacturing Worksheet, In: *Proceedings of the ASME 2016 International Design Engineering Technical Conference & Computers and Information in Engineering Conference (IDETC/CIE 2016)*, Charlotte, North Carolina, USA.

[Boy13] BOYARD, N.; RIVETTE, M.; CHRISTMANN, O. und RICHIR, S. (2013): A design methodology for parts using additive manufacturing, In: *International Conference on Advanced Research in Virtual and Rapid Prototyping*, Leiria, Portugal.

[BP14] BÜHRIG-POLACZEK, A.; MICHAELI, W. und SPUR, G. (2014): *Handbuch Urformen*, Hanser: München.

[Bra85] BRAESS, H.-H.; STRICKER, R. und BALDAUF, H. (1985): Methodik und Anwendung eines parametrischen Fahrzeugauslegungsmodells. *Automobil-Industrie*, Vol. 5, S. 627–637.

[Bra99] BRALLA, J. G. (1999): *Design for Manufacturability Handbook*, 2. Auflage, McGraw-Hill: New York u. a.

[Bra05] BRAUN, T. E. (2005): *Methodische Unterstützung der strategischen Produktplanung in einem mittelständisch geprägten Umfeld*, Dr. Hut: München.

[Bra10] BRADSHAW, S.; BOWYER, A. und HAUFE, P. (2010): The Intellectual Property Implications of Low-Cost 3D Printing. *ScriptEd*, Vol. 7 Nr. 1, S. 5–31.

[Bra13a] BRAESS, H.-H.; BREITLING, T.; EHLERS, C.; GRAWUNDER, N.; HACKENBERG, U.; LISKOWSKY, V. und WIDMANN, U. (2013): Produktentstehungsprozess. In: H.-H. Braess und U. Seiffert (Hrsg.): *Vieweg Handbuch Kraftfahrzeugtechnik*, Springer Vieweg: Wiesbaden, 7. Auflage, S. 1133–1219.

[Bra13b] BRAESS, H.-H.; GOSSMANN, H.; HAMM, L.; HERPEL, T.; KONORSA, R.; LACHMAYER, R.; LAUKART, G.; NEUKIRCHNER, E. P.; PECHO, W.; PEITZ, V.; STAUBER, R.; TESKE, L.; THOMER, K. W.; TIMM, H.; VORBERG, T.; WAGNER, P.-O. und WAWZYNIAK, M. (2013): Aufbau. In: H.-H. Braess und U. Seiffert (Hrsg.): *Vieweg Handbuch Kraftfahrzeugtechnik*, Springer Vieweg: Wiesbaden, 7. Auflage, S. 497–630.

[Bre13] BREUNINGER, J.; BECKER, R.; WOLF, A.; ROMMEL, S. und VERL, A. (2013): *Generative Fertigung mit Kunststoffen: Konzeption und Konstruktion für Selektives Lasersintern*, Springer: Berlin Heidelberg.

[Bro01] BROWNING, T. R. (2001): Applying the Design Structure Matrix to System Decomposition and Integration Problems: A Review and New Directions. *IEEE Transactions on Engineering Management*, Vol. 48 Nr. 3, S. 292–306.

[Bru08] BRUNNER, A. (2008): *Kreativer denken: Konzepte und Methoden von A–Z*, Oldenbourg: München.

[BS11] BADKE-SCHAUB, P.; DAALHUIZEN, J. und ROOZENBURG, N. (2011): Towards a Designer-Centred Methodology: Descriptive Considerations and Prescriptive Reflections. In: H. Birkhofer (Hrsg.): *The Future of Design Methodology*, Springer: London, S. 181–197.

[Buc11] BUCHBINDER, D.; SCHLEIFENBAUM, H.; HEIDRICH, S.; MEINERS, W. und BÜLTMANN, J. (2011): High Power Selective Laser Melting (HP SLM) of Aluminum Parts. *Physics Procedia*, Vol. 12, Part A, S. 271–278.

[Bur05] BURTON, M. J. (2005): *Design for rapid manufacture: developing an appropriate knowledge transfer tool for industrial designers*, Dissertation, Loughborough University, URL: https://dspace.lboro.ac.uk/dspace-jspui/bitstream/2134/7748/3/Thesis-2005-Burton.pdf, letzter Abruf: 30.05.2017.

[Byu05] BYUN, H. S. und LEE, K. H. (2005): A decision support system for the selection of a rapid prototyping process using the modified TOPSIS method. *The International Journal of Advanced Manufacturing Technology*, Vol. 26 Nr. 11–12, S. 1338–1347.

[Cal12] CALÌ, J.; CALIAN, D. A.; AMATI, C.; KLEINBERGER, R.; STEED, A.; KAUTZ, J. und WEYRICH, T. (2012): 3D-Printing of Non-Assembly, Articulated Models. *ACM Transactions on Graphics (TOG)*, Vol. 31 Nr. 6, S. 130:1–8.

[Cal14] CALIGNANO, F.; MANFREDI, D.; AMBROSIO, E. P.; BIAMINO, S.; PAVESE, M. und FINO, P. (2014): Direct fabrication of joints based on direct metal laser sintering in aluminum and titanium alloys. *Procedia CIRP*, Vol. 21, S. 129–132.

[Cam96] CAMPBELL, R. I. und BERNIE, M. R. N. (1996): Creating a database of rapid prototyping system capabilities. *Journal of Materials Processing Technology*, Vol. 61 Nr. 1–2, S. 163–167.

[Cam11] CAMPBELL, T.; WILLIAMS, C.; IVANOVA, O. und GARRETT, B. (2011): Could 3D Printing Change the World? Technologies, Potential, and Implications of Additive Manufacturing, Atlantic Council, URL: http://www.atlanticcouncil.org/images/files/publication_pdfs/403/101711_ACUS_3DPrinting.PDF, letzter Abruf: 30.05.2017.

[Cam13] CAMPBELL, R. I.; JEE, H. und KIM, Y. S. (2013): Adding product value through additive manufacturing, In: U. Lindemann (Hrsg.): *ICED 13: 19th International Conference on Engineering Design. Proceedings Volume DS 75-4. Design for Harmonies: Volume 4: Product, Service and Systems Design*, S. 259–268.

[Cha13] CHANG, P. S. und ROSEN, D. W. (2013): The size matching and scaling method: a synthesis method for the design of mesoscale cellular structures. *International Journal of Computer Integrated Manufacturing*, Vol. 26 Nr. 10, S. 907–927.

[Chu15] CHUA, C. K. und LEONG, K. F. (2015): *3D Printing and Additive Manufacturing: Principles and Applications*, 4. Auflage, World Scientific Publishing: Singapore.

[Cic11] CICHA, K.; LI, Z.; STADLMANN, K.; OVSIANIKOV, A.; MARKUT-KOHL, R.; LISKA, R. und STAMPFL, J. (2011): Evaluation of 3D structures fabricated with two-photon-photopolymerization by using FTIR spectroscopy. *Journal of Applied Physics*, Vol. 110 Nr. 6, S. 064911.

[Cla92] CLARK, K. B. und FUJIMOTO, T. (1992): *Automobilentwicklung mit System: Strategie, Organisation und Management in Europa, Japan und USA*, Campus: Frankfurt/Main.

[Con14] CONNER, B. P.; MANOGHARAN, G. P.; MARTOF, A. N.; RODOMSKY, L. M.; RODOMSKY, C. M.; JORDAN, D. C. und LIMPEROS, J. W. (2014): Making sense of 3-D printing: Creating a map of additive manufacturing products and services. *Additive Manufacturing*, Vol. 1–4, S. 64–76.

[Cro00] CROSS, N. (2000): *Engineering Design Methods: Strategies for Product Design*, 3. Auflage, Wiley: Chichester.

[Cud15] CUDOK, A.; HASENPUSCH, J.; INKERMANN, D. und VIETOR, T. (2015): Vorstellung einer Methodik zur Identifikation von Bauteilen mit Potential zur Gestaltung in Hybridbauweise, In: *26. DfX-Symposium*.

[Dan07] DANILOVIC, M. und BROWNING, T. R. (2007): Managing complex product development projects with design structure matrices and domain mapping matrices. *International Journal of Project Management*, Vol. 25 Nr. 3, S. 300–314.

[Dav12] DAVIES, G. (2012): *Materials for Automobile Bodies*, Butterworth-Heinemann: Oxford.

[Dea10] DEAN, B. und BHUSHAN, B. (2010): Shark-skin surfaces for fluid-drag reduction in turbulent flow: a review. *Philosophical Transactions of the Royal Society*, Vol. 368, S. 4775–4806.

[Deh13] DEHOFF, R.; DUTY, C.; PETER, W.; YAMAMOTO, Y.; CHEN, W.; BLUE, C. und TALLMAN, C. (2013): Case Study: Additive Manufacturing of Aerospace Brackets. *Advanced Materials & Processes*, Vol. 171 Nr. 3, S. 19–22.

[Dew89] DEWHURST, P. und BLUM, C. (1989): Supporting Analyses for the Economic Assessment of Diecasting in Product Design. *Annals of the CIRP*, Vol. 38 Nr. 1, S. 161–164.

[Düh08] DÜHRING, M. B.; JENSEN, J. S. und SIGMUND, O. (2008): Acoustic design by topology optimization. *Journal of Sound and Vibration*, Vol. 317 Nr. 3–5, S. 557–575.

[Die10] DIEGEL, O.; SINGAMNENI, S.; REAY, S. und WITHELL, A. (2010): Tools for Sustainable Product Design: Additive Manufacturing. *Journal of Sustainable Development*, Vol. 3 Nr. 3, S. 68–75.

[Die11] DIETRICH, S. (2011): *Modularisierung und Funktionsintegration am Beispiel der Automobilkarosserie*, Dr. Hut: München.

[DIN03a] DIN (2003): Fertigungsverfahren: Begriffe, Einteilung (DIN 8580), Deutsches Institut für Normung.

[DIN03b] DIN (2003): Fertigungsverfahren Spanen – Teil 3: Fräsen – Einordnung, Unterteilung, Begriffe (DIN 8589-3), Deutsches Institut für Normung.

[DIN03c] DIN (2003): Fertigungsverfahren Zugdruckumformen – Teil 3: Tiefziehen – Einordnung, Unterteilung, Begriffe (DIN 8584-3), Deutsches Institut für Normung.

[DL02] DE LAURENTIS, K. J.; KONG, F. F. und MAVROIDIS, C. (2002): Procedure for Rapid Fabrication of Non-Assembly Mechanisms With Embedded Components, In: *ASME 2002 International Design Engineering Technical Conferences and Computers and Information in Engineering Conference, Volume 5: 27th Biennial Mechanisms and Robotics Conference*, S. 1239–1245.

[Dou12] DOUBROVSKI, E. L.; VERLINDEN, J. C. und HORVATH, I. (2012): First Steps Towards Collaboratively Edited Design for Additive Manufacturing Knowledge, In: *Solid Freeform Fabrication Symposium*, Austin, TX, S. 891–901, URL: http://sffsymposium.engr.utexas.edu/Manuscripts/2012/2012-68-Doubrovski.pdf, letzter Abruf: 30.05.2017.

[Dud17] DUDEN (2017): Wörterbuch Duden online, URL: http://www.duden.de/woerterbuch, letzter Abruf: 30.05.2017.

[DVS16] DVS (2016): Widerstandspunktschweißen von Stählen bis 3 mm Einzeldicke – Konstruktion und Berechnung, Deutscher Verband für Schweißen und verwandte Verfahren, Merkblatt DVS 2902-3.

[ED13] ECKL-DORNA, W. (2013): Wie 3D-Drucker ganze Branchen verändern können. *manager magazin*, URL: http://www.manager-magazin.de/unternehmen/it/a-900285.html, letzter Abruf: 30.05.2017.

[Egg13] EGGERS, U.; FURRER, P.; MÜLLER, A.; MÜTZE, S.; GEFFERT, A.; KRÖFF, A.; KOPP, G.; SCHÖNEBURG, R.; SCHERZER, D.; HAHN, O.; JANZEN, V.; MESCHUT, G.; OLFERMANN, T.; SÜLLENTROP, S.; GADOW, R. und GAUL, L. (2013): Werkstoff- und Halbzeugtechnologien für Leichtbau-Anwendungen. In: H. E. Friedrich (Hrsg.): *Leichtbau in der Fahrzeugtechnik*, Springer Vieweg: Wiesbaden, S. 443–726.

[Ehr85] EHRLENSPIEL, K. (1985): *Kostengünstig Konstruieren: Kostenwissen, Kosteneinflüsse, Kostensenkung*, Springer: Berlin/Heidelberg.

[Ehr13] EHRLENSPIEL, K. und MEERKAMM, H. (2013): *Integrierte Produktentwicklung: Denkabläufe, Methodeneinsatz, Zusammenarbeit*, 5. Auflage, Hanser: München Wien.

[Ehr14] EHRLENSPIEL, K.; KIEWERT, A.; LINDEMANN, U. und MÖRTL, M. (2014): *Kostengünstig Entwickeln und Konstruieren: Kostenmanagement bei der integrierten Produktentwicklung*, 7. Auflage, Springer Vieweg: Berlin Heidelberg.

[ElM12] ELMARAGHY, W.; ELMARAGHY, H.; TOMIYAMA, T. und MONOSTORI, L. (2012): Complexity in engineering design and manufacturing. *CIRP Annals – Manufacturing Technology*, Vol. 61, S. 793–814.

[Emm11a] EMMELMANN, C.; SANDER, P.; KRANZ, J. und WYCISK, E. (2011): Laser Additive Manufacturing and Bionics: Redefining Lightweight Design. *Physics Procedia*, Vol. 12, Part A, S. 364–368.

[Emm11b] EMMELMANN, C.; SCHEINEMANN, P.; MUNSCH, M. und SEYDA, V. (2011): Laser Additive Manufacturing of Modified Implant Surfaces with Osseointegrative Characteristics. *Physics Procedia*, Vol. 12, S. 375–384.

[Emm13a] EMMELMANN, C.; HERZOG, D.; KRANZ, J.; KLAHN, C. und MUNSCH, M. (2013): Manufacturing for Design: Laseradditive Fertigung ermöglicht neuartige Funktionsbauteile. *Industrie Management*, Vol. 29 Nr. 2, S. 58–62.

[Emm13b] EMMELMANN, C.; KRANZ, J.; HERZOG, D. und WYCISK, E. (2013): Laser Additive Manufacturing of Metals. In: V. Schmidt und M. R. Belegratis (Hrsg.): *Laser Technology in Biomimetics: Basics and Applications*, Springer: Berlin Heidelberg, S. 143–162.

[Epp01] EPPINGER, S. D. (2001): Innovation at the Speed of Information. *Harvard Business Review*, Vol. 79 Nr. 1, S. 149–158.

[Ers99] ERSOY, M. (1999): Konstruktionsmethodik für die Automobilindustrie. In: H.-J. Franke; T. Krusche und M. Mette (Hrsg.): *Konstruktionsmethodik – Quo vadis? Symposium anlässlich des 80. Geburtstags von Professor Dr.-Ing. Karlheinz Roth*, Shaker: Aachen, S. 91–104.

[Ers13a] ERSOY, M. (2013): Fahrwerkentwicklung. In: B. Heißing; M. Ersoy und S. Gies (Hrsg.): *Fahrwerkhandbuch: Grundlagen, Fahrdynamik, Komponenten, Systeme, Mechatronik, Perspektiven*, Springer Vieweg: Wiesbaden, 4. Auflage, S. 504–542.

[Ers13b] ERSOY, M. (2013): Radführung. In: B. Heißing; M. Ersoy und S. Gies (Hrsg.): *Fahrwerkhandbuch: Grundlagen, Fahrdynamik, Komponenten, Systeme, Mechatronik, Perspektiven*, Springer Vieweg: Wiesbaden, 4. Auflage, S. 327–366.

[Eye10] EYERS, D. und DOTCHEV, K. (2010): Technology review for mass customisation using rapid manufacturing. *Assembly Automation*, Vol. 30 Nr. 1, S. 39–46.

[Fah11] FAHRENWALDT, H. J. und SCHULER, V. (2011): *Praxiswissen Schweißtechnik: Werkstoffe, Prozesse, Fertigung*, 4. Auflage, Vieweg + Teubner: Wiesbaden.

[Fel13a] FELDHUSEN, J. und GROTE, K.-H. (2013): Die Hauptarbeitsschritte des Gestaltungsprozesses. In: J. Feldhusen und K.-H. Grote (Hrsg.): *Pahl/Beitz Konstruktionslehre: Methoden und Anwendung erfolgreicher Produktentwicklung*, Springer Vieweg: Berlin Heidelberg, 8. Auflage, S. 465–477.

[Fel13b] FELDHUSEN, J. und GROTE, K.-H. (2013): Grundsätzliche Arbeitstechniken beim Entwickeln und Konstruieren. In: J. Feldhusen und K.-H. Grote (Hrsg.): *Pahl/Beitz Konstruktionslehre: Methoden und Anwendung erfolgreicher Produktentwicklung*, Springer Vieweg: Berlin Heidelberg, 8. Auflage, S. 284–291.

[Fel13c] FELDHUSEN, J.; GROTE, K.-H.; GÖPFERT, J. und TRETOW, G. (2013): Technische Systeme. In: J. Feldhusen und K.-H. Grote (Hrsg.): *Pahl/Beitz Konstruktionslehre: Methoden und Anwendung erfolgreicher Produktentwicklung*, Springer Vieweg: Berlin Heidelberg, 8. Auflage, S. 237–279.

[Fel13d] FELDHUSEN, J.; GROTE, K.-H.; KOCHAN, D.; BEYER, C.; VAJNA, S.; LASHIN, G.; KAUF, F.; GAUB, H.; SCHACHT, M. und ERK, P. (2013): Die PEP-begleitenden Prozesse. In: J. Feldhusen und K.-H. Grote (Hrsg.): *Pahl/Beitz Konstruktionslehre: Methoden und Anwendung erfolgreicher Produktentwicklung*, Springer Vieweg: Berlin Heidelberg, 8. Auflage, S. 25–236.

[Fel13e] FELDHUSEN, J.; GROTE, K.-H.; NAGARAJAH, A.; PAHL, G.; BEITZ, W. und WARTZACK, S. (2013): Vorgehen bei einzelnen Schritten des Produktentstehungsprozesses. In: J. Feldhusen und K.-H. Grote (Hrsg.): *Pahl/Beitz Konstruktionslehre: Methoden und Anwendung erfolgreicher Produktentwicklung*, Springer Vieweg: Berlin Heidelberg, 8. Auflage, S. 291–409.

[Fin89a] FINGER, S. und DIXON, J. R. (1989): A review of research in mechanical engineering design. Part I: Descriptive, prescriptive, and computer-based models of design processes. *Research in Engineering Design*, Vol. 1 Nr. 1, S. 51–67.

[Fin89b] FINGER, S. und DIXON, J. R. (1989): A review of research in mechanical engineering design. Part II: Representations, analysis, and design for the life cycle. *Research in Engineering Design*, Vol. 1 Nr. 2, S. 121–137.

[Fis15] FISCHER, A.; ROMMEL, S. und VERL, A. (2015): 3D Printed Objects and Components Enabling Next Generation of True Soft Robotics. In: A. Verl; A. Albu-Schäffer; O. Brock und A. Raatz (Hrsg.): *Soft Robotics: Transferring Theory to Application*, Springer: Berlin Heidelberg, S. 198–208.

[FKM15] FKM (2015): Konstruktionsrichtlinien, Finishing, Maschinenpark, Angebotserstellung, FKM, URL: http://fkm-lasersintering.de/images/pdfdaten/prospekte/FKM-Technikbroschuere.pdf, letzter Abruf: 30.05.2017.

[For13] FOROOHAR, R. und SAPORITO, B. (2013): Made in the U.S.A. *TIME*, URL: http://business.time.com/made-in-the-u-s-a/, letzter Abruf: 30.05.2017.

[Fra76] FRANKE, H.-J. (1976): *Untersuchungen zur Algorithmisierbarkeit des Konstruktionsprozesses*, VDI-Verlag: Düsseldorf.

[Fra04] FRANKE, H.-J. und DEIMEL, M. (2004): Selecting and Combining Methods for Complex Problem Solving within the Design Process, In: D. Marjanovic (Hrsg.): *Proceedings of DESIGN 2004, the 8th International Design Conference*, Dubrovnik, S. 213–218.

[Fra14] FRAZIER, W. E. (2014): Metal Additive Manufacturing: A Review. *Journal of Materials Engineering and Performance*, Vol. 23 Nr. 6, S. 1917–1928.

[Fre06] FREY, D. D. und DYM, C. L. (2006): Validation of design methods: lessons from medicine. *Research in Engineering Design*, Vol. 17, S. 45–57.

[Fri12] FRITZ, A. H. und SCHULZE, G. (2012): *Fertigungstechnik*, 10. Auflage, Springer Vieweg: Berlin Heidelberg.

[Fri15] FRITSCHE, H.; FERRARIO, F.; KOCH, R.; KRUSCHKE, B.; PAHL, U.; PFLUEGER, S.; GROHE, A.; GRIES, W.; EIBL, F.; KOHL, S. und DOBLER, M. (2015): Direct diode lasers and their advantages for materials processing and other applications, In: *Proceedings SPIE 9356*, High-Power Laser Materials Processing: Lasers, Beam Delivery, Diagnostics, and Applications IV.

[Fu15] FU, K. K.; YANG, M. C. und WOOD, K. L. (2015): Design principles: the foundation of design, In: *Proceedings of the ASME 2015 International Design Engineering Technical Conferences & Computers and Information in Engineering Conference (IDETC/CIE 2015)*, Boston, MA.

[Fur14] FURIAN, R. (2014): *Wissensbasierte Softwareumgebung im Konstruktionsprozess*, Shaker: Aachen.

[Gai81] GAIROLA, A. (1981): *Montagegerechtes Konstruieren: Ein Beitrag zur Konstruktionsmethodik*, Dissertation, Technische Hochschule Darmstadt.

[Gao15] GAO, W.; ZHANG, Y.; RAMANUJAN, D.; RAMANI, K.; CHEN, Y.; WILLIAMS, C. B.; WANG, C. C.; SHIN, Y. C.; ZHANG, S. und ZAVATTIERI, P. D. (2015): The status, challenges, and future of additive manufacturing in engineering. *Computer-Aided Design*, Vol. 69, S. 65–89.

[Gar01] GARNER, S. und MCDONAGH-PHILP, D. (2001): Problem Interpretation and Resolution via Visual Stimuli: The Use of 'Mood Boards' in Design Education. *Journal of Art & Design Education*, Vol. 20 Nr. 1, S. 57–64.

[Gau13] GAUSEMEIER, J.; ECHTERHOFF, N. und WALL, M. (2013): Thinking ahead the Future of Additive Manufacturing – Part 3: Innovation Roadmapping of Required Advancements, Direct Manufacturing Research Center (DMRC), URL: https://dmrc.uni-paderborn.de/fileadmin/dmrc/06_Downloads/01_Studies/DMRC_Study_Part_3.pdf, letzter Abruf: 30.05.2017.

[Gau15] GAUB, H. (2015): Customization of mass-produced parts by combining injection molding and additive manufacturing with Industry 4.0 technologies. *Reinforced Plastics*.

[GE99] GE (1999): GE Engineering Thermoplastics Design Guide, General Electric.

[Geb13] GEBHARDT, A. (2013): *Generative Fertigungsverfahren: Additive Manufacturing und 3D Drucken für Prototyping - Tooling - Produktion*, 4. Auflage, Hanser: München.

[Geb14] GEBLER, M.; SCHOOT UITERKAMP, A. J. M. und VISSER, C. (2014): A global sustainability perspective on 3D printing technologies. *Energy Policy*, Vol. 74, S. 158–167.

[Gem15] GEMBARSKI, P. C. und LACHMAYER, R. (2015): Degrees of Customization and Sales Support Systems – Enablers to Sustainability in Mass Customization, In: *International Conference on Engineering Design, ICED15*.

[Gem16] GEMBARSKI, P. C. (2016): Das Potential der Produktindividualisierung. In: R. Lachmayer; R. B. Lippert und T. Fahlbusch (Hrsg.): *3D-Druck beleuchtet: Additive Manufacturing auf dem Weg in die Anwendung*, Springer: Berlin Heidelberg, S. 67–81.

[Ger71] GERBER, H. (1971): *Ein Beitrag zur Konstruktionsmethodik*, Dissertation, TU Braunschweig.

[Ger08] GERBER, G. F. und BARNARD, L. J. (2008): Designing for Laser Sintering. *Journal for New Generation Sciences*, Vol. 6 Nr. 2, S. 47–59.

[Gha12] GHAZY, M. M. (2012): *Development of an Additive Manufacturing Decision Support System (AMDSS)*, Dissertation, Newcastle University, URL: https://theses.ncl.ac.uk/dspace/bitstream/10443/1692/1/Ghazy%2012.pdf, letzter Abruf: 30.05.2017.

[Gib15] GIBSON, I.; ROSEN, D. W. und STUCKER, B. (2015): *Additive Manufacturing Technologies: 3D Printing, Rapid Prototyping and Direct Digital Manufacturing*, 2. Auflage, Springer: New York.

[Gän15] GÄNSICKE, T. und SANDIANO, J. F. (2015): Systematische Bewertung von Leichtbaupotenzialen in der Fahrzeugentwicklung. *Lightweight Design*, Nr. 2, S. 42–46.

[Gor15] GORDON, R. (2015): Trends in Commercial 3D Printing and Additive Manufacturing. *3D Printing and Additive Manufacturing*, Vol. 2 Nr. 2, S. 89–90.

[Gür16] GÜRTLER, M. R. (2016): *Situational Open Innovation Enabling Boundary-Spanning Collaboration in Small and Medium-sized Enterprises*, Dissertation, TU München, URL: https://mediatum.ub.tum.de/doc/1307361/document.pdf, letzter Abruf: 30.05.2017.

[Gra13] GRANER, M. (2013): *Der Einsatz von Methoden in Produktentwicklungsprojekten: Eine empirische Untersuchung der Rahmenbedingungen und Auswirkungen*, Springer Gabler: Wiesbaden.

[Gro03] GROHER, E. J. (2003): *Gestaltung der Integration von Lieferanten in den Produktentstehungsprozess*, TCW Transfer-Centrum: München.

[Gro13] GROTE, K.-H.; FELDHUSEN, J. und NEUDÖRFER, A. (2013): Grundregeln der Gestaltung. In: J. Feldhusen und K.-H. Grote (Hrsg.): *Pahl/Beitz Konstruktionslehre: Methoden und Anwendung erfolgreicher Produktentwicklung*, Springer Vieweg: Berlin Heidelberg, 8. Auflage, S. 493–537.

[Gru13] GRUBER, G.; KESTEL, P.; STAAB, A. und WARTZACK, S. (2013): Methodische Unterstützungsansätze für die Entwicklung additiv gefertigter Bauteile, In: *Rapid.Tech*, Erfurt.

[Gru15] GRUND, M. (2015): *Implementierung von schichtadditiven Fertigungsverfahren: Mit Fallbeispielen aus der Luftfahrtindustrie und Medizintechnik*, Springer Vieweg: Berlin Heidelberg.

[Grz11] GRZESIAK, A.; BECKER, R. und VERL, A. (2011): The Bionic Handling Assistant: a success story of additive manufacturing. *Assembly Automation*, Vol. 31 Nr. 4, S. 329–333.

[Gum08] GUMPINGER, T. und KRAUSE, D. (2008): Potenziale der Methode Funktionsintegration beim Leichtbau von Flugzeugküchen, In: *19. Symposium "Design for X"*.

[Guo13] GUO, N. und LEU, M. C. (2013): Additive manufacturing: technology, applications and research needs. *Frontiers of Mechanial Engineering*, Vol. 8 Nr. 3, S. 215–243.

[Hag03a] HAGUE, R.; CAMPBELL, I. und DICKENS, P. (2003): Implications on design of rapid manufacturing. *Proceedings of the Institute of Mechanical Engineers Part C: Journal of Mechnaical Engineering Science*, Vol. 217 Nr. 1, S. 25–30.

[Hag03b] HAGUE, R.; MANSOUR, S. und SALEH, N. (2003): Design opportunities with rapid manufacturing. *Assembly Automation*, Vol. 23 Nr. 4, S. 346–356.

[Hag04] HAGUE, R.; MASOOD, S. und SALEH, N. (2004): Material and design considerations for Rapid Manufacturing. *International Journal of Production Research*, Vol. 42 Nr. 22, S. 4691–4708.

[Hag13] HAGEDORN, Y. und WAGNER, J. (2013): Studie zum Entwicklungsstand und Forschungsschwerpunkt im Bereich des Selective Laser Meltings.

[Ham13] HAMM, L.; KRAUTKRÄMER, B.; MALIK, R.; PEITZ, V.; PLANK, R. und SOLFRANK, P. (2013): Werkstoffe und Fertigungsverfahren. In: H.-H. Braess und U. Seiffert (Hrsg.): *Vieweg Handbuch Kraftfahrzeugtechnik*, Springer Vieweg: Wiesbaden, 7. Auflage, S. 1039–1131.

[Han99] HANDFIELD, R. B.; RAGATZ, G. L.; PETERSEN, K. J. und MONCZKA, R. M. (1999): Involving Suppliers in New Product Development. *California Management Review*, Vol. 42 Nr. 1, S. 59–82.

[Her17] HERMLE (2017): Hermle MPA – Generativ fertigen, Hermle Maschinenbau,
         URL: http://www.hermle-generativ-fertigen.de, letzter Abruf: 30.05.2017.

[Hes12] HESSE, S. (2012): Montagegerechte Produktgestaltung. In: B. Lotter und H.-P.
         Wiendahl (Hrsg.): *Montage in der industriellen Produktion: Ein Handbuch für
         die Praxis*, Springer Vieweg: Berlin Heidelberg, 2. Auflage, S. 9–48.

[Hoc08] HOCHSCHULE BREMEN (2008): Design Guidelines for Rapid Prototyping: Kon-
         struktionsrichtlinie für ein fertigungsgerechtes Gestalten anhand des Fused Depo-
         sition Modeling mit Dimension SST 768.

[Hoe14] HOERBER, J.; GLASSCHROEDER, J.; PFEFFER, M.; SCHILP, J.; ZAEH, M. und
         FRANKE, J. (2014): Approaches for additive manufacturing of 3D electronic
         applications. *Procedia CIRP*, Vol. 17, S. 806–811.

[Hop03] HOPKINSON, N. und DICKENS, P. M. (2003): Analysis of rapid manufacturing—
         using layer manufacturing processes for production. *Proceedings of the Institute
         of Mechanical Engineers Part C: Journal of Mechnaical Engineering Science*,
         Vol. 217, S. 31–39.

[Hop06] HOPKINSON, N.; HAGUE, R. J. M. und DICKENS, P. M. (2006): *Rapid Manufac-
         turing: An Industrial Revolution for the Digital Age*, Wiley: Chichester.

[Hor04] HORVÁTH, I. (2004): A treatise on order in engineering design research. *Research
         in Engineering Design*, Vol. 15 Nr. 3, S. 155–181.

[Hua96a] HUANG, G. Q. (1996): Developing Design For X Tools. In: G. Q. Huang (Hrsg.):
         Design for X: Concurrent engineering imperatives, Springer: Dondrecht, S. 107–
         129.

[Hua96b] HUANG, G. Q. (1996): Implementing Design For X Tools. In: G. Q. Huang
         (Hrsg.): *Design for X: Concurrent engineering imperatives*, Springer: Dondrecht,
         S. 130–152.

[Hua96c] HUANG, G. Q. (1996): Introduction. In: G. Q. Huang (Hrsg.): *Design for X:
         Concurrent engineering imperatives*, Springer: Dondrecht, S. 1–17.

[Hua15] HUANG, Y.; LEU, M. C.; MAZUMDER, J. und DONMEZ, A. (2015): Additive
         Manufacturing: Current State, Future Potential, Gaps and Needs, and Recom-
         mendations. *Journal of Manufacturing Science and Engineering*, Vol. 137 Nr. 1,
         S. 014001-1–10.

[Iva14] IVANOV, T. und BOGNER, S. (2014): Feingussverfahren. In: A. Bührig-Polaczek;
         W. Michaeli und G. Spur (Hrsg.): *Handbuch Urformen*, Hanser: München, S. 229–
         236.

[Jos10] JOSHI, D. und RAVI, B. (2010): Quantifying the Shape Complexity of Cast Parts.
         Computer-Aided Design and Applications, Vol. 7 Nr. 5, S. 685–700.

[Kah14a] KAHN, R. (2014): Kokillengießverfahren. In: A. Bührig-Polaczek; W. Michaeli
         und G. Spur (Hrsg.): *Handbuch Urformen*, Hanser: München, S. 274–287.

[Kah14b] KAHN, R. (2014): Niederdruck-Gießverfahren. In: A. Bührig-Polaczek; W. Michaeli und G. Spur (Hrsg.): *Handbuch Urformen*, Hanser: München, S. 288–296.

[Kal12] KALWEIT, A.; PAUL, C.; PETERS, S. und WALLBAUM, R. (2012): *Handbuch für Technisches Produktdesign: Material und Fertigung, Entscheidungsgrundlagen für Designer und Ingenieure*, 2. Auflage, Springer: Berlin Heidelberg.

[Kam16] KAMPS, T.; GRALOW, M.; SEIDEL, C. und REINHART, G. (2016): Systematische Bionische Bauteilgestaltung zur Ausschöpfung des AM-Designpotenzials, In: W. Kniffka; M. Eichmann und G. Witt (Hrsg.): *Rapid.Tech – International Trade Show & Conference for Additive Manufacturing: Proceedings of the 13th Rapid.Tech Conference*, Hanser, S. 171–184.

[Kas00] KASCHKA, U. und AUERBACH, P. (2000): Selection and evaluation of rapid tooling process chains with Protool. *Rapid Prototyping Journal*, Vol. 6 Nr. 1, S. 60–66.

[Kat01] KATARIA, A. und ROSEN, D. W. (2001): Building around inserts: Methods for fabricating complex devices in stereolithography. *Rapid Prototyping Journal*, Vol. 7 Nr. 5, S. 253–261.

[Kaz12] KAZANAS, P.; DEHERKAR, P.; ALMEIDA, P.; LOCKETT, H. und WILLIAMS, S. (2012): Fabrication of geometrical features using wire and arc additive manufacture. *Proceedings of the Institution of Mechanical Engineers, Part B: Journal of Engineering Manufacture*.

[Ker10] KERBRAT, O.; MOGNOL, P. und HASCOET, J.-Y. (2010): Manufacturability analysis to combine additive and subtractive processes. *Rapid Prototyping Journal*, Vol. 16 Nr. 1, S. 63–72.

[Ker11] KERBRAT, O.; MOGNOL, P. und HASCOËT, J.-Y. (2011): A new DFM approach to combine machining and additive manufacturing. *Computers in Industry*, Vol. 62 Nr. 7, S. 684–692.

[Kes15] KESSLER, A. M. (2015): A 3-D Printed Car, Ready for the Road. *The New York Times*, URL: http://www.nytimes.com/2015/01/16/business/a-3-d-printed-car-ready-for-the-road.html, letzter Abruf: 30.05.2017.

[Köh14] KÖHLER, P.; WECKEND, F.; WITT, G.; MARTHA, A.; PAUL, L. und HOEREN, K. (2014): Wissensbasiertes Unterstützungssystem für Rapid Manufacturing gerechte 3D-CAD-CAM Prozesse, , Schlussbericht zum IGF-Vorhaben 424.

[Kir11] KIRCHNER, K. (2011): *Entwicklung eines Informationssystems für den effizienten Einsatz generativer Fertigungsverfahren im Produktentwicklungsprozess*, Dr. Hut: München, Dissertation TU Braunschweig.

[Kla14] KLAHN, C.; LEUTENECKER, B. und MEBOLDT, M. (2014): Design for Additive Manufacturing — Supporting the Substitution of Components in Series Products. *Procedia CIRP*, Vol. 21, S. 138–143.

[Kla15] KLAHN, C.; LEUTENECKER, B. und MEBOLDT, M. (2015): Design Strategies for the Process of Additive Manufacturing. *Procedia CIRP*, Vol. 36, S. 230–235.

[Kle13] KLEIN, B. (2013): *Leichtbau-Konstruktion: Berechnungsgrundlagen und Gestaltung*, 10. Auflage, Springer Vieweg: Wiesbaden.

[Kle14] KLEBA, I. (2014): Herstellung von Formteilen aus PUR. In: A. Bührig-Polaczek; W. Michaeli und G. Spur (Hrsg.): *Handbuch Urformen*, Hanser: München, S. 909–924.

[Klo06] KLOCKE, F. und KÖNIG, W. (2006): *Fertigungsverfahren 4: Umformen*, 5. Auflage, Springer: Berlin Heidelberg.

[Kna96] KNABE, E. (1996): Tailored Blanks mit umformtechnisch optimierten Schweißnähten, In: K. Siegert (Hrsg.): *Neuere Entwicklungen in der Blechumformung*, DGM: Oberursel.

[Kni91] KNIGHT, W. A. (1991): Design for Manufacture Analysis: Early Estimates of Tool Costs for Sintered Parts. *Annals of the CIRP*, Vol. 40 Nr. 1, S. 131–134.

[Kno16] KNOFIUS, N.; VAN DER HEIJDEN, M. C. und ZIJM, W. H. M. (2016): Selecting parts for additive manufacturing in service logistics. *Journal of Manufacturing Technology Management*, Vol. 27 Nr. 7, S. 915–931.

[Kol76] KOLLER, R. (1976): *Konstruktionsmethode für den Maschinen-, Geräte- und Apparatebau*, Springer: Berlin/Heidelberg.

[Kol98] KOLLER, R. (1998): *Konstruktionslehre für den Maschinenbau: Grundlagen zu Neu- und Weiterentwicklungen technischer Produkte mit Beispielen*, 4. Auflage, Springer: Berlin Heidelberg.

[Kra14] KRANZ, J. (2014): Methodik für die fertigungsgerechte Konstruktion von laseradditiv gefertigten bionischen Leichtbaustrukturen aus TiAl6V4, In: *Rapid.Tech*, Institut für Laser- und Anlagensystemtechnik (iLAS), TU Hamburg-Harburg: Erfurt.

[Kra15] KRANZ, J.; HERZOG, D. und EMMELMANN, C. (2015): Design guidelines for laser additive manufacturing of lightweight structures in TiAl6V4. *Journal of Laser Applications*, Vol. 27 Nr. S1, S. S14001-1–16.

[Kre14] KREMER, C. (2014): Pressen von faserverstärkten Kunststoffen. In: A. Bührig-Polaczek; W. Michaeli und G. Spur (Hrsg.): *Handbuch Urformen*, Hanser: München, S. 903–907.

[Kru91] KRUTH, J.-P. (1991): Material Incress Manufacturing by Rapid Prototyping Techniques. *{CIRP} Annals – Manufacturing Technology*, Vol. 40 Nr. 2, S. 603–614.

[Kuc12] KUCHENBUCH, K. (2012): *Methodik zur Identifikation und zum Entwurf packageoptimierter Elektrofahrzeuge*, Logos: Berlin.

[Kug09] KUGLER, H. (2009): *Umformtechnik: Umformen metallischer Konstruktions-werkstoffe*, Hanser: München.

[Kum10] KUMAR, S. (2010): Development of Functionally Graded Materials by Ultrasonic Consolidation. *CIRP Journal of Manufacturing Science and Technology*, Vol. 3 Nr. 1, S. 85–87.

[Kum16] KUMKE, M.; WATSCHKE, H. und VIETOR, T. (2016): A new methodological fra-mework for design for additive manufacturing. *Virtual and Physical Prototyping*, Vol. 11 Nr. 1, S. 3–19.

[Kum17] KUMKE, M.; WATSCHKE, H.; HARTOGH, P.; BAVENDIEK, A.-K. und VIETOR, T. (2017): Methods and tools for identifying and leveraging additive manufacturing design potentials. *International Journal on Interactive Design and Manufactur-ing*.

[Kur09] KURZ, U.; HINTZEN, H. und LAUFENBERG, H. (2009): *Konstruieren, Gestalten, Entwerfen: Ein Lehr- und Arbeitsbuch für das Studium der Konstruktionstechnik*, 4. Auflage, Vieweg + Teubner: Wiesbaden.

[Kus09] KUSHNARENKO, O. (2009): *Entscheidungsmethodik zur Anwendung generativer Verfahren für die Herstellung metallischer Endprodukte*, Shaker: Aachen.

[Lan16] LANGELAAR, M. (2016): Topology Optimization of 3D Self-Supporting Structu-res for Additive Manufacturing. *Additive Manufacturing*.

[Lav14] LAVERNE, F.; SEGONDS, F.; ANWER, N. und LE COQ, M. (2014): DfAM in the Design Process: A Proposal of Classification to Foster Early Design Stages, In: *Confere*, Sibenik, Croatia.

[Lav15] LAVERNE, F.; SEGONDS, F.; ANWER, N. und LE COQ, M. (2015): Assembly Based Methods to Support Product Innovation in Design for Additive Manu-facturing: An Exploratory Case Study. *Journal of Mechanical Design*, Vol. 137 Nr. 12, S. 121701-1–8.

[Lav16] LAVERNE, F.; SEGONDS, F.; D'ANTONIO, G. und LE COQ, M. (2016): Enriching design with X through tailored additive manufacturing knowledge: a methodolo-gical proposal. *International Journal on Interactive Design and Manufacturing*, S. 1–10.

[LBC13] LBC (2013): Additive Teilefertigung, LBC Engineering, URL: http://www. lbc-engineering.de/upload/lbc-engineering-bauteile-2013-12.pdf, letzter Abruf: 30.05.2017.

[Lea14] LEARY, M.; MERLI, L.; TORTI, F.; MAZUR, M. und BRANDT, M. (2014): Optimal topology for additive manufacture: A method for enabling additive manufacture of support-free optimal structures. *Materials & Design*, Vol. 63, S. 678–690.

[Lea16] LEARY, M.; MAZUR, M.; MCMILLAN, M.; CHIRENT, T.; SUN, Y.; QIAN, M.; EASTON, M. und BRANDT, M. (2016): Selective laser melting (SLM) of AlSi12Mg lattice structures. *Materials & Design*, Vol. 98, S. 344–357.

[Leh15] LEHMHUS, D.; WUEST, T.; WELLSANDT, S.; BOSSE, S.; KAIHARA, T.; THOBEN, K.-D. und BUSSE, M. (2015): Cloud-Based Automated Design and Additive Manufacturing: A Usage Data-Enabled Paradigm Shift. *Sensors*, Vol. 15 Nr. 12, S. 32079–32122.

[Leu13] LEUTENECKER, B.; LOHMEYER, Q. und MEBOLDT, M. (2013): Konstruieren mit generativen Fertigungsverfahren – Gestalterische Lösungen für die Substitution von Serienbauteilen. In: D. Krause; K. Paetzold und S. Wartzack (Hrsg.): *Design for X: Beiträge zum 24. DfX-Symposium*, TuTech: Hamburg, S. 97–106.

[Lie12] LIEWALD, M.; WAGNER, S.; BOLAY, C.; KRETH, U.; HOFFMANN, H.; DEMMEL, P. und NOTHHAFT, K. (2012): Tiefziehen. In: H. Hoffmann; R. Neugebauer und G. Spur (Hrsg.): *Handbuch Umformen*, Hanser: München, S. 444–528.

[Lie16] LIEBERWIRTH, C. und SEITZ, H. (2016): Additive Fertigung mit Metallspritzguss-Granulaten, In: W. Kniffka; M. Eichmann und G. Witt (Hrsg.): *Rapid.Tech – International Trade Show & Conference for Additive Manufacturing: Proceedings of the 13th Rapid.Tech Conference*, Hanser, S. 262–269.

[Lin09] LINDEMANN, U. (2009): *Methodische Entwicklung technischer Produkte: Methoden flexibel und situationsgerecht anwenden*, 3. Auflage, Springer: Berlin Heidelberg.

[Lin12] LINDEMANN, C.; JAHNKE, U.; MOI, M. und KOCH, R. (2012): Analyzing Product Lifecycle Costs for a Better Understanding of Cost Drivers in Additive Manufacturing, Direct Manufacturing Research Center (DMRC), S. 177–188.

[Lin13] LINDEMANN, C.; JAHNKE, U.; MOI, M. und KOCH, R. (2013): Impact and Influence Factors of Additive Manufacturing on Product Lifecycle Costs, Direct Manufacturing Research Center (DMRC), S. 998–1008.

[Lin15] LINDEMANN, C.; REIHER, T.; JAHNKE, U. und KOCH, R. (2015): Towards a sustainable and economic selection of part candidates for additive manufacturing. *Rapid Prototyping Journal*, Vol. 21 Nr. 2, S. 216–227.

[Lop12] LOPES, A. J.; MACDONALD, E. und WICKER, R. B. (2012): Integrating stereolithography and direct print technologies for 3D structural electronics fabrication. *Rapid Prototyping Journal*, Vol. 18 Nr. 2, S. 129–143.

[Mai12] MAIER, M.; SCHULZ, J. und THOBEN, K.-D. (2012): Verfahren zur funktionalen Ähnlichkeitssuche technischer Bauteile in 3D-Datenbanken. *Datenbank Spektrum*, Vol. 12, S. 131–140.

[Mai13] MAIER, M.; SIEGEL, D.; THOBEN, K.-D.; NIEBUHR, N. und HAMM, C. (2013): Transfer of Natural Micro Structures to Bionic Lightweight Design Proposals. *Journal of Bionic Engineering*, Vol. 10, S. 469–478.

[Man03] MANSOUR, S. und HAGUE, R. J. M. (2003): Impact of rapid manufacturing on design for manufacture for injection moulding. *Proceedings of the Institution of Mechanical Engineers, Part B: Journal of Engineering Manufacture*, Vol. 217 Nr. 4, S. 453–461.

[Man13a] MANNOOR, M. S.; JIANG, Z.; JAMES, T.; KONG, Y. L.; MALATESTA, K. A.; SOBOYEJO, W. O.; VERMA, N.; GRACIAS, D. H. und MCALPINE, M. C. (2013): 3D Printed Bionic Ears. *Nano Letters*, Vol. 13 Nr. 6, S. 2634–2639, PMID: 23635097.

[Man13b] MANYIKA, J.; CHUI, M.; BUGHIN, J.; DOBBS, R.; BISSON, P. und MARRS, A. (2013): Disruptive technologies: Advances that will transform life, business, and the global economy, McKinsey & Company, URL: http://www.mckinsey.com/insights/business_technology/disruptive_technologies, letzter Abruf: 30.05.2017.

[Man15] MANÇANARES, C. G.; DE S. ZANCUL, E.; DA SILVA, J. C. und MIGUEL, P. A. C. (2015): Additive manufacturing process selection based on parts' selection criteria. *International Journal of Advanced Manufacturing Technology*, Vol. 80, S. 1007–1014.

[Mar17] MARKETSANDMARKETS (2017): 3D Printing Market by Printer Type, Material Type (Metals, Plastics, Ceramics & Others), Material Form (Powder, Liquid, Filament), Process, Technology, Software, Service, Application, Vertical and Geography – Global Forecast to 2023, URL: http://www.marketsandmarkets.com/Market-Reports/3d-printing-market-1276.html, letzter Abruf: 21.08.2017.

[Mas02] MASOOD, S. H. und SOO, A. (2002): A rule based expert system for rapid prototyping system selection. *Robotics and Computer-Integrated Manufacturing*, Vol. 18 Nr. 3–4, S. 267–274.

[Mat57] MATOUSEK, R. (1957): *Konstruktionslehre des allgemeinen Maschinenbaues: ein Lehrbuch für angehende Konstrukteure unter besonderer Berücksichtigung des Leichtbaues*, Springer: Berlin.

[Mav01] MAVROIDIS, C.; DELAURENTIS, K. J.; WON, J. und ALAM, M. (2001): Fabrication of Non-Assembly Mechanisms and Robotic Systems Using Rapid Prototyping. *Journal of Mechanical Design*, Vol. 123, S. 516–524.

[May16] MAYER, D.; STOFFREGEN, H. A.; HEUSS, O.; THIEL, J.; ABELE, E. und MELZ, T. (2016): Additive manufacturing of active struts for piezoelectric shunt damping. *Journal of Intelligent Material Systems and Structures*, Vol. 27 Nr. 6, S. 743–754.

[McD04] MCDONAGH, D. und STORER, I. (2004): Mood Boards as a Design Catalyst and Resource: Researching an Under-Researched Area. *The Design Journal*, Vol. 7 Nr. 3, S. 16–31.

[McM11] MCMAHON, C. (2011): The Future of Design Research: Consolidation, Collabo-
         ration and Inter-Disciplinary Learning? In: H. Birkhofer (Hrsg.): *The Future of
         Design Methodology*, Springer: London, S. 275–284.

[Mee11] MEERKAMM, H. (2011): Methodology and Computer-Aided Tools – a Powerful
         Interaction for Product Development. In: H. Birkhofer (Hrsg.): *The Future of
         Design Methodology*, Springer: London, S. 55–65.

[Mee12] MEERKAMM, H.; WARTZACK, S.; BAUER, S.; KREHMER, H.; STOCKINGER,
         A. und WALTER, M. (2012): Design for X (DFX). In: F. Rieg und R. Steinhilper
         (Hrsg.): *Handbuch Konstruktion*, Hanser: München Wien, S. 445–462.

[Mei04] MEINDL, M. (2004): *Beitrag zur Entwicklung generativer Fertigungs-
         verfahren für das Rapid Manufacturing*, Dissertation, TU München,
         URL: http://www.iwb.tum.de/iwbmedia/Downloads/Publikationen/iwb_
         Forschungsberichte/Meindl.pdf, letzter Abruf: 30.05.2017.

[Mei15] MEISEL, N. und WILLIAMS, C. (2015): An Investigation of Key Design for Ad-
         ditive Manufacturing Constraints in Multi-Material 3D Printing. *ASME Journal
         of Mechanical Design*, Vol. 137 Nr. 11, S. 111406-1–9.

[Men07] MENGES, G.; MICHAELI, W. und MOHREN, P. (2007): *Spritzgießwerkzeuge:
         Auslegung, Bau, Anwendung*, 6. Auflage, Hanser: München.

[Mer12] MERKT, S.; HINKE, C.; SCHLEIFENBAUM, H. und VOSWINCKEL, H. (2012):
         Geometric complexity analysis in an Integrative Technology Evaluation Model
         (ITEM) for Selective Laser Melting (SLM). *South African Journal of Industrial
         Engineering*, Vol. 23 Nr. 2, S. 97–105.

[MGX17] MGX (2017): Website .MGX by Materialise, URL: http://mgxbymaterialise.com,
         letzter Abruf: 30.05.2017.

[Mic14] MICHAELI, W. und GRÖNLUND, O. (2014): Sonderwerkzeuge. In: A. Bührig-
         Polaczek; W. Michaeli und G. Spur (Hrsg.): *Handbuch Urformen*, Hanser: Mün-
         chen, S. 773–778.

[Mil89] MILES, B. L. (1989): Design for Assembly—A Key Element within Design for
         Manufacture. *Proceedings of the Institution of Mechanical Engineers, Part D:
         Journal of Automobile Engineering*, Vol. 203 Nr. 1, S. 29–38.

[Miy86] MIYAKAWA, S. und OHASHI, T. (1986): The Hitachi assemblability evaluation
         method (AEM), In: *Proceedings of the international conference on product design
         for assembly*, S. 15–17.

[Mol17] MOLLOY, M. (2017): This incredibly cheap house was 3D printed in just 24
         hours. *The Telegraph*, URL: http://www.telegraph.co.uk/technology/2017/03/03/
         incredibly-cheap-house-3d-printed-just-24-hours/, letzter Abruf: 30.05.2017.

[Mon00] MONCZKA, R. M.; HANDFIELD, R. B.; SCANNELL, T. V.; RAGATZ, G. L. und FRAYER, D. J. (2000): *New Product Development: Strategies for Supplier Integration*, American Society for Quality: Milwaukee.

[Mon15] MONZÓN, M.; ORTEGA, Z.; MARTÍNEZ, A. und ORTEGA, F. (2015): Standardization in additive manufacturing: activities carried out by international organizations and projects. *The International Journal of Advanced Manufacturing Technology*, Vol. 76 Nr. 5–8, S. 1111–1121.

[Mor12] MORITZER, E. (2012): Kunststoffgerechtes Konstruieren von Spritzgießbauteilen. In: F. Rieg und R. Steinhilper (Hrsg.): *Handbuch Konstruktion*, Hanser: München Wien, S. 33–43.

[Mun10] MUNGUÍA, J.; LLOVERAS, J.; LLORENS, S. und LAOUI, T. (2010): Development of an AI-based Rapid Manufacturing Advice System. *International Journal of Production Research*, Vol. 48 Nr. 8, S. 2261–2278.

[Mur10] MURR, L. E.; GAYTAN, S. M.; MEDINA, F.; MARTINEZ, E.; MARTINEZ, J. L.; HERNANDEZ, D. H.; MACHADO, B. I.; RAMIREZ, D. A. und WICKER, R. B. (2010): Characterization of Ti-6Al-4V open cellular foams fabricated by additive manufacturing using electron beam melting. *Materials Science and Engineering A*, S. 1861–1868.

[Mur14] MURPHY, S. V. und ATALA, A. (2014): 3D bioprinting of tissues and organs. *Nature Biotechnology*, Vol. 32 Nr. 8, S. 773–785.

[Nac10] NACHTIGALL, W. (2010): *Bionik als Wissenschaft: Erkennen → Abstrahieren → Umsetzen*, Springer: Berlin Heidelberg.

[Nag10] NAGEL, J. K. S. und LIOU, F. W. (2010): Designing a Modular Rapid Manufacturing Process. *Journal of Manufacturing Science and Engineering*, Vol. 132 Nr. 6, S. 061006-1–14.

[Nam11] NAMASIVAYAM, U. M. und SEEPERSAD, C. C. (2011): Topology design and freeform fabrication of deployable structures with lattice skins. *Rapid Prototyping Journal*, Vol. 17 Nr. 1, S. 5–16.

[Neh14] NEHUIS, F. (2014): *Methodische Unterstützung bei der Ermittlung von Anforderungen in der Produktentwicklung*, Dr. Hut: München.

[Ngu13] NGUYEN, J.; PARK, S.-i. und ROSEN, D. (2013): Heuristic Optimization Method for Cellular Structure Design of Light Weight Components. *International Journal of Precision Engineering and Manufacturing*, Vol. 14 Nr. 6, S. 1071–1078.

[Nie05] NIEMANN, G.; WINTER, H. und HÖHN, B.-R. (2005): *Maschinenelemente Band 1: Konstruktion und Berechnung von Verbindungen, Lagern, Wellen*, 4. Auflage, Springer: Berlin Heidelberg.

[Nor11] NORTH, K. (2011): *Wissensorientierte Unternehmensführung: Wertschöpfung durch Wissen*, 5. Auflage, Gabler: Wiesbaden.

[Oeh66] OEHLER, G. (1966): *Gestaltung gezogener Blechteile*, 2. Auflage, Springer: Berlin/Heidelberg.

[Oel15] OELLRICH, M. (2015): *Webbasierte Konstruktionsmethoden-Unterstützung in der frühen Phase der Produktentwicklung*, Shaker: Aachen.

[Oph05] OPHEY, L. (2005): *Entwicklungsmanagement: Methoden in der Produktentwicklung*, Springer: Berlin Heidelberg.

[Ost07] OSTERMANN, F. (2007): *Anwendungstechnologie Aluminium*, 2. Auflage, Springer: Berlin Heidelberg.

[Ott12] OTT, M. (2012): *Multimaterialverarbeitung bei der additiven strahl- und pulverbettbasierten Fertigung*, Dissertation, TU München.

[Pah07] PAHL, G.; BEITZ, W.; FELDHUSEN, J. und GROTE, K.-H. (2007): *Pahl/Beitz Konstruktionslehre: Grundlagen erfolgreicher Produktentwicklung Methoden und Anwendung*, 7. Auflage, Springer: Berlin Heidelberg.

[Pah13] PAHL, G.; BEITZ, W.; FELDHUSEN, J.; GROTE, K.-H.; HEUSEL, J.; BRONNHUBER, T.; HUFENBACH, W.; HELMS, O.; SCHLICK, C.; KLOCKE, F.; DILGER, K. und MÜLLER, R. (2013): Gestaltungsrichtlinien. In: J. Feldhusen und K.-H. Grote (Hrsg.): *Pahl/Beitz Konstruktionslehre: Methoden und Anwendung erfolgreicher Produktentwicklung*, Springer Vieweg: Berlin Heidelberg, 8. Auflage, S. 583–751.

[Pap15] PAPALAMBROS, P. Y. (2015): Design Science: Why, What and How. *Design Science*, Vol. 1, S. 1–38.

[Par13] PARTHEYMÜLLER, P. und PLANK, R. (2013): Radträger und Radlager. In: B. Heißing; M. Ersoy und S. Gies (Hrsg.): *Fahrwerkhandbuch: Grundlagen, Fahrdynamik, Komponenten, Systeme, Mechatronik, Perspektiven*, Springer Vieweg: Wiesbaden, 4. Auflage, S. 366–386.

[Pat07] PATTISON, J.; CELOTTO, S.; MORGAN, R.; BRAY, M. und O'NEILL, W. (2007): Cold gas dynamic manufacturing: A non-thermal approach to freeform fabrication. *International Journal of Machine Tools and Manufacture*, Vol. 47 Nr. 3, S. 627–634.

[Pet11] PETROVIC, V.; GONZALEZ, J. V. H.; FERRANDO, O. J.; GORDILLO, J. D.; PUCHADES, J. R. B. und GRIÑAN, L. P. (2011): Additive layered manufacturing: sectors of industrial application shown through case studies. *International Journal of Production Research*, Vol. 49 Nr. 4, S. 1061–1079.

[Pet12] PETROVIC, V.; HARO, J. V.; BLASCO, J. R. und PORTOLÉS, L. (2012): Additive Manufacturing Solutions for Improved Medical Implants. In: C. Lin (Hrsg.): *Biomedicine*, InTech, S. 147–180.

[Pet13] PETRICK, I. J. und SIMPSON, T. W. (2013): 3D Printing Disrupts Manufacturing. *Research-Technology Management*, S. 12–16.

[Pha03] PHAM, D. T. und DIMOV, S. S. (2003): Rapid prototyping and rapid tooling—the key enablers for rapid manufacturing. *Proceedings of the Institution of Mechanical Engineers, Part C: Journal of Mechanical Engineering Science*, Vol. 217 Nr. 1, S. 1–23.

[Pil15] PILLER, F. T.; WELLER, C. und KLEER, R. (2015): Business Models with Additive Manufacturing—Opportunities and Challenges from the Perspective of Economics and Management. In: C. Brecher (Hrsg.): *Advances in Production Technology*, Springer: Cham Heidelberg New York Dordrecht London, S. 39–48.

[Pip98] PIPPERT, H. (1998): *Karosserietechnik: Konstruktion und Berechnung (Omnibus, Lkw, Pkw)*, 3. Auflage, Vogel: Würzburg.

[Pol01] POLI, C. (2001): *Design for Manufacturing: A Structured Approach*, Butterworth-Heinemann: Boston.

[Pol14] POLZIN, H. (2014): Rapid Prototyping mit Formstoffen. In: A. Bührig-Polaczek; W. Michaeli und G. Spur (Hrsg.): *Handbuch Urformen*, Hanser: München, S. 237–244.

[Pon06] PONN, J. und LINDEMANN, U. (2006): CiDaD – A method portal for product development, In: *International Design Conference – DESIGN 2006*, Dubrovnik, Croatia.

[Pon07] PONN, J. C. (2007): *Situative Unterstützung der methodischen Konzeptentwicklung technischer Produkte*, Dr. Hut: München.

[Pon11] PONN, J. und LINDEMANN, U. (2011): *Konzeptentwicklung und Gestaltung technischer Produkte: Systematisch von Anforderungen zu Konzepten und Gestaltlösungen*, 2. Auflage, Springer: Berlin Heidelberg.

[Pon12] PONCHE, R.; HASCOET, J. Y.; KERBRAT, O. und MOGNOL, P. F. (2012): A new global approach to design for additive manufacturing. *Virtual and Physical Prototyping*, Vol. 7 Nr. 2, S. 93–105.

[Pon14] PONCHE, R.; KERBRAT, O.; MOGNOL, P. und HASCOET, J.-Y. (2014): A novel methodology of design for Additive Manufacturing applied to Additive Laser Manufacturing process. *Robotics and Computer-Integrated Manufacturing*, Vol. 30 Nr. 4, S. 389–398.

[Pop15] POPRAWE, R.; HINKE, C.; MEINERS, W.; SCHRAGE, J.; BREMEN, S. und MERKT, S. (2015): SLM Production Systems: Recent Developments in Process Development, Machine Concepts and Component Design. In: C. Brecher (Hrsg.): *Advances in Production Technology*, Springer: Cham Heidelberg New York Dordrecht London, S. 49–65.

[Prü15] PRÜSS, H. und VIETOR, T. (2015): Design for Fiber-Reinforced Additive Manufacturing. *ASME Journal of Mechanical Design*, Vol. 137, S. 111409-1–7.

[Pri11] PRINZ, A. (2011): *Struktur und Ablaufmodell für das parametrische Entwerfen von Fahrzeugkonzepten*, Logos: Berlin.

[Pro09] PRO CNC (2009): Design Guide for Machined Components, URL: http://procnc. com/images/content/Design_Guide_Rev_C.pdf, letzter Abruf: 30.05.2017.

[Pro12] PROBST, G.; RAUB, S. und ROMHARDT, K. (2012): *Wissen managen: Wie Unternehmen ihre wertvollste Ressource optimal nutzen*, 7. Auflage, Springer Gabler: Wiesbaden.

[Que14] QUEUDEVILLE, Y. (2014): Konstruieren mit Gusswerkstoffen. In: A. Bührig-Polaczek; W. Michaeli und G. Spur (Hrsg.): *Handbuch Urformen*, Hanser: München, S. 102–111.

[Qui15] QUICKPARTS (2015): Rapid Manufacturing: SLS Design Guide – Plastics, URL: http://www.3dsystems.com/company/datafiles/SLS_Guide.pdf, letzter Abruf: 30.05.2017.

[Ran12] RANGESH, A. und O'NEILL, W. (2012): The foundations of a new approach to additive manufacturing: Characteristics of free space metal deposition. *Journal of Materials Processing Technology*, Vol. 212 Nr. 1, S. 203–210.

[Ree08] REEVES, P. (2008): How rapid manufacturing could transform supply chains. *CSCMP's Supply Chain Quarterly*, Nr. 4, URL: http://www.supplychainquarterly. com/topics/Manufacturing/scq200804rapid/, letzter Abruf: 30.05.2017.

[Ree11] REEVES, P. (2011): Does Additive Manufacturing really cost the earth: Stimulating AM adoption through economic & environmental sustainability, In: *TCT conference UK*, Econolyst.

[Reh10] REHME, O. (2010): *Cellular Design for Laser Freeform Fabrication*, Cuvillier: Göttingen.

[Rei11] REINHART, G. und TEUFELHART, S. (2011): Load-Adapted Design of Generative Manufactured Lattice Structures. *Physics Procedia*, Vol. 12, S. 385–392.

[Rög68] RÖGNITZ, H. und KÖHLER, G. (1968): *Fertigungsgerechtes Gestalten im Maschinen- und Gerätebau*, 4. Auflage, Teubner: Stuttgart.

[Ria16] RIAS, A.-I.; BOUCHARD, C.; SEGONDS, F. und ABED, S. (2016): Design for Additive Manufacturing: A Creative Approach, In: D. Marjanovic; M. Storga; N. Pavkovic; N. Bojcetic und S. Skec (Hrsg.): *Proceedings of the DESIGN 2016 14th International Design Conference*, S. 411–420.

[Ric13] RICKENBACHER, L.; SPIERINGS, A. und WEGENER, K. (2013): An integrated cost-model for selective laser melting (SLM). *Rapid Prototyping Journal*, Vol. 19 Nr. 3, S. 208–214.

[Ris14] RISS, F.; SCHILP, J. und REINHART, G. (2014): Load-dependent Optimization of Honeycombs for Sandwich Components – New Possibilities by Using Additive Layer Manufacturing. *Physics Procedia*, Vol. 56, S. 327–335.

[Rit14] RITTINGHAUS, S.-K. und WEISHEIT, A. (2014): Generative Fertigung mit Laserauftragschweißen, URL: http://www.ilt.fraunhofer.de/content/dam/ilt/de/documents/Leistungsangebote/lasermaterialbearbeitung/Generative_Fertigung_mit_Laserauftragschwei%C3%9Fen_2014.pdf, letzter Abruf: 30.05.2017.

[Rän07] RÄNNAR, L.-E.; GLAD, A. und GUSTAFSON, C.-G. (2007): Efficient cooling with tool inserts manufactured by electron beam melting. *Rapid Prototyping Journal*, Vol. 13 Nr. 3, S. 128–135.

[Roc14] ROCKENSCHAUB, H. (2014): Druckgießen. In: A. Bührig-Polaczek; W. Michaeli und G. Spur (Hrsg.): *Handbuch Urformen*, Hanser: München, S. 297–328.

[Rod91] RODENACKER, W. G. (1991): *Methodisches Konstruieren: Grundlagen, Methodik, praktische Beispiele*, 4. Auflage, Springer: Berlin Heidelberg.

[Rod10] RODRIGUE, H. und RIVETTE, M. (2010): An Assembly-Level Design for Additive Manufacturing Methodology, In: *Proceedings of IDMME – Virtual Concept*, Bordeaux.

[Roh69] ROHRBACH, B. (1969): Kreativ nach Regeln – Methode 635, eine neue Technik zum Lösen von Problemen. *Absatzwirtschaft*, Nr. 12, S. 73–75.

[Ros07] ROSEN, D. W. (2007): Computer-Aided Design for Additive Manufacturing of Cellular Structures. *Computer-Aided Design & Applications*, Vol. 4 Nr. 5, S. 585–594.

[Ros12] ROSEMANN, B. (2012): Spanende Fertigung. In: F. Rieg und R. Steinhilper (Hrsg.): *Handbuch Konstruktion*, Hanser: München Wien, S. 1003–1047.

[Ros14] ROSEN, D. W. (2014): Research supporting principles for design for additive manufacturing. *Virtual and Physical Prototyping*, Vol. 9 Nr. 4, S. 225–232.

[Rot00] ROTH, K. (2000): *Konstruieren mit Konstruktionskatalogen – Band I: Konstruktionslehre*, 3. Auflage, Springer: Berlin Heidelberg.

[Rot01] ROTH, K. (2001): *Konstruieren mit Konstruktionskatalogen – Band II: Konstruktionskataloge*, 3. Auflage, Springer: Berlin Heidelberg.

[Rua09] RUAN, J.; ZHANG, J. und LIOU, F. (2009): Selection of Part Orientation for Multi-Axis Hybrid Manufacturing Process, In: *Proceedings of the ASME 2009 International Design Engineering Technical Conterences & Computers and Information in Engineering Conference IDETC/CIE 2009*, San Diego, CA, USA, S. 587–596.

[Ruf06] RUFFO, M.; TUCK, C. und HAGUE, R. (2006): Cost estimation for rapid manufacturing – laser sintering production for low to medium volumes. *Proceedings of the Institution of Mechanical Engineers, Part B: Journal of Engineering Manufacture*, Vol. 220 Nr. 9, S. 1417–1427.

[Ruf07] RUFFO, M. und HAGUE, R. (2007): Cost estimation for rapid manufacturing –
         simultaneous production of mixed components using laser sintering. *Proceedings
         of the Institution of Mechanical Engineers, Part B: Journal of Engineering
         Manufacture*, Vol. 221 Nr. 11, S. 1585–1591.

[Rya06] RYAN, G.; PANDIT, A. und APATSIDIS, D. P. (2006): Fabrication methods of
         porous metals for use in orthopaedic applications. *Biomaterials*, Vol. 27 Nr. 13,
         S. 2651–2670.

[Süß16] SÜSS, M.; KLÖDEN, B.; KIRCHNER, A.; WEISSGÄRBER, T.; HOFMANN, D.;
         SCHÖNE, C.; STELZER, R. und KIEBACK, B. (2016): Untersuchung zu Kon-
         struktionsempfehlungen für kleine Strukturen beim Elektronenstrahlschmelzen,
         In: W. Kniffka; M. Eichmann und G. Witt (Hrsg.): *Rapid.Tech – International
         Trade Show & Conference for Additive Manufacturing: Proceedings of the 13th
         Rapid.Tech Conference*, Hanser, S. 279–289.

[Sac00] SACHS, E.; WYLONIS, E.; ALLEN, S.; CIMA, M. und GUO, H. (2000): Production
         of injection molding tooling with conformal cooling channels using the three
         dimensional printing process. *Polymer Engineering & Science*, Vol. 40 Nr. 5,
         S. 1232–1247.

[Sak16] SAKAE, Y.; KATO, T.; SATO, K. und MATSUOKA, Y. (2016): Classificiation of
         Design Methods from the Viewpoint of Design Science, In: *International Design
         Conference – DESIGN 2016*, Dubrovnik.

[Sal15] SALONITIS, K. und AL ZARBAN, S. (2015): Redesign Optimization for Manu-
         facturing Using Additive Layer Techniques. *Procedia CIRP*, Vol. 36, S. 193–198,
         CIRP 25th Design Conference Innovative Product Creation.

[Sch99a] SCHAAF, A. (1999): *Marktorientiertes Entwicklungsmanagement in der Auto-
         mobilindustrie: Ein kundennutzenorientierter Ansatz zur Steuerung des Entwick-
         lungsprozesses*, Deutscher Universitäts-Verlag: Wiesbaden.

[Sch99b] SCHLICKSUPP, H. (1999): *Innovation, Kreativität und Ideenfindung*, 5. Auflage,
         Vogel: Würzburg.

[Sch12a] SCHINDLER, C. (2012): Der allgemeine Konstruktionsprozess – Grundlagen des
         methodischen Konstruierens. In: F. Rieg und R. Steinhilper (Hrsg.): *Handbuch
         Konstruktion*, Hanser: München Wien, S. 395–442.

[Sch12b] SCHÖMANN, S. O. (2012): *Produktentwicklung in der Automobilindustrie: Mana-
         gementkonzepte vor dem Hintergrund gewandelter Herausforderungen*, Gabler:
         Wiesbaden.

[Sch13] SCHUMACHER, A. (2013): *Optimierung mechanischer Strukturen: Grundlagen
         und industrielle Anwendungen*, 2. Auflage, Springer Vieweg: Berlin Heidelberg.

[Sch14a] SCHAWEL, C. und BILLING, F. (2014): *Top 100 Management Tools: Das wich-
         tigste Buch eines Managers. Von ABC-Analyse bis Zielvereinbarung*, 5. Auflage,
         Springer Gabler: Wiesbaden.

[Sch14b] SCHMIDBAUER, M. (2014): Automation in der Spritzgießverarbeitung. In: A. Bührig-Polaczek; W. Michaeli und G. Spur (Hrsg.): *Handbuch Urformen*, Hanser: München, S. 811–823.

[Sch15] SCHMELZLE, J.; KLINE, E. V.; DICKMAN, C. J.; REUTZEL, E. W.; JONES, G. und SIMPSON, T. W. (2015): (Re)Designing for Part Consolidation: Understanding the Challenges of Metal Additive Manufacturing. *Journal of Mechanical Design*, Vol. 137 Nr. 11, S. 111404-1–12.

[See12] SEEPERSAD, C. C.; GOVETT, T.; KIM, K.; LUNDIN, M. und PINERO, D. (2012): A Designer's Guide for Dimensioning and Tolerancing SLS Parts, In: *Solid Freeform Fabrication Symposium*, Austin, TX, S. 921–931, URL: https://sffsymposium.engr.utexas.edu/Manuscripts/2012/2012-70-Seepersad.pdf, letzter Abruf: 30.05.2017.

[See14] SEEPERSAD, C. C. (2014): Challenges and Opportunities in Design for Additive Manufacturing. *3D Printing and Additive Manufacturing*, Vol. 1 Nr. 1, S. 10–13.

[Sei11] SEIBERT, M.; PREUSS, S. und RAUER, M. (2011): *Enterprise Wikis: Die erfolgreiche Einführung und Nutzung von Wikis in Unternehmen*, Gabler: Wiesbaden.

[Sov13] SOVA, A.; GRIGORIEV, S.; OKUNKOVA, A. und SMUROV, I. (2013): Potential of cold gas dynamic spray as additive manufacturing technology. *The International Journal of Advanced Manufacturing Technology*, Vol. 69 Nr. 9, S. 2269–2278.

[Spe02] SPECHT, G.; BECKMANN, C. und AMELINGMEYER, J. (2002): *F&E-Management: Kompetenz im Innovationsmanagement*, 2. Auflage, Beck: Stuttgart.

[Sta07] STAUBER, R. (2007): Kunststoffe im Automobilbau: Technische Lösungen und Trends. *ATZ*, Vol. 109 Nr. 3, S. 202–209.

[Ste05] STEINHORST, U. (2005): *Entwicklung eines Instrumentariums zur Gestaltung von Systempartnerschaften im Produktentstehungsprozess*, Deutscher Universitäts-Verlag: Wiesbaden.

[Ste10] STEEN, W. M. und MAZUMDER, J. (2010): *Laser Material Processing*, 4. Auflage, Springer: London.

[Str15] STRATASYS (2015): Laser Sintering (LS) Design Guideline, Stratasys Direct, URL: https://www.stratasysdirect.com/resources/laser-sintering, letzter Abruf: 30.05.2017.

[Swi13] SWIFT, K. G. und BOOKER, J. D. (2013): *Manufacturing Process Selection Handbook*, Butterworth-Heinemann: Oxford.

[Tan14] TANG, Y.; HASCOET, J.-Y. und ZHAO, Y. F. (2014): Integration of Topological and Functional Optimization in Design for Additive Manufacturing, In: *ASME 2014 12th Biennial Conference on Engineering Systems Design and Analysis*, Copenhagen, Denmark.

[Tan15a] TANG, Y.; KURTZ, A. und ZHAO, Y. F. (2015): Bidirectional Evolutionary Structural Optimization (BESO) based design method for lattice structure to be fabricated by additive manufacturing. *Computer-Aided Design*, Vol. 69, S. 91–101.

[Tan15b] TANG, Y. und ZHAO, Y. F. (2015): Lattice-skin Structures Design with Orientation Optimization, In: *Solid Freeform Fabrication Symposium*, Austin, TX, S. 1378–1393, URL: https://sffsymposium.engr.utexas.edu/sites/default/files/2015/2015-111-Tang.pdf, letzter Abruf: 30.05.2017.

[Teu12] TEUFELHART, S. und REINHART, G. (2012): Optimization of Strut Diameters in Lattice Structures, In: *Solid Freeform Fabrication Symposium*, University of Texas: Austin, TX, S. 719–733, URL: https://sffsymposium.engr.utexas.edu/Manuscripts/2012/2012-54-Teufelhart.pdf, letzter Abruf: 30.05.2017.

[The12] THE ECONOMIST (2012): A third industrial revolution (Special report: Manufacturing and innovation). *The Economist*, URL: http://www.economist.com/node/21552901, letzter Abruf: 30.05.2017.

[Thi14] THIELEN, M. (2014): Extrusionsblasformen. In: A. Bührig-Polaczek; W. Michaeli und G. Spur (Hrsg.): *Handbuch Urformen*, Hanser: München, S. 667–683.

[Tho09] THOMAS, D. (2009): *The Development of Design Rules for Selective Laser Melting*, Dissertation, University of Wales, URL: https://core.ac.uk/download/pdf/174630.pdf, letzter Abruf: 30.05.2017.

[Tom06] TOMIYAMA, T. (2006): A Classification of Design Theories and Methodologies, In: *Proceedings of IDETC/CIE 2006*, S. 43–51.

[Tom09] TOMIYAMA, T.; GU, P.; JIN, Y.; LUTTERS, D.; KIND, C. und KIMURA, F. (2009): Design methodologies: Industrial and educational applications. *CIRP Annals – Manufacturing Technology*, Vol. 58, S. 543–565.

[Tuc08] TUCK, C. J.; HAGUE, R.; RUFFO, M.; RANSLEY, M. und ADAMS, P. R. (2008): Rapid manufacturing facilitated customisation. *International Journal of Computer Integrated Manufacturing*, Vol. 21 Nr. 3, S. 245–258.

[Tum15] TUMBLESTON, J. R.; SHIRVANYANTS, D.; ERMOSHKIN, N.; JANUSZIEWICZ, R.; JOHNSON, A. R.; KELLY, D.; CHEN, K.; PINSCHMIDT, R.; ROLLAND, J. P.; ERMOSHKIN, A.; SAMULSKI, E. T. und DESIMONE, J. M. (2015): Continuous liquid interface production of 3D objects. *Science*, Vol. 347 Nr. 6228, S. 1349–1352.

[Vae13] VAEZI, M.; CHIANRABUTRA, S.; MELLOR, B. und YANG, S. (2013): Multiple material additive manufacturing – Part 1: a review. *Virtual and Physical Prototyping*, Vol. 8 Nr. 1, S. 19–50.

[Val08] VALENTAN, B.; BRAJLIH, T.; DRSTVENSEK, I. und BALIC, J. (2008): Basic solutions on shape complexity evaluation of STL data. *Journal of Achievements in Materials and Manufacturing Engineering*, Vol. 26 Nr. 1, S. 73–80.

[Vay12] VAYRE, B.; VIGNAT, F. und VILLENEUVE, F. (2012): Designing for Additive Manufacturing. *Procedia {CIRP}*, Vol. 3, S. 632–637, 45th {CIRP} Conference on Manufacturing Systems 2012.

[Vay13] VAYRE, B.; VIGNAT, F. und VILLENEUVE, F. (2013): Identification on some design key parameters for additive manufacturing: application on Electron Beam Melting, In: *Procedia CIRP 7*, S. 264–269.

[vB15] VAN BASSHUYSEN, R. und SCHÄFER, F. (2015): *Handbuch Verbrennungsmotor: Grundlagen, Komponenten, Systeme, Perspektiven*, 7. Auflage, Springer Vieweg: Wiesbaden.

[VDD16] VDD (VERBAND DEUTSCHER DRUCKGIESSEREIEN) (2016): Druckguss aus NE-Metallen: Technische Richtlinien, URL: http://www.kug.bdguss.de/fileadmin/content/Publikationen-Normen-Richtlinien/Druckguss.pdf, letzter Abruf: 30.05.2017.

[VDI82] VDI (1982): Konstruktionsmethodik – Erstellung und Anwendung von Konstruktionskatalogen, Verein Deutscher Ingenieure, VDI-Richtlinie 2222 Blatt 2.

[VDI93] VDI (1993): Methodik zum Entwickeln und Konstruieren technischer Systeme und Produkte, Verein Deutscher Ingenieure, VDI-Richtlinie 2221.

[VDI97] VDI (1997): Konstruktionsmethodik – Methodisches Entwickeln von Lösungsprinzipien, Verein Deutscher Ingenieure, VDI-Richtlinie 2222 Blatt 1.

[VDI04a] VDI (2004): Entwicklungsmethodik für mechatronische Systeme, Verein Deutscher Ingenieure, VDI-Richtlinie 2206.

[VDI04b] VDI (2004): Methodisches Entwerfen technischer Produkte, Verein Deutscher Ingenieure, VDI-Richtlinie 2223.

[VDI09a] VDI (2009): Generative Fertigungsverfahren – Rapid-Technologien (Rapid Prototyping) – Grundlagen, Begriffe, Qualitätskenngrößen, Liefervereinbarungen, Verein Deutscher Ingenieure, VDI-Richtlinie 3404.

[VDI09b] VDI (2009): Wissensmanagement im Ingenieurwesen – Grundlagen, Konzepte, VorgehenBauteile, Verein Deutscher Ingenieure, VDI-Richtlinie 5610 Blatt 1.

[VDI12] VDI (2012): Bionik – Konzeption und Strategie – Abgrenzung zwischen bionischen und konventionellen Verfahren/Produkten, Verein Deutscher Ingenieure, VDI-Richtlinie 6220 Blatt 1.

[VDI14] VDI (2014): Additive Fertigungsverfahren – Grundlagen, Begriffe, Verfahrensbeschreibungen, Verein Deutscher Ingenieure, VDI-Richtlinie 3405.

[VDI15] VDI (2015): Additive Fertigungsverfahren – Konstruktionsempfehlungen für die Bauteilfertigung mit Laser-Sintern und Laser-Strahlschmelzen, Verein Deutscher Ingenieure, VDI-Richtlinie 3405 Blatt 3.

[Ver14] VERQUIN, B.; MOVCHAN, I.; BERTRAND, P.; THEEUWEN, D.; SPIE-
RINGS, A.; MONSON, M. D. und BUINING, H. (2014): SASAM (Support Action for Standardisation in Additive Manufacturing): Guidelines
for the development of the EU standards in Additive Manufacturing,
URL: http://www.sasam.eu/index.php/downloads/send/3-deliverables-public/3-
d3-3-first-and-second-draft-guidelines.html, letzter Abruf: 30.05.2017.

[Vid13] VIDIMČE, K.; WANG, S.; KELLEY, J. und MATUSIK, W. (2013): Openfab: A
programmable pipeline for multi-material fabrication. *ACM Transactions on
Graphics (TOG) – SIGGRAPH 2013 Conference Proceedings*, Vol. 32 Nr. 4,
S. 136:1–12.

[Vil14] VILLMER, F.-J. (2014): Die Industrielle Revolution durch additive Fertigung, In:
Rapid.Tech, Hochschule Ostwestfalen-Lippe: Erfurt.

[Vol15a] VOLKSWAGEN AG (2015): Interne Expertenbefragung im Volkswagen Konzern
zum spritzgussgerechten Konstruieren, Gesprächsdatum: 27.08.2015.

[Vol15b] VOLKSWAGEN AG (2015): Interne Expertenbefragungen im Volkswagen Konzern zum Einsatz von Methoden im Produktentstehungsprozess, Gesprächsdaten:
24.11.2015, 25.11.2015, 30.11.2015, 02.12.2015, 15.12.2015.

[VR07] VENKATA RAO, R. und PADMANABHAN, K. K. (2007): Rapid prototyping
process selection using graph theory and matrix approach. *Journal of Materials
Processing Technology*, Vol. 194, S. 81–88.

[Vro14] VROOMEN, U. (2014): Herstellung verlorener Formen mit verlorenen Modellen.
In: A. Bührig-Polaczek; W. Michaeli und G. Spur (Hrsg.): *Handbuch Urformen*,
Hanser: München, S. 224–229.

[Wal12] WALTL, H. und KERSCHNER, M. (2012): Werkzeuge der Umformtechnik. In:
H. Hoffmann; R. Neugebauer und G. Spur (Hrsg.): *Handbuch Umformen*, Hanser:
München, S. 731–754.

[Wan13] WANG, D.; YANG, Y.; LIU, R.; XIAO, D. und SUN, J. (2013): Study on the
designing rules and processability of porous structure based on selective laser
melting (SLM). *Journal of Materials Processing Technology*, Vol. 213 Nr. 10,
S. 1734–1742.

[Wan15] WANG, X.; FENG, F.; KLECKA, M. A.; MORDASKY, M. D.; GAROFANO, J. K.;
EL-WARDANY, T.; NARDI, A. und CHAMPAGNE, V. K. (2015): Characterization
and modeling of the bonding process in cold spray additive manufacturing.
Additive Manufacturing, Vol. 8, S. 149–162.

[War10] WARTZACK, S.; DRUMMER, D.; WITTMANN, S.; STUPPY, J.; RIETZEL, D.;
TREMMEL, S. und KÜHNLEIN, F. (2010): Besonderheiten bei der Auslegung und
Gestaltung lasergesinterter Bauteile. *RTejournal – Forum für Rapid Technologie*,
Vol. 7 Nr. 1, URL: http://nbn-resolving.de/urn:nbn:de:0009-2-23622, letzter
Abruf: 30.05.2017.

[War13] WARTZACK, S. (2013): Auswahl- und Bewertungsmethoden. In: J. Feldhusen und K.-H. Grote (Hrsg.): *Pahl/Beitz Konstruktionslehre: Methoden und Anwendung erfolgreicher Produktentwicklung*, Springer Vieweg: Berlin Heidelberg, 8. Auflage, S. 380–404.

[Wat06] WATTS, D. M. und HAGUE, R. J. (2006): Exploiting the Design Freedom of RM, In: *Solid Freeform Fabrication Symposium*, Austin, TX, S. 656–667, URL: https://sffsymposium.engr.utexas.edu/Manuscripts/2006/2006-57-Watts.pdf, letzter Abruf: 30.05.2017.

[Wat16] WATSCHKE, H.; KUMKE, M. und VIETOR, T. (2016): Design for Additive Manufacturing – Praxisnahe Hilfsmittel zur Identifikation und Nutzung neuer konstruktiver Freiheiten. In: K. Brökel; J. Feldhusen; K.-H. Grote; F. Rieg; R. Stelzer; P. Köhler; N. Müller und G. Scharr (Hrsg.): *14. Gemeinsames Kolloquium Konstruktionstechnik*, Shaker: Rostock, S. 38–46.

[Web09] WEBER, J. (2009): *Automotive Development Process: Processes for Successful Customer Oriented Vehicle Development*, Springer: Berlin Heidelberg.

[Weg12] WEGNER, A. und WITT, G. (2012): Konstruktionsregeln für das Laser-Sintern. *Zeitschrift für Kunststofftechnik*, Vol. 8 Nr. 3, S. 253–277.

[Weh14] WEHMEYER, R. (2014): Hinterspritztechnik. In: A. Bührig-Polaczek; W. Michaeli und G. Spur (Hrsg.): *Handbuch Urformen*, Hanser: München, S. 852–858.

[Wes06] WESTKÄMPER, E. (2006): *Einführung in die Organisation der Produktion*, Springer: Berlin Heidelberg.

[Wil04] WILDEMANN, H. (2004): *Advanced Purchasing: Leitfaden zur Einbindung von Beschaffungsmärkten in den Produktentstehungsprozess*, TCW Transfer-Centrum: München.

[Xu01] XU, X.; SACHS, E. und ALLEN, S. (2001): The design of conformal cooling channels in injection molding tooling. *Polymer Engineering & Science*, Vol. 41 Nr. 7, S. 1265–1279.

[Yan15a] YANG, S.; TANG, Y. und ZHAO, Y. F. (2015): A New Part Consolidation Method to Embrace the Design Freedom of Additive Manufacturing. *Journal of Manufacturing Processes*, Vol. 20 Nr. 3, S. 444–449.

[Yan15b] YANG, S. und ZHAO, Y. F. (2015): Additive manufacturing-enabled design theory and methodology: a critical review. *The International Journal of Advanced Manufacturing Technology*, Vol. 80 Nr. 1, S. 327–342.

[Yeh10] YEH, T.-M.; PAI, F.-Y. und YANG, C.-C. (2010): Performance improvement in new product development with effective tools and techniques adoption for high-tech industries. *Quality & Quantity*, Vol. 44, S. 131–152.

[Zäh06] ZÄH, M. F. (2006): *Wirtschaftliche Fertigung mit Rapid-Technologien: Anwender-Leitfaden zur Auswahl geeigneter Verfahren*, Hanser: München Wien.

[Zäh12] ZÄH, M.; SCHILP, J.; OTT, M. und WESTHÄUSER, S. (2012): Generative Ferti-
         gungsverfahren. In: F. Rieg und R. Steinhilper (Hrsg.): *Handbuch Konstruktion*,
         Hanser: München Wien, S. 909–924.

[Zha14a] ZHANG, Y.; BERNARD, A.; GUPTA, R. K. und HARIK, R. (2014): Evaluating the
         Design for Additive Manufacturing: A Process Planning Perspective. *Procedia
         CIRP*, Vol. 21, S. 144–150.

[Zha14b] ZHANG, Y.; XU, Y. und BERNARD, A. (2014): A new decision support method for
         the selection of RP process: knowledge value measuring. *International Journal
         of Computer Integrated Manufacturing*, Vol. 27 Nr. 8, S. 747–758.

[Zha16] ZHANG, Y.; BERNARD, A.; GUPTA, R. K. und HARIK, R. (2016): Feature based
         building orientation optimization for additive manufacturing. *Rapid Prototyping
         Journal*, Vol. 22 Nr. 2.

[Zhu13] ZHU, Z.; DHOKIA, V. und NEWMAN, S. T. (2013): The development of a novel
         process planning algorithm for an unconstrained hybrid manufacturing process.
         Journal of Manufacturing Processes, Nr. 15, S. 404–413.

[Zie12] ZIEBART, J. R. (2012): *Ein konstruktionsmethodischer Ansatz zur Funktionsinte-
         gration*, Dr. Hut: München.

[Zim12] ZIMMER, D. und ADAM, G. A. O. (2012): Direct manufacturing design rules, In:
         P. J. d. S. Bartolo (Hrsg.): *Innovative Developments in Virtual and Physical Pro-
         totyping: Proceedings of the 5th International Conference on Advanced Research
         in Virtual and Rapid Prototyping*, CRC Press: Leiria, Portugal, S. 545–551.

[Zim13] ZIMMER, D. und ADAM, G. A. O. (2013): Konstruktionsregeln für Additive
         Fertigungsverfahren. *Konstruktion*, Nr. 7/8, S. 77–82.

A Verfahren der additiven Fertigung

Im Folgenden werden die additiven Fertigungsverfahren anhand ihrer Verfahrensfamilie gemäß Abbildung 2.3 vorgestellt. Eine vergleichende Übersicht befindet sich im Hauptteil in Abschnitt 2.3.

A.1 Polymerisation/Stereolithografie

Das *Stereolithografie-Verfahren (SL-Verfahren)* ist bereits seit 1987 kommerzialisiert und somit das älteste additive Fertigungsverfahren. Als generische Abkürzung für die gesamte Verfahrensfamilie wird häufig auch *SLA*, das eingetragene Markenzeichen für StereoLithography Apparatus, verwendet.

Verfahrensprinzip Stereolithografie basiert auf dem Prinzip der Polymerisation, der chemischen Reaktion von Monomeren (kleine un- oder niedrigvernetzte Einzelmoleküle) zu Polymeren (kettenförmige oder vernetzte Makromoleküle). Durch ultraviolettes Licht (UV-Licht) werden photosensitive flüssige oder pastöse Harze (auch als Resin bezeichnet) punktweise verfestigt, was als Photopolymerisation bezeichnet wird.

Klassische SL-Anlagen arbeiten nach dem *Laser-Scanner-Verfahren*, bei dem das UV-Licht zur Polymerisation durch einen Laserstrahl bereitgestellt und durch Spiegeleinheiten (Scanner) an die gewünschten Stellen abgelenkt wird. Der Bauteilaufbau findet in einem Flüssigkeitsbad statt, in dem sich eine Bauplattform befindet. Nach der selektiven Verfestigung der jeweils obersten Harzschicht anhand der spezifischen Schichtinformation wird die Bauplattform um eine Schichtdicke abgesenkt. Durch das Eintauchen ins Harzbad legt sich neues Flüssigharz über die gehärtete Schicht und wird mithilfe eines Wischers nivelliert (Recoating). Der Prozess beginnt mit dem Verfestigungsarbeitsschritt von vorne und wird Schicht für Schicht wiederholt, bis das Bauteil von unten nach oben vollständig generiert wurde [Geb13, 48–51, 106; Gib15, 74]. Der Aufbau einer SL-Anlage ist schematisch in Abbildung A.1 dargestellt.

Alternativ zum klassischen vektorbasierten Laserscannen kann auch eine Maskenprojektion verwendet werden, die jeweils die komplette Schicht belichtet. Eine weitere Variante der laserinduzierten Photopolymerisation ist der Zwei-Photonen-Ansatz, bei dem zwei Laserstrahlen eingesetzt werden und die kritische Energie im Kreuzungspunkt erzeugen. Dieser befindet sich unterhalb der Oberfläche im Harzbad, wodurch der Recoating-Schritt entfällt. Das Verfahren wird aufgrund seiner hohen Auflösung insbesondere in der Mikrotechnik eingesetzt [Geb13, 48; Gib15, 64 f., 99 ff.].

Für überstehende Elemente oder freitragende Wände sind Stützstrukturen erforderlich, da sich die Bauteile sonst aufgrund ihrer im Bauprozess relativ geringen Festigkeit im Harzbad unerwünscht verformen könnten. Bei der Fertigung von Hohlräumen sind Drainageöffnungen vorzusehen, die ein Ablaufen des nicht vernetzten Monomers gestatten. Ergebnis des

© Springer Fachmedien Wiesbaden GmbH, ein Teil von Springer Nature 2018
M. Kumke, *Methodisches Konstruieren von additiv gefertigten Bauteilen*,
AutoUni – Schriftenreihe 124, https://doi.org/10.1007/978-3-658-22209-3

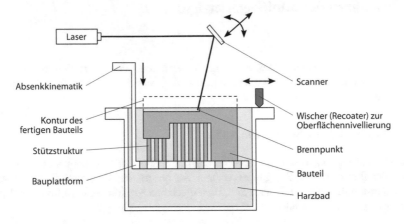

Abbildung A.1: Prinzip des additiven Fertigens durch Stereolithografie mit dem Laser-Scanner-Verfahren

Bauprozesses ist ein sogenannter Grünling, der zu etwa 96 % vernetzt ist und nach einer Reinigung in einem Nachvernetzungsofen durch UV-Strahlung vollständig ausgehärtet wird (Post Curing)[Geb13, 58, 108 ff.; Gib15, 74].

Statt einer Laser-Scanner-Einheit kann auch eine *UV-Lampe* zur Polymerisation eingesetzt werden. Die zugehörigen Verfahren arbeiten entweder mit einer Maske (Lampen-Masken-Verfahren) oder mit einem Druckkopf (Druckkopf-Lampe-Verfahren) [Geb13, 48, 58, 108].

Beim *Digital Light Processing (DLP)* wird durch ein Digital Micromirror Device – ein Chip mit sehr vielen, matrixförmig angeordneten und kippbaren Mikrospiegeln [Chu15, 74] – eine Maske erzeugt. Diese ermöglicht eine Projektion des UV-Lichts anhand der Schichtinformationen direkt auf die Bauteilebene. Dadurch wird jeweils eine vollständige Schicht in einem Arbeitsgang belichtet und ausgehärtet. Bei einigen Anlagen wird das Modell von oben nach unten aufgebaut, indem eine neue Schicht jeweils von unten durch ein transparentes Fenster belichtet wird und die Bauplattform anschließend nach oben bewegt wird. Anstelle eines Harzbads befindet sich in diesem Fall oberhalb des Fensters ein Behälter, der lediglich das Material für die folgende Schicht bereitstellt [Bre13, 38; Chu15, 74 f.; Geb13, 58, 135–141; Gib15, 95–99; Hop06, 61].

Beim *Poly-Jet Modeling (PJM)*, das auch als Material Jetting bezeichnet wird und technologisch mit dem zweidimensionalen Tintenstrahldruck verwandt ist, kommt ebenfalls eine UV-Lampe zur Polymerisation zum Einsatz. Photosensitive Acrylate werden über einen Druckkopf mittels mehrerer Düsen extrudiert, strang- oder tröpfchenweise aufgetragen und direkt im Anschluss durch mitfahrende UV-Lampen ausgehärtet (Abbildung A.2). PJM kann alternativ aufgrund seiner technischen Merkmale auch den 3D-Druckverfahren (Abschnitt A.2) oder den Extrusionsverfahren (Abschnitt A.3) zugeordnet werden, da es auf einer Kombination verschiedener physikalischer Wirkprinzipien beruht. Als Support wird

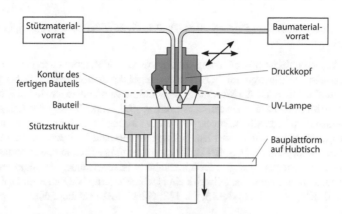

Abbildung A.2: Prinzip des additiven Fertigens durch Stereolithografie mit dem Druckkopf-Lampe-Verfahren (Poly-Jet Modeling)

ein wachs- oder gelartiger Werkstoff verwendet, der über separate Düsen gleichzeitig mit dem Bauteilwerkstoff aufgetragen wird. Dieser kann im Post Processing ausgewaschen werden, wodurch die mechanische Entfernung entfällt [Bre13, 34 f.; Chu15, 48–65; Geb13, 58; Gib15, 175 f.; Hop06, 60].

Werkstoffe Bedingt durch das physikalische Wirkprinzip der Polymerisation sind sämtliche Verfahren auf photosensitive Werkstoffe beschränkt. Verglichen mit der großen Anzahl technischer Kunststoffe ist die Materialauswahl daher begrenzt. Neben traditionell transluzenten Materialien existieren heute auch weiße und farbige Werkstoffe und Materialien mit unterschiedlichen Shore-A-Härten. Auf einigen Anlagen ist auch die simultane Verarbeitung mehrerer Materialien in unterschiedlichen Mischungsverhältnissen möglich. Bei Verwendung des Laser-Scanner-Prinzips kommt vornehmlich Epoxidharz zum Einsatz, Druckkopf-Lampe-Verfahren verarbeiten i. d. R. Acrylate [Bre13, 28, 35; Geb13, 58, 127, 133 f., 140–146, 155].

Vorteile und Nachteile Stereolithografie ist das genaueste aller additiven Fertigungsverfahren. Zusätzlich wird die maximal erzielbare Genauigkeit nicht durch physikalische Grenzen des Prinzips limitiert, sondern ist vor allem vom Durchmesser des Laserstrahls und vom wirtschaftlichen Einsatz des Verfahrens abhängig, da kleinere Schichtdicken zu einer Verlängerung der Bauzeit führen. Aufgrund der niedrigen Bautemperatur ist der Werkstückverzug gering. Die Bauteile weisen eine hohe Oberflächenqualität auf. Die Verfahren sind darüber hinaus dazu geeignet, Bauteile mit komplexen/dünnwandigen Strukturen herzustellen. Bei den Laser-Scanner-Anlagen kann nicht verfestigtes Monomer wiederverwendet werden. Für Polymerisationsverfahren mit UV-Lampe sind auswaschbare Stützmaterialien verfügbar, die das manuelle Post Processing vereinfachen. Die heute verfügbare Materialauswahl erlaubt durch simultanes Verbauen verschiedener Werkstoffe die Realisierung von Materialkombinationen mit unterschiedlichen Eigenschaften [Bre13, 27, 35; Chu15, 43; Fel13d; Geb13, 57 f.; Gib15, 101 f.].

Durch die technologische Beschränkung auf photosensitive Materialien treten primäre Materialkennwerte in den Hintergrund; sie sind in der Regel deutlich schlechter als beispielsweise bei Spritzgussbauteilen. Da die Werkstoffe darüber hinaus relativ teuer sind, das Material in der Maschine altert und Materialwechsel aufwendig sind, ist der Einsatz der Anlagen nur bei hoher Auslastung wirtschaftlich. Innere Hohlräume können verfahrensbedingt nur mithilfe von Drainageöffnungen entleert werden. Der Arbeitsaufwand ist durch das Post Processing relativ hoch: Beim Stereolithografie-Verfahren ist grundsätzlich eine Supportstruktur für Überhänge und Hinterschnitte erforderlich, die beim Laser-Scanner-Verfahren mechanisch entfernt werden muss. Ferner ist teilweise ein Nachhärten im UV-Ofen erforderlich [Bre13, 28, 35, 38; Chu15, 44; Fel13d; Geb13, 58, 128; Gib15, 101 f.; Zäh06, 34].

Einsatzbereiche   Polymerisationsverfahren werden für die Herstellung von Designprototypen/Konzeptmodellen, Funktionsprototypen, Urmodellen für Gussprozesse, Endprodukten (selten) sowie transparenten Modellen zur Strömungsuntersuchung eingesetzt [Chu15, 44; Fel13d; Geb13, 119; Gib15, 83 f.].

A.2 3D-Druckverfahren

Grundlage für 3D-Druckverfahren ist das Patent *3D Printing (3DP)* des Massachusetts Institute of Technology aus dem Jahr 1993. Der Begriff resultiert aus der technologischen Ähnlichkeit zum zweidimensionalen Tintenstrahldruck [Fel13d; Geb13, 73; Gib15, 176].

Verfahrensprinzip   3DP ist ein Pulver-Binder-Verfahren, bei dem das Pulver in einem Behälter bereitgestellt wird (Pulverbett). Die Pulverpartikel der jeweiligen Schicht werden an den entsprechenden Stellen untereinander und mit der darunterliegenden Schicht verklebt, indem über einen Druckkopf flüssiger Binder bzw. ein chemischer Aktivator aufgespritzt wird (drop on powder). 3D-Drucken wird daher auch als *Binder Jetting* bezeichnet. Das nicht verklebte Pulver dient als Stützmaterial. Durch die Verwendung mehrerer Druckköpfe können Binder gemischt oder lokal unterschiedliche Binder aufgetragen werden. Nach Fertigstellung einer Schicht wird die Bauplattform um eine Schichtdicke abgesenkt. Aus dem Vorratsbehälter wird mithilfe eines Auftragsmechanismus neues Pulver für die Folgeschicht aufgetragen (Recoating). Nach Abschluss der letzten Schicht wird das überschüssige Pulver abgesaugt [Bre13, 29; Chu15, 212 ff.; Geb13, 74, 266 ff.; Gib15, 205 f.]. Der Anlagenaufbau ist schematisch in Abbildung A.3 dargestellt.

Ergebnis des Bauprozesses ist ein sogenannter Grünling, der in der Regel aufgrund seiner geringen mechanischen Belastbarkeit im Post Processing mit Epoxidharz oder Wachs infiltriert wird. Die Verwendung metallischer Werkstoffe wird durch eine nachträgliche Wärmebehandlung ermöglicht, bei der Binder ausgetrieben und die Partikel miteinander versintert werden.

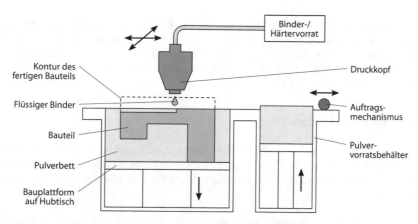

Abbildung A.3: Prinzip des additiven Fertigens durch 3D Printing (Binder Jetting)

Werkstoffe Die Werkstoffauswahl für das 3DP ist theoretisch unbegrenzt, da grundsätzlich alle pulverförmigen Ausgangsstoffe mit geeigneten Bindern verarbeitet werden können. Bei der Herstellung von Prototypen kommen zurzeit vor allem Stärke- und Gipspulver zum Einsatz. Als Kunststoff wird Polymethylmethacrylat verwendet. Zur Fertigung von Sandgussformen werden gießereiübliche Sande verwendet, bei der Verwendung metallischer Pulver Edelstähle und Werkzeugstähle. Darüber hinaus sind auch Verbundmaterialien oder auch Gold verarbeitbar [Fel13d; Geb13, 268, 272 ff., 282; Zäh06, 79].

Vorteile und Nachteile Durch den Einsatz mehrerer unterschiedlicher Binder können die Bauteileigenschaften lokal anforderungsgerecht variiert werden. Insbesondere besteht dadurch auch die Möglichkeit, durch das Mischen farbiger Binder vollfarbige Modelle analog zum 2D-Tintenstrahldruck zu erzeugen. Durch die Verwendung von Druckköpfen können relativ hohe Baugeschwindigkeiten realisiert werden. Das nicht verklebte Pulver stützt Überhänge und Hinterschnitte automatisch, sodass separate Stützstrukturen nicht erforderlich sind. Die Wiederverwendbarkeit des nicht verklebten Pulvers reduziert die Abfallmenge. Einige Anlagen können auch in einer Büroumgebung betrieben werden, da umweltfreundliche Materialien zum Einsatz kommen und beispielsweise geschlossene Pulverkreisläufe die Bedienung vereinfachen. Insbesondere im Vergleich zu laserbasierten Maschinen sind zudem die erforderlichen Investitionen gering [Bre13, 29; Chu15, 215; Fel13d; Geb13, 74, 266 ff.; Gib15, 198].

Der wesentliche Nachteil von 3DP ist die geringe Festigkeit der Bauteile, die die Maschine als instabile und brüchige Grünlinge verlassen. Zwar können die Eigenschaften durch eine aufwendige Infiltration verbessert werden, wodurch jedoch Schwierigkeiten hinsichtlich Verzug und Schrumpfung hinzukommen. Die Bauteile bestehen aus einer Pulver-Binder-Werkstoffkombination, für die kaum Daten vorliegen. Bedingt durch unerwünscht anhaftende Pulverpartikel entstehen relativ ungenaue Modelle mit rauen Oberflächen [Bre13, 29; Chu15, 215; Fel13d; Geb13, 74 f., 268].

Einsatzbereiche 3D-Druckverfahren werden für die Herstellung von Design-/Konzept-modellen, Funktionsprototypen (nach Infiltration), Formen und Kernen für Sand- und Fein-guss, Grünlingen für metallische und keramische Serienbauteile sowie Verbundwerkstoff-bauteilen durch Infiltration (z. B. Siliziumkarbid-verstärktes Aluminium) verwendet [Chu15, 216; Fel13d; Geb13, 264–285].

A.3 Extrusionsverfahren

Extrusionsverfahren werden auch als *Fused Layer Modeling/Manufacturing (FLM)* oder Fused Filament Fabrication (FFF) bezeichnet. Als generische Abkürzung für die gesamte Verfahrensfamilie wird häufig FDM, das eingetragene Markenzeichen für Fused Deposition Modeling, verwendet.

Verfahrensprinzip Thermoplastische Kunststoffe, die drahtförmig auf Rollen oder in Kassetten gespeichert sind, werden mithilfe einer beheizten Düse teilweise geschmolzen, extrudiert und gemäß den Schichtinformationen strangförmig abgelegt. Der teigige Kunst-stoff schmilzt die vorherige Schicht leicht an, erkaltet durch Wärmeleitung und erstarrt. Die Festigkeit wird somit durch Stoffschluss zwischen den Strängen erreicht. Nach Fertigstel-lung einer Schicht wird die Bauplattform abgesenkt und der Prozess beginnt erneut. Für überstehende Elemente ist eine Stützstruktur erforderlich. Diese besteht entweder aus dem eigentlichen Baumaterial und muss mechanisch entfernt werden oder sie besteht aus einem separaten wasserlöslichen Werkstoff [Chu15, 134 ff.; Fel13d; Geb13, 70 ff., 248–253; Gib15, 148–160; Hop06, 75 ff.]. Der Anlagenaufbau ist schematisch in Abbildung A.4 dargestellt.

Verwandt mit FLM sind sogenannte ballistische Verfahren, bei denen das aufgeschmolze-ne Material diskontinuierlich extrudiert und tröpfchenweise aufgetragen wird (Drop-on-Demand-Prinzip). Dazu zählen beispielsweise das *Multi-Jet Modeling* und das *Wachsprinten* für Feingussmodelle [Geb13, 72 f., 260 ff.].

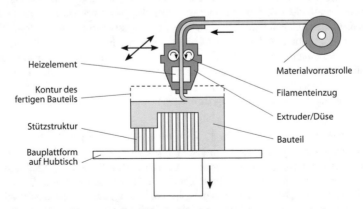

Abbildung A.4: Prinzip des additiven Fertigens durch Fused Layer Modeling

Werkstoffe Standardwerkstoff beim FLM-Verfahren ist Acrylnitril-Butadien-Styrol und seine Derivate. Darüber hinaus können die Kunststoffe Polycarbonat, Polyphenylsulfon, Feingusswachs und Polyetherimid verarbeitet werden. Zusätzlich gibt es auch Mischungen (Blends) [Bre13, 33; Geb13, 258 f.; Gib15, 163 f.].

Vorteile und Nachteile Größter Vorteil des FLM-Verfahrens ist der technisch relativ einfache Prozess, durch den neben industriellen Anlagen auch preiswerte Maschinen für Büroumgebungen und Heimanwender angeboten werden. Die erzeugten Bauteile weisen ohne weitere Nachbehandlung serienreife Materialkennwerte auf, die mit den Eigenschaften von Spritzgussbauteilen vergleichbar sind. Die Materialvielfalt ist relativ groß, zudem lassen sich durch den Einsatz mehrerer Düsen mehrere Materialien parallel verarbeiten. Material-wechsel sind einfach möglich. Beim FLM-Verfahren wird darüber hinaus nur das Material verwendet, das tatsächlich für Bauteil und Stützen benötigt wird, wodurch die Abfallmenge insbesondere gegenüber Verfahren mit Pulverbett reduziert wird. Durch die Verfügbarkeit wasserlöslicher Stützmaterialien ist die Stützstrukturentfernung einfach möglich [Bre13, 33; Chu15, 136; Fel13d; Geb13, 73; Hop06, 76].

Die Notwendigkeit von Stützstrukturen stellt einen grundsätzlichen Nachteil des Verfahrens dar. Durch das strangweise Ablegen des Werkstoffs hat jede Kontur einen definierten Ansatz und in Abhängigkeit vom Düsendurchmesser sichtbare Schichten/Konturen. Dies führt auch zu einer geringen Oberflächenqualität, deren Nachbearbeitung zudem aufwendig ist. Prinzipbedingt sind Genauigkeit und Detailabbildung ebenfalls durch die Düse begrenzt. Teilweise können anisotrope Materialeigenschaften entstehen, da die Schichten untereinander eine schlechtere Verbindung aufweisen als jede einzelne Schicht in sich. Nicht zuletzt sind die Werkstoffkosten für den Kunststoffdraht insbesondere im Vergleich zum Spritzgussgranulat relativ hoch [Bre13, 33; Chu15, 137; Fel13d; Geb13, 73].

Einsatzbereiche Extrusionsverfahren werden für die Herstellung von Designprototypen/Konzeptmodellen, Funktionsprototypen, Werkzeugen, Endprodukten sowie Geometrieprototypen für Gussverfahren eingesetzt [Chu15, 137; Fel13d; Geb13, 249, 260].

A.4 Sinter-/Schmelzverfahren im Pulverbett

In der Familie der Sinter-/Schmelzverfahren ist das physikalische Wirkprinzip – das Auf-schmelzen und Erstarren eines pulverförmigen Ausgangsstoffs – zwar ähnlich, die eingesetz-ten Technologien unterscheiden sich jedoch voneinander. Insbesondere ist eine Differenzie-rung zwischen Pulverbett- und Pulverdüseverfahren erforderlich. Erstere werden in diesem, letztere im folgenden Abschnitt vorgestellt. Sinter-/Schmelzverfahren im Pulverbett wer-den auch als *Powder Bed Fusion (PBF)* bezeichnet und verwenden als schichterzeugendes Element einen Laserstrahl, einen Elektronenstrahl oder einen Infrarotstrahler.

Verfahrensprinzip Beim *Laser-Sintern (LS)*, vor allem bekannt als Selective Laser Sinte-ring (SLS), befindet sich in einem Baubehälter ein pulverförmiger Ausgangsstoff, der gemäß der jeweiligen Schichtinformation durch eine Laser-Scanner-Einheit lokal belichtet wird.

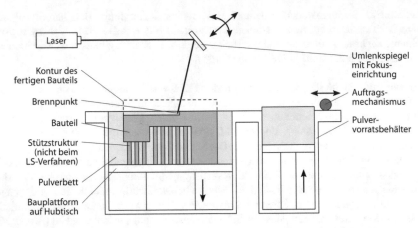

Abbildung A.5: Prinzip des additiven Fertigens durch Laser-Sintern/Laser-Strahlschmelzen

Dadurch werden die Pulverpartikel angeschmolzen und verbinden sich nach einer kurzen Abkühlung zu einer festen Schicht. Anders als beim konventionellen Sinterprozess läuft das Verfahren ohne hohen Druck und ohne lange Diffusionszeit ab. Nach Fertigstellung einer Schicht wird die Bauplattform um eine Schichtdicke abgesenkt. Durch einen Auftragsmechanismus wird aus einem Vorratsbehälter neues Pulver aufgetragen und der Prozess beginnt erneut. Zur Verhinderung der Pulveralterung findet der Prozess unter Inertgasatmosphäre (z. B. Stickstoff) statt. Das nicht verschmolzene Pulver dient als disperses Stützmaterial und kann teilweise wiederverwendet werden [Bre13, 30; Fel13d; Geb13, 59 f.; Gib15, 112–122]. Der prinzipielle Anlagenaufbau ist in Abbildung A.5 dargestellt.

Beim LS-Verfahren können verschiedene Sinterarten zum Einsatz kommen. Beim *Festphasensintern* werden die Pulverpartikel angeschmolzen und verbinden sich untereinander. Beim *Flüssigphasensintern* kommen Mehrkomponentenpulver zum Einsatz, die aus einer niedrig- und einer hochschmelzenden Komponente bestehen. Die niedrigschmelzenden Pulverpartikel werden durch den Laser vollständig geschmolzen und sorgen für die Verbindung der hochschmelzenden Pulverpartikel. Dadurch können sowohl Metall-Polymerpulver mit dem niedrigschmelzenden Kunststoff als auch Mehrkomponenten-Metallpulver mit einer niedrigschmelzenden Metallkomponente verarbeitet werden. Im Anschluss ist gegebenenfalls eine Nachbehandlung im Ofen erforderlich [Geb13, 60–64.; Gib15, 112–122].

Das *Laser-Strahlschmelzen (Laser Beam Melting, LBM)*, das vor allem als Selective Laser Melting (SLM) bekannt ist, basiert auf demselben Prinzip und Anlagenaufbau wie LS. Der Unterschied besteht darin, dass die (ausschließlich metallischen) Pulverpartikel durch höheren Energieeintrag lokal vollständig aufgeschmolzen werden, während LS-Verfahren unterhalb der Schmelztemperatur der höchstschmelzenden Komponente arbeiten. Durch das vollständige Schmelzen entsteht ein Bauteil mit nahezu 100-prozentiger Dichte. Um Oxidation und Verzug vorzubeugen, wird der Bauraum teilweise vorgeheizt und wie beim LS-Verfahren unter Schutzgasatmosphäre gesetzt. Im Gegensatz zum LS-Verfahren sind solide

Stützstrukturen zusätzlich zum stützenden Pulver erforderlich, um lokale Aufhärtungen, Spannungen, Verzüge und Risse zu vermeiden [Bre13, 31 f.; Fel13d; Geb13, 59 f.; Gib15, 112–122; Hag13, 3].

Das *Elektronenstrahlschmelzen (Electron Beam Melting, EBM)* ist mit dem LBM-Verfahren eng verwandt. Der wesentliche Unterschied besteht in der Verwendung eines Elektronen- statt eines Laserstrahls als Energiequelle. Die Verfahrensvariante ist deutlich weniger verbreitet als LBM [Chu15, 246 f.; Geb13, 206 f.; Gib15, 136 ff.; Hag13, 2].

Beim *Selektiven Maskensintern (Selective Mask Sintering, SMS)* erwärmt ein Infrarotstrahler jeweils eine gesamte Pulverschicht durch eine Maske hindurch, welche zuvor elektrostatisch auf einer Glasplatte aufgebracht wurde. Der Pulverauftrag und das Absenken der Bauplattform entsprechen dem LS-Verfahren [Fel13d; Geb13, 210 ff.].

Werkstoffe Grundsätzlich können alle Werkstoffe zum Einsatz kommen, die sich thermoplastisch verhalten. Als Kunststoffpulver für das LS-Verfahren ist insbesondere Polyamid verbreitet (zumeist vom Typ PA 12), da es teilkristallin erstarrt und geringe Porositäten aufweist. Darüber hinaus können aber auch Polystryrol, Polycarbonat, Polyetheretherketon sowie glas-, aluminium- oder carbongefüllte Kunststoffe verwendet werden, wodurch beispielsweise bessere mechanische Eigenschaften erreicht oder die Feuerbeständigkeit verbessert werden können. Mehrkomponenten-Metall-Polymerpulver, bei deren Verwendung die Bauteile nachträglich infiltriert werden, sowie Mehrkomponenten-Metall-Metallpulver werden zunehmend durch reine Metallpulver verdrängt, die im LBM-Verfahren verarbeitet werden. Die Werkstoffpalette umfasst Edelstähle, Werkzeugstähle, Kobalt-Chrom-Legierungen, Titanlegierungen, Nickellegierungen, Aluminiumlegierungen sowie Gold- und Silberlegierungen. Neben Kunststoffen und Metallen können auch Keramiken verarbeitet werden, z. B. Aluminium- und Titanoxid [Bre13, 30 ff.; Chu15, 224–228, 253; Geb13, 60–68, 159 f., 171–216; Gib15, 109–112].

Vorteile und Nachteile Aufgrund des Verfahrensprinzips ist die (theoretische) Werkstoffvielfalt sehr hoch. Die Bauteileigenschaften sind sowohl bei Kunststoff- als auch bei Metallbauteilen sehr gut, insbesondere bei letzteren reichen sie an die Eigenschaften konventionell hergestellter Bauteile heran. Eine Wiederverwendung des nicht versinterten Pulvers ist je nach Verfahren zumindest teilweise möglich. Die Verfahren arbeiten einstufig, sodass keine Nachvernetzung erforderlich ist und die Bauteile direkt eingesetzt werden können. Bei Kunststoffen sind keine Stützstrukturen erforderlich; die Bauteile können im Pulverbett frei positioniert werden [Chu15, 229 f., 247; Fel13d; Geb13, 65 f., 159; Gib15, 143 f.].

Die Bauteiloberflächen sind aufgrund von Korngröße und Anhaftungen rau. Die erreichbare Genauigkeit, die zusätzlich vom Strahldurchmesser beeinflusst wird, ist geringer als beispielsweise im SL-Verfahren. Nach dem Bauprozess ist eine Entnahme/Reinigung der Bauteile erforderlich, die insbesondere bei internen Hohlräumen und dünnen Kanälen aufwendig ist. Beim LBM-Verfahren sind Stützstrukturen erforderlich, die im Anschluss aufwendig entfernt werden müssen. Aufgrund der hierfür erforderlichen Zugänglichkeit sind nicht alle Geometrien herstellbar. Pulverbettverfahren benötigen eine komplexe Anlagentechnik mit hohen Investitionen und Betriebskosten, da beispielsweise Sicherheitsvorkehrungen für die

Pulverhandhabung (u. a. Lüftungssystem) und eine Schutzgasatmosphäre in der Baukammer erforderlich sind. Werkstoffwechsel sind aufgrund der erforderlichen Reinigungsarbeiten kostenintensiv. Nicht zuletzt sind Aufheiz- und Abkühlvorgänge langwierig und haben dadurch wesentlichen Einfluss auf die Bauzeit [Bre13, 31 f.; Chu15, 230, 248; Geb13, 66, 159, 172].

Einsatzbereiche   Pulverbettverfahren werden für die Herstellung von Designprototypen/ Konzeptmodellen, Funktionsprototypen, Werkzeugen und Endprodukten eingesetzt [Chu15, 230, 248; Fel13d; Geb13, 264–285].

A.5 Directed Energy Deposition

Im Gegensatz zu den Verfahren, bei denen Partikel eines Pulverbetts lokal verfestigt werden (Abschnitt A.4), werden die Partikel bei den Verfahren, die unter dem Begriff Directed Energy Deposition (DED) zusammengefasst werden, selektiv hinzugefügt und sofort aufgeschmolzen/verfestigt. Die Verfahren wurden ursprünglich zur Beschichtung und Reparatur eingesetzt. Alternative Bezeichnungen sind Laser Engineered Net Shaping (LENS) und Direct Metal Deposition (DMD).

Verfahrensprinzip   Beim *Laserauftragschweißen (LA)* wird durch einen Laser – in der Regel unter Schutzgas – ein Schmelzbad erzeugt, in das Pulverpartikel über eine Düse eingebracht werden. Dadurch werden sie aufgeschmolzen und erzeugen beim Abkühlen die gewünschte feste Bauteilkontur. Ähnlich wie bei Extrusionsverfahren (Abschnitt A.3) werden räumliche Strukturen durch das Neben- und Aufeinanderlegen von Strängen erzeugt. Das Verfahrensprinzip ist in Abbildung A.6 dargestellt.

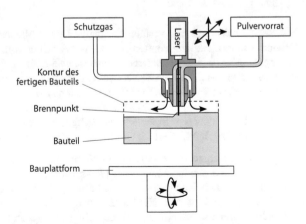

Abbildung A.6: Prinzip des additiven Fertigens durch Directed Energy Deposition

Ist die Bauplattform schwenkbar, sind keine Stützstrukturen erforderlich. DED-Verfahren werden als voll 3D-fähig bezeichnet, da Bauteile grundsätzlich nicht schichtweise hergestellt werden müssen, sondern die Bauteilgenerierung auch in z-Richtung oder in beliebiger Richtung im Raum erfolgen kann. Durch das vollständige Aufschmelzen werden Bauteile mit nahezu 100-prozentiger Dichte erzeugt. Die Pulverzuführung erfolgt entweder koaxial wie in Abbildung A.6 oder außeraxial durch eine separate Pulverdüse. Als Alternative zu Pulvern wird bei einigen Verfahrensvarianten drahtförmiger Ausgangsstoff verwendet. Statt einem Laserstrahl kann unter Beibehaltung des Verfahrensprinzips auch ein *Elektronenstrahl* als Energiequelle zum Einsatz kommen. Die entsprechenden Verfahren heißen Electron Beam Freeform Fabrication (EBF[3]) mit drahtförmigem Ausgangsmaterial bzw. Electron Beam Direct Manufacturing (EBDM) mit pulverförmigem Ausgangsmaterial [Geb13, 216 ff.; Gib15, 245 ff.; Kaz12; Ran12]. Aufgrund der geringen Fertigungsgenauigkeiten werden DED-Anlagen teilweise als Hybridmaschinen mit integrierter CNC-Fräseinheit angeboten [Geb13, 218–227; Gib15, 249–257; Nag10].

Werkstoffe DED funktioniert grundsätzlich für alle schweißbaren Werkstoffe, insbesondere Metalle. Zu den heute verfügbaren Werkstoffen gehören unter anderem Edelstähle, Titanlegierungen, Sonderlegierungen, Nickelbasis- und Kobaltlegierungen sowie Werkzeugstähle. Werkstoffe mit hohem Reflexionsgrad und geringer Wärmeleitfähigkeit (z. B. Gold und einige Aluminium- und Kupferlegierungen) sind schwieriger zu verarbeiten. Keramiken können ebenfalls zum Einsatz kommen [Geb13, 222 ff.; Gib15, 245, 257 ff.; Rit14].

Vorteile und Nachteile Mit DED-Verfahren können Bauteile mit sehr guten Werkstoffeigenschaften hergestellt werden, die vergleichbar oder sogar besser als die mit konventioneller Fertigung erreichbaren Eigenschaften sind. Multimaterialverarbeitung ist über die Zuführung verschiedener Werkstoffe möglich, wodurch gradierte Werkstoffeigenschaften oder ein hybrider Werkstoffaufbau realisiert werden können. Der Aufbau zusätzlicher Strukturen auf vorhandenen Geometrien ist ebenfalls möglich. Dadurch können bestehende Komponenten um Features erweitert werden. Viele Verfahren haben keine Bauraumbeschränkung, wodurch sie sich auch für Großstrukturen eignen. Kommt eine schwenkbare Bauplattform zum Einsatz, sind teilweise keine Stützstrukturen erforderlich. Insbesondere im Vergleich zum LBM-Verfahren können mit DED hohe Aufbauraten realisiert werden [Chu15, 237; Geb13, 222, 225; Gib15, 266; Rit14].

Größter Nachteil der DED-Verfahren ist ihre begrenzte Genauigkeit, sowohl hinsichtlich der minimalen Featuregröße als auch hinsichtlich Geometrieabweichungen, die z. B. durch Verzüge entstehen. Die Verfahren eignen sich somit auch weniger für komplexe Strukturen als Pulverbettverfahren. Eine beispielsweise spanende Nachbearbeitung der Bauteile ist grundsätzlich erforderlich. Darüber hinaus benötigen die Verfahren große Anlagen mit hohem Energiebedarf. Obwohl das Ausgangsmaterial lokal eingebracht wird, wird es nicht vollständig zur Bauteilfertigung genutzt (Abfall) [Chu15, 237 f.; Geb13, 219; Gib15, 267; Rit14; Ste10, 362].

Einsatzbereiche Die Verfahren eignen sich für Funktionsprototypen und Endprodukte [Geb13, 220].

A.6 Spritzverfahren

Verfahrensprinzip Das *Kaltgasspritzen (Cold Spray, CS)* verwendet eine sogenannte Lavaldüse, in der Pulver über ein Trägergas (z. B. Stickstoff) auf sehr hohe Geschwindigkeiten beschleunigt und auf ein Substrat aufgebracht wird. Beim Aufprall der Pulverpartikel entstehen lokal hohe Drücke von bis zu 10 GPa und Temperaturen von bis zu 1000 °C, wodurch die Partikel deformiert werden und sich mit dem Substrat verbinden. Ursprünglich wurde Kaltgasspritzen primär zur Oberflächenbeschichtung eingesetzt [Pat07; Sov13]. Das Verfahrensprinzip ist in Abbildung A.7 dargestellt.

Das Verfahren wird von der Firma Hermle kommerziell als Metall-Pulver-Auftrag (MPA) angeboten. Für Kanäle und Hohlräume wird ein wasserlösliches Stützmaterial verwendet, das nach dem Fertigungsprozess ausgewaschen wird. Das MPA-Verfahren ist mit einer integrierten Fräseinheit kombiniert [Her17].

Werkstoffe Beim Kaltgasspritzen kann eine große Bandbreite an Metalllegierungen zum Einsatz kommen, z. B. Aluminium, Zink, Kupfer, Titan, Nickel und Stahl. Prinzipbedingt ist das Verfahren auf duktile Materialien beschränkt [Sov13].

Vorteile und Nachteile Vorteilhaft sind beim Kaltgasspritzen insbesondere die geringen Eigenspannungen, die durch den geringen Wärmeeintrag ermöglicht werden. Es können in einem Bauteil mehrere Werkstoffe verwendet werden oder werkstofflich gradierte Strukturen erzeugt werden. Das Verfahren ermöglicht unterschiedliche Skalierungen: Die Bahnbreite ist variabel von 10 µm bis zu mehreren hundert Millimetern, wodurch auch große Auftragsraten möglich sind. Grundsätzlich weisen durch Kaltgasspritzen gefertigte Bauteile gute Materialeigenschaften auf [Sov13].

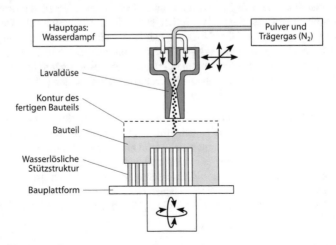

Abbildung A.7: Prinzip des additiven Fertigens durch Kaltgasspritzen

Nachteilig ist die prinzipbedingte Einschränkung auf duktile Materialien. Ferner stehen Genauigkeit und Baugeschwindigkeit in einem Zielkonflikt, wodurch in der Regel eine spanende Nachbearbeitung erforderlich ist [Sov13]. Die geometrische Freiheit ist durch den Spritzwinkel des Pulverauftrags begrenzt [Wan15].

Einsatzbereiche Kaltgasspritzen wird als additives Fertigungsverfahren aktuell primär für das Rapid Tooling eingesetzt [Her17].

A.7 Schicht-Laminat-Verfahren

Schicht-Laminat-Verfahren werden auch als *Layer Laminate Manufacturing (LLM)* bezeichnet; häufig wird auch der geschützte Produktname Laminated Object Manufacturing (LOM) für die gesamte Verfahrensfamilie verwendet. Viele Anlagenhersteller und Verfahrensvarianten sind bereits vom Markt verschwunden [Geb13, 240–247].

Verfahrensprinzip Schicht-Laminat-Verfahren beruhen auf dem Prinzip, Folien oder Platten schichtweise miteinander zu verbinden und die jeweilige Bauteilkontur aus der aktuellen Folie/Platte auszuschneiden. Alternativ ist es auch möglich, die Arbeitsschritte umzukehren, d. h. zunächst Zuschnitt der Folien und anschließendes Fügen. Genau genommen handelt es sich somit um ein subtraktiv-additives Hybridverfahren. Die Verbindung der Schichten kann durch Klebstoff, Polymerisation oder Schweißen realisiert werden. Die Konturierung erfolgt mittels Laserstrahl oder Messer, alternativ sind auch Heißdraht oder Fräser einsetzbar [Geb13, 68 f.].

Beim *Laminated Object Manufacturing (LOM)* wird eine klebstoffbeschichtete Folie, die auf Rollen gespeichert ist, zunächst auf die Bauplattform bzw. auf die vorherige Schicht gezogen und mittels einer beheizten Laminierrolle festgeklebt. Anschließend wird die Kontur der aktuellen Schicht durch einen Laserstrahl ausgeschnitten. Nicht zum Bauteil gehörendes Material wird zur leichteren Entfernung in Quadrate geschnitten. Nach Beendigung des Bauprozesses werden die Bauteile mechanisch freigelegt und durch Lack versiegelt [Geb13, 233–238]. Das Verfahrensprinzip ist in Abbildung A.8 dargestellt.

Beim *Paper 3D Printing (Paper 3DP)* kommt ein Messer als konturierendes Element zum Einsatz. Das Verfahren verwendet DIN-A4-Standardpapier als Ausgangsmaterial, das mit Klebstoff miteinander verbunden wird und im laufenden Prozess schichtweise vollfarbig bedruckt werden kann [Geb13, 242 f.].

Werkstoffe Neben den in den typischen Verfahren verwendeten Materialien (LOM: polyethylenbeschichtete Papierfolien, Polyesterfolien und glasfaserverstärkte Composites; Paper 3DP: Standardpapier) ist grundsätzlich auch die Verarbeitung von Metallen und Keramiken möglich. Für diese Werkstoffe sind aktuell jedoch keine Anlagen am Markt erhältlich [Geb13, 237, 247; Gib15, 219].

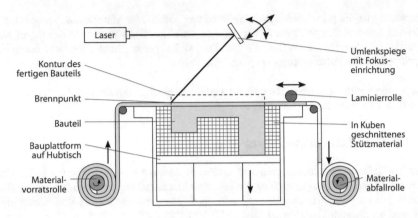

Abbildung A.8: Prinzip des additiven Fertigens durch Schicht-Laminat-Verfahren

Vorteile und Nachteile   Schicht-Laminat-Verfahren eignen sich insbesondere zur schnellen Herstellung massiver und großer Bauteile, da im Gegensatz zu anderen Verfahren das langwierige Schraffieren großer Flächen entfällt. Es ist keine aufwendige Maschinentechnik erforderlich. Aufgrund des physikalischen Prinzips steht theoretisch eine große Werkstoffpalette zur Verfügung, da alle Werkstoffe mit einem Laserstrahl geschnitten werden können. Vorteilhaft bei der Verarbeitung von Papier sind die geringen Materialpreise und die einfache Entsorgung. Die Herstellung vollfarbiger Modelle ist ebenfalls möglich [Geb13, 69; Gib15, 222].

Wesentlicher Nachteil der Verfahren sind die erreichbaren Werkstoffeigenschaften, insbesondere aufgrund der Anisotropie durch das Fügen der Schichten. Die Entfernung von Material, das nicht zum Bauteil gehört, ist vor allem bei innen liegenden Bereichen aufwendig bis unmöglich. Zudem sind feine Details aufgrund des mechanischen Auspackprozesses schwierig zu realisieren. Der Nacharbeitsaufwand ist relativ hoch. Die Abfallmenge kann in Abhängigkeit von der Bauteilgeometrie, d. h. insbesondere bei Hohlkörpern, beträchtlich sein [Geb13, 69 f.; Gib15, 222].

Einsatzbereiche   Schicht-Laminat-Verfahren kommen für Designprototypen/Konzeptmodelle, Urmodelle für Gießprozesse (insb. als Alternative zu Holzmodellen) sowie Werkzeuge (Metalllamellen) zum Einsatz [Geb13, 232 ff.; Gib15, 222].

B Konstruktionsregeln für konventionelle und additive Fertigungsverfahren

B.1 Typische Fertigungsverfahren in der Automobilindustrie

Für die durchzuführende Analyse werden die Fertigungsverfahren einiger Hauptgruppen aus DIN 8580 (Abbildung 2.1) ausgeklammert. Verfahren, die keine Form/Geometrie schaffen oder verändern, werden nicht betrachtet; Stoffänderungsverfahren werden somit ausgeschlossen. Typische Nachbearbeitungsverfahren, die nur geringe Mengen an Material ab- oder auftragen, werden nicht betrachtet. Diese Fertigungsverfahren können zwar auch bei additiv hergestellten Bauteilen zum Einsatz kommen, werden jedoch üblicherweise nicht zur Erzeugung des Grundkörpers verwendet. Beschichtungsverfahren sowie Trennverfahren mit geringem Materialabtrag (z. B. Schleifen und Ätzen) werden somit ausgeschlossen. Zuletzt werden Sonderverfahren sowie werkstoffspezifische Verfahren, die weder für Metall noch für Kunststoff eingesetzt werden, ausgeschlossen. Zur weiteren Eingrenzung innerhalb der verbliebenen Fertigungsverfahren werden die wesentlichen in der Automobilindustrie verwendeten Verfahren in Abhängigkeit von den Gewerken Antrieb, Karosserie, Fahrwerk und Interieur ermittelt.

B.1.1 Antrieb

Es dominieren Gussverfahren für metallische Werkstoffe, insbesondere Sandguss, Kokillenguss und Druckguss [Ado13; vB15; Ham13; Kah14a; Kah14b; Roc14; Thi14]. Abwandlungen der Verfahren sind häufig anzutreffen, z. B. für Kurbelgehäuse das Lost-Foam-Verfahren als eine Spezialform des Sandgusses [vB15, 122]. Hochbelastete Bauteile werden häufig auch geschmiedet. Bei einer Vielzahl der Bauteile wird eine Nachbearbeitung angeschlossen, z. B. Wärmebehandlungen, das Honen von Zylinderlaufflächen oder das Bohren von Ölleitungen [vB15, 91, 127, 171].

B.1.2 Karosserie

Die verwendeten Fertigungsverfahren hängen vornehmlich von der Karosseriebauweise ab:

- *Blechschalen-Karosserien:* Zur Herstellung werden Bleche gestanzt, umgeformt (größtenteils tiefgezogen) und anschließend gefügt. Karosserien in Blechschalenbauweise bestehend überwiegend aus Stahllegierungen, wobei ein Trend zu warmumgeformten hoch- und höchstfesten Stählen zu beobachten ist. Neben dem dominierenden Widerstandspunktschweißen kommen weitere Fügeverfahren zum Einsatz, z. B. Laserschweißen und Laserlöten [Bir13; Bra13b; Dav12; Ham13].

© Springer Fachmedien Wiesbaden GmbH, ein Teil von Springer Nature 2018
M. Kumke, *Methodisches Konstruieren von additiv gefertigten Bauteilen,*
AutoUni – Schriftenreihe 124, https://doi.org/10.1007/978-3-658-22209-3

Tabelle B.1: Typische Fertigungsverfahren für Antriebsbauteile

Bauteil/Baugruppe	Fertigungsverfahren	Werkstoffe	Quellen
Ausgleichsgetriebe-gehäuse	Guss	Gusseisen	[Ham13]
Ausrückhebel	Guss	Gusseisen	[Ham13]
Differenzialgehäuse	Guss	Gusseisen	[Ham13]
Diverse Behälter (z. B. Kraftstoff-, Öl-, Wasser-, Ausgleichsbehälter)	Extrusionsblasformen	Kunststoff	[Thi14]
Diverse Leitungen/Rohre (z. B. Ansaug-)	Extrusionsblasformen	Kunststoff	[Thi14]
Getriebegangräder	Schmieden	Stahl	[Ham13]
Kolben	Kokillenguss, Druckguss, Schleuderguss, Strangguss, Schmieden, Flüssigpressen	Aluminium	[Ado13; vB15, 90 ff.]
Kurbelwelle	Sandguss, Schmieden	Gusseisen, Stahl	[Ado13; Ham13]
Motorblock/Kurbel-gehäuse	Kokillenguss, Druckguss, Sand-guss	Gusseisen, Alumi-nium, Magnesium/ Aluminium	[Ado13; vB15, 122 f.; Ham13; Kah14b; Roc14]
Nockenwelle	Guss, Schmieden, Sintern, Fügen aus Einzelteilen	Gusseisen, Stahl	[Ado13; vB15, 250 ff.; Ham13]
Ölwanne	Tiefziehen, Druckguss, Kokillen-guss	Stahl, Aluminium, GFK-Polyamid	[vB15, 130 f.]
Pleuel	Sandguss, Gesenkschmieden, Sintern	Gusseisen, Stahl	[vB15, 100 ff.; Ham13]
Saugrohr	Kokillenguss, Druckguss, Sand-guss	Aluminium, Ma-gnesium	[Ado13]
Schwungrad	Guss	Gusseisen	[Ham13]
Ventil	Warmfließpressen	Stahl	[vB15, 195]
Zahnkranz	Guss	Gusseisen	[Ham13]
Zylinderkopf	Kokillenguss, Sandguss, Druck-guss	Aluminium, Guss-eisen	[Ado13; vB15, 156 ff.; Kah14a; Kah14b]
Zylinderkopfhaube	Druckguss	Magnesium	[Ado13; Ham13]

- *Rahmenstrukturbauweise:* Die Karosseriestruktur besteht aus Strangpressprofilen, die durch Druckguss-Knotenelemente miteinander verbunden werden. An dieser Gitterrahmen-struktur werden gestanzte und tiefgezogene Bleche befestigt. Space-Frame-Karosserien bestehen zumeist aus Aluminiumwerkstoffen [Bir13; Bra13b; Fri12; Ham13; Ost07].

- Darüber hinaus werden Karosserien aus Leichtbaugründen zunehmend in Mischbauweise hergestellt, z. B. Stahlkarosserien mit Aluminium-Vorderwagen. Insbesondere für Misch-bauweisen steigt die Bedeutung alternativer Fügeverfahren, beispielsweise dem Kleben und Nieten [Bir13, 8 f.; Bra13b; Ham13]. Bauweisenunabhängig kommen für diverse An-bauteile auch Kunststoffe zum Einsatz, die im PUR-Reaktionsguss oder im Fließpressen verarbeitet werden [Kle14; Kre14; Sta07].

Tabelle B.2: Typische Fertigungsverfahren für Karosseriebauteile

Bauteil/Baugruppe	Fertigungsverfahren	Werkstoffe	Quellen
Blechschalenbauweise			
Bleche	Stanzen/Scherschneiden, Tiefziehen, Warmumformung	insb. Stahl	[Bir13, 12 ff., 43 ff., 195; Bra13b; Dav12, 194; Ham13; Lie12]
(Zusammenbau)	Diverse Fügeverfahren: insb. Widerstandspunktschweißen, Lichtbogenschweißen, Laserschweißen, Löten, Stanznieten/Durchsetzfügen (Clinchen), Schrauben, Kleben, Falzen		[Bir13, 12 ff., 43 ff., 49 ff.; Bra13b; Ham13]
Rahmenstrukturbauweise (Space Frame)			
Bleche	Stanzen/Scherschneiden, Tiefziehen	Aluminium	[Bra13b; Fri12, 467; Ost07, 39f.]
Knoten	Druckguss	Aluminium	[Bir13, 9 ff.; Bra13b; Ham13]
Profile	Strangpressen, Innenhochdruckumformen	Aluminium	[Bir13, 9 ff.; Bra13b]
(Zusammenbau)	Diverse Fügeverfahren: Lichtbogenschweißen, Laserhybridschweißen, Stanznieten, Schrauben, Rollfalzen, Kleben		[Bir13, 49 ff.; Bra13b]
Bauweisenunabhängig (Auswahl)			
Anbauteile, z. B. Stoßfänger, Front-/Heckschürze, Rammschutzleiste, Seitenschweller und -verkleidungen, Spoiler, Seitenwand	PUR-Reaktionsguss	Kunststoff	[Kle14; Sta07]
Frontendmontageträger, Unterbodenverkleidung, Reserveradabdeckung	Fließpressen	Kunststoff	[Kre14; Sta07]

B.1.3 Fahrwerk

Ähnlich wie bei Antriebsbauteilen dominieren die verschiedenen Gussverfahren für metallische Werkstoffe. Zusätzlich spielen auch Umformverfahren (z. B. Schmieden und Tiefziehen), insbesondere bei der Verwendung von Stählen, eine nennenswerte Rolle [Boo13; Ers13b; Ham13; Kah14b; Par13]. Nicht zuletzt werden nahezu alle Bauteile beispielsweise an ihren Funktionsflächen mechanisch nachbearbeitet [Ers13b].

B.1.4 Interieur

Der mit Abstand größte Teil der Bauteile wird aus Kunststoff hergestellt, der im Spritzgussverfahren verarbeitet wird. Hierbei kommen zahlreiche Sonderformen des Spritzgusses zum Einsatz, z. B. das Hinterspritzen von Folien und Textilien zur Verbesserung der optischen und haptischen Oberflächenqualität sowie für durchleuchtete Elemente. Für Hohlkörper,

Tabelle B.3: Typische Fertigungsverfahren für Fahrwerkbauteile

Bauteil/ Baugruppe	Fertigungsverfahren	Werkstoffe	Quellen
Achsträger/ Hilfsrahmen	Ziehen, Biegen, IHU, Strangpressen, Sandguss, Kokillenguss, Druckguss, häufig mehrteilig (verschweißt, verschraubt)	Aluminium, Stahl	[Ers13b; Ham13]
Bremskolben	Tiefziehen, Fließpressen, Guss, Spritzguss	Grauguss, Stahl, Aluminium, Kunststoff	[Boo13]
Bremssattel	Guss	Aluminium, Gusseisen	[Boo13]
Bremsscheibe	Guss	Gusseisen	[Ham13]
Fahrwerklenker	Kokillenguss, Druckguss, Schmieden, Strangpressen, Stanzen/Biegen, IHU, teilweise mehrteilig mit zusätzlichem Fügeschritt (z.B. Schweißen)	Aluminium, Stahl	[Ers13b]
Felge	Kokillenguss, Gesenkschmieden, Blechumformung/Stanzen/Walzen	Aluminium, Magnesium, Stahl	[Boo13; Ham13; Kah14b]
Lenkradskelett	Druckguss	Aluminium, Magnesium	[Ham13]
Radlager	Ringe/Flansche: Schmieden, Drehen, Härten, Schleifen; Käfige/Wälzkörper: Spritzguss; Montage durch Wälznieten	Stahl (Wälzkörper, Ringe)	[Par13]
Radnabe	Guss	Gusseisen	[Ham13]
Radträger	Druckguss, Kokillenguss, Schmieden, Blechumformung	Aluminium, Stahl, Gusseisen	[Ham13; Par13]

Tabelle B.4: Typische Fertigungsverfahren für Interieurbauteile

Bauteil/Baugruppe	Fertigungsverfahren	Werkstoffe	Quellen
Funktionselemente, z. B. Lüftungselemente, Lüftungs-/Klimablenden, Instrumenten-Ziffernblätter, Schaltkulissenabdeckung	Spritzguss	Kunststoff	[Mic14; Sch14b; Weh14]
Instrumententafel, Mittelkonsole	Spritzguss; Extrusionsblasformen	Kunststoff	[Ham13; Sch14b; Thi14]
Instrumententafelträger	Schweißen aus Einzelteilen; Druckguss, Kokillenguss, Sandguss; Fließpressen	Stahl; Magnesium; Kunststoff	[Bra13b; Ham13; Kre14]
Lüftungskanäle, Rohrleitungen	Extrusionsblasformen	Kunststoff	[Thi14]
Sitzrahmen	Druckguss, Kokillenguss, Sandguss	Magnesium	[Ham13]
Sitzschaum, Lenkrad, Armlehne, Schaltknauf, Kopfstütze, passive Sicherheitselemente	PUR-Reaktionsguss	Kunststoff	[Kle14]
Verkleidungsteile	Spritzguss	Kunststoff	[Ham13]

z. B. Leitungen, ist auch Extrusionsblasformen verbreitet. Metallische Strukturbauteile im Innenraum, z. B. Sitzgestelle und Instrumententafelträger, werden gegossen, umgeformt oder aus Einzelteilen gefügt [Bra13b; Ham13; Kre14; Mic14; Sch14b; Thi14; Weh14].

B.2 Konstruktionsregeln für ausgewählte konventionelle Verfahren

Die Recherche zu den typischen Fertigungsverfahren in der Automobilindustrie zeigt eine deutliche Dominanz einiger Verfahren, die daher wie folgt ausgewählt werden:

- Innerhalb der *Urformverfahren* werden unterschiedliche Gussverfahren ausgewählt. Als Gussverfahren mit Dauerformen sind Druckguss und Kokillenguss von hoher Bedeutung, als Vertreter der Verfahren mit verlorenen Formen wird Sandguss näher untersucht. Darüber hinaus wird Spritzguss als hauptgruppenübergreifend bedeutendstes Verfahren zur Kunststoffverarbeitung in die Auswahl aufgenommen.

- Von den *Umformverfahren* ist in der Automobilindustrie insbesondere das Tiefziehen stark vertreten und wird daher näher analysiert.

- Als Vertreter der *Fügeverfahren* wird das Widerstandspunktschweißen ausgewählt.

- Innerhalb der *Trennverfahren* ist aus der Analyse keine eindeutige Auswahl möglich. Da das Spanen mit geometrisch bestimmter Schneide im industriellen Einsatz die wichtigste Gruppe innerhalb der Trennverfahren darstellt [Fri12, 257] und hierbei das Fräsen die Herstellung komplexer Geometrien erlaubt und häufig als Nachbearbeitungsverfahren für Funktionsflächen zum Einsatz kommt, wird es für die weitere Untersuchung ausgewählt.

Für diese Verfahren werden im Folgenden ihre wesentlichen Konstruktionsregeln im Detail vorgestellt. Die zugehörige Übersicht im Hauptteil findet sich in Abschnitt 4.1.1.

B.2.1 Gießen

Bei der Konstruktion von Gussbauteilen sind folgende *allgemeine Regeln* zu beachten [BDG10, 34–61; Bod96, 58–83; Pah13; Fri12, 78 ff.; Kal12, 414 ff.; Kol98, 214–222; Kur09, 95–109, 341–346; Mat57, 64–98; Que14; VDD16, 20–55; Vro14]:

G1. Zur einfachen Entnahme von Modell und/oder Gussstück aus der Form sind *Entformungsschrägen* ausgehend von der Formteilungsebene sowie Abrundungen vorzusehen.

G2. Um Wärmespannungen, Risse und Lunker beim Abkühlen zu vermeiden, sind *Wandstärken* konstant zu halten. Bei *Wanddickenänderungen* sorge man für allmähliche Übergänge. Zum Speiser hin sollten Wandstärken zunehmen.

G3. Bei *innenliegenden Wänden* ist aufgrund der langsameren Abkühlung eine geringere Dicke vorzusehen (z. B. ca. 80 %). Bei Verstärkungsrippen sind mögliche Einfallstellen auf der gegenüberliegenden Seite zu beachten.

G4. *Materialanhäufungen* sind zu vermeiden. Kritisch sind häufig Knotenpunkte, an denen im Idealfall nicht mehr als drei Streben gleichzeitig zusammentreffen (beachte auch „Heuverssche Kontrollkreismethode").

G5. Da scharfe *Körperkanten und Kerben* zu ungünstigen Strömungsbedingungen, hohen thermischen Beanspruchungen und ungleichmäßigem Abkühlen führen, sind sie abzurunden. Zu große Radien an Knotenpunkten wiederum können Materialanhäufungen begünstigen.

G6. *Hinterschnitte* (eingezogene Formen) und Hohlräume sind zwar bei nahezu allen Gussverfahren über Kerne und/oder Seitenschieber möglich, führen aber i. d. R. zu erhöhtem Aufwand und sind daher zu vermeiden.

G7. Beim Einsatz von *Kernen* sollten diese möglichst einfach gestaltet, sicher gelagert und leicht entfernbar sein. Außerdem sollte der Kernquerschnitt größer sein als der Querschnitt des umgebenden Metalls.

G8. Beim Einsatz von *Schiebern* ist genügend Platz für Schieberführungen und mechanische/hydraulische Bewegungsaktoren vorzusehen. Dies hat beispielsweise Einfluss auf minimal zulässige Abstände von Features.

G9. Beim Gießen mit verlorenen Formen unterliegt die *Herstellbarkeit der Modelle* Restriktionen, z. B. hinsichtlich Entformbarkeit.

G10. Es ist eine günstige Lage der *Teilungsebene* sowie der *Trennflächen für Speiser und Anguss* anzustreben.

G11. Schon in der Konstruktion sollten *Schwindungen* berücksichtigt werden, da es zwischen Werkstück und Form sonst zum Verklemmen kommen kann.

G12. Die *Gestaltungsregeln für Folgeverfahren* sind zu beachten, z. B. Spannmöglichkeiten, die günstige Lage und Zugänglichkeit von Bearbeitungsflächen sowie gussverfahrensabhängige Bearbeitungszugaben.

Für *Sandguss* und *Kokillenguss* gilt abweichend/zusätzlich [BDG10]:

G13. Sandguss: Eingegossene *Bohrungen/Durchbrüche* müssen durchgehend (keine Sacklöcher) und ausreichend groß gestaltet sein.

G14. Kokillenguss: Bei *Bohrungen und Sacklöchern* muss das Durchmesser-Länge-Verhältnis ausreichend groß sein.

Beim *Druckguss* gelten folgende Besonderheiten [vB15, 122; Boo11, 455 ff.; Bra99, 5.62–76; Egg13; Fri12, 70; Mat57, 89–98; VDD16, 20–55]:

G15. Druckgussbauteile sollten *dünnwandige Strukturen mit konstanter Wandstärke* sein.

G16. Aufgrund des Gießprinzips sind scharfe *Körperkanten* kritischer als bei anderen Gussverfahren und daher großzügig abzurunden.

G17. Mehr als bei anderen Gussverfahren sind die *maximalen Abmessungen/Massen* von Druckgussteilen limitiert.

G18. Während *Hinterschnitte* nach außen über Seitenschieber realisiert werden können, sind innere Hinterschnitte nur in sehr begrenztem Maße über geteilte Schieber/Lifter realisierbar, da keine Kerne eingesetzt werden können.

G19. Die *Tiefe von Löchern* ist in Abhängigkeit vom Lochdurchmesser begrenzt.

Die Konstruktionsregeln für *Spritzguss* sind grundsätzlich vergleichbar mit denen für Druckguss [Boo11, 423, 455]. Wichtigste Ursache für Spritzguss-Konstruktionsregeln ist der Abkühlprozess des flüssigen Kunststoffs, bei dem Schwindung und dadurch beispielsweise Verzüge und Einfallstellen auftreten. Zu beachten ist neben den allgemeinen Regeln insbesondere [Alt14; Boo11, 365 f.; Bra99, 6.24–39; GE99, 7-1–15; Hag04; Kal12, 415; Kur09, 179–188, 368 ff.; Men07, 2–46; Mor12]:

G20. *Wände* sollten dünnstmöglich ausgeführt sein und zur gleichmäßigen Abkühlung eine einheitliche Dicke haben.

G21. Die Gestaltung von *Rippen/Überständen* ist besonders sorgfältig durchzuführen. Sie sollten vorzugsweise 30–60 % so dick wie die regulären Wände sein, um bei der Abkühlung Einfallstellen auf der gegenüberliegenden Seite der Anbindung zu vermeiden.

G22. Bei der *Positionierung des Angusses* ist darauf zu achten, eine Aufspaltung des Schmelzestroms und dadurch Bindenähe zu vermeiden.

G23. *Große ebene Oberflächen* sind aufgrund ihrer Neigung zu Unregelmäßigkeiten zu vermeiden.

G24. Bei *Löchern* sind minimale und maximale Abmessungen zu beachten.

G25. *Abstände zwischen Löchern* sind so auszulegen, dass durch die Beeinflussung der Fließwege keine unerwünschten Bindenähte entstehen.

G26. Äußere *Hinterschnitte* sind über Seitenschieber realisierbar, verteuern aber das Werkzeug. Insbesondere innere Hinterschnitte sollten aus Kostengründen vermieden werden, da sie aufwendige geteilte Schrägschieber/Lifter oder Schmelzkerne erfordern. In der automobilen Großserienfertigung werden Lösungen mit Schieber mehrteiligen Bauweisen tendenziell vorgezogen [Vol15a]. Leichte Hinterschnitte, z. B. für Schnappverbindungen, können teilweise aufgrund der möglichen Bauteilverformung ohne Schieber realisiert werden (ca. 1–2 mm bzw. bis zu 10 % in Abhängigkeit vom Werkstoff).

Zusätzlich zu den ausgewählten Verfahren werden an dieser Stelle auch der Feinguss und das Lost-Foam-Verfahren analysiert. Beide gehören zu den Gussverfahren mit verlorenen Formen und verlorenen Modellen und ermöglichen dadurch große Gestaltungsfreiheiten, z. B. Hinterschnitte und einen Verzicht auf die Formteilung. Beim *Feinguss* wird ein Wachsmodell in keramische Schlickermasse getaucht und besandet. Anschließend werden das Wachs ausgeschmolzen und die Keramikform gebrannt. Nach dem eigentlichen Gießvorgang wird die Keramikschale entfernt. Beim *Lost-Foam-Verfahren*, ein sogenanntes Vollformverfahren, wird ein Schaumstoffmodell in Sand eingebettet, das beim Gießen durch die heiße Schmelze zersetzt wird. Beiden Verfahren ist gemein, dass sie die Fertigung sehr komplexer Geometrien erlauben. Allerdings bleibt in jedem Fall die Herausforderung der Modellherstellung bestehen. Feingussmodelle werden traditionell im Spritzguss gefertigt, weshalb für die Modellherstellung alle Konstruktionsregeln des Spritzgusses zu beachten sind. Komplexere Modelle können zum einen durch Fügen mehrerer Einzelteile erzeugt werden. Im Lost-Foam-Verfahren ist die Schwierigkeit hierbei beispielsweise die Fügestelle der Einzelteile, die das Eindringen von Schmelze verhindern muss, zusätzlich aber aus Gründen der Zersetzung möglichst wenig Klebstoff enthalten sollte. Zum anderen können komplexe Modelle auch additiv hergestellt werden (Rapid Tooling, Abschnitt 2.4), was mit den typischen AM-Nachteilen einhergeht. Nicht zuletzt gelten viele allgemeine Gussrestriktionen auch für den Feinguss und das Lost-Foam-Verfahren, insbesondere hinsichtlich Fließ- und Abkühlverhalten sowie Lunkerbildung [Boo11, 596 f.; Bra99, 5.48–54; Iva14; Kur09, 346; Pol14; Vro14].

B.2.2 Tiefziehen

Im Einzelnen bestehen beim Tiefziehen folgende Restriktionen [Bir13, 2, 32 ff., 195, 212, 231, 355–360, 617, 633, 648 ff.; Boo11, 395, 413–421; Bra99, 3.36 ff.; Kal12, 450; Kna96; Kug09, 326–332; Kur09, 159–167; Lie12; Oeh66, 22 f., 77 ff., 145–149; Pip98, 238–241; Wal12; Zäh06, 109]:

T1. Grundsätzlich sind *Hinterschnitte* nicht herstellbar. Sie können lediglich teilweise mittels Spreizstempeln oder in Nachform-/Weiterformschritten über Schieber realisiert werden und führen zu deutlich höheren Kosten. Außenbördel sind daher einfach herstellbar als Innenbördel.

T2. *Radien* dürfen weder zu groß (Gefahr von Faltenbildung) noch zu klein (Gefahr von Reißern) gewählt werden. Ihre Herstellbarkeit hängt von zahlreichen Parametern ab, u. a. von der Blechdicke, der Geometrie, dem Werkstoff und der Ziehtiefe. Allgemeingültige quantitative Regeln können daher nicht angegeben werden.

T3. Starke *Querschnittsänderungen* sollten vermieden werden, z. B. sollte die Bodengeometrie nicht zu stark von der Randgeometrie abweichen.

T4. *Zargengeometrien* können nicht beliebig komplex werden, z. B. können nur begrenzt Features wie Stufen, Winkel und Formen eingebracht werden. Zargen sind außerdem idealerweise schräg angestellt (Winkel $\geq 10°$; mit höherem Aufwand sind auch steilere Zargen möglich).

T5. Eine zentrale Restriktion ist das *Grenzziehverhältnis*

$$\beta_{max} = \frac{D_{max}}{d}, \tag{B.1}$$

wobei d den Durchmesser eines runden Ziehstempels und D_{max} den maximalen Durchmesser eines kreisförmigen Ausgangsblechs (Ronde) bezeichnet. Bei zu groß gewähltem Ziehverhältnis kommt es zu Reißern. Das Grenzziehverhältnis ist insbesondere abhängig vom Werkstoff (Tiefziehfähigkeit bzw. Duktilität): Für weiche Tiefziehstähle gilt $\beta_{1,\max} = 2{,}0 \ldots 2{,}3$, für Aluminiumlegierungen $\beta_{1,\max} = 1{,}7 \ldots 2{,}0$ im Erstzug. Für Bauteile mit größeren Ziehtiefen sind Weiter-/Folgezüge erforderlich, bei denen das zulässige Ziehverhältnis abnimmt ($\beta_{n,\max} \approx 1{,}3$). Für Weiterzüge gilt:

$$\beta_{ges} = \beta_1 \cdot \beta_2 \cdot \ldots \cdot \beta_n. \tag{B.2}$$

T6. Ein ebener *Napfboden* ist grundsätzlich einem halbkugelförmigen vorzuziehen.

T7. Die Verwendung *variabler Blechdicken* ist nur in engen Grenzen durch Tailored Blanks möglich.

T8. *Versteifungen* in Form von Verrippungen, Sicken/Vertiefungen und Warzen sind Restriktionen hinsichtlich Geometrie und Abmessungen unterworfen.

T9. Um Ecken verlaufende *Flansche* sind häufig nicht herstellbar und müssen freigeschnitten werden.

T10. *Große ebene Flächen* ohne Wölbung oder Versteifungselemente sind schwierig herstellbar und verarbeitbar.

B.2.3 Widerstandspunktschweißen

Um ein problemloses Widerstandspunktschweißen zu gewährleisten, sind folgende Konstruktionsregeln zu beachten [Bir13, 49 ff.; Bra99, 7.74–78; DVS16; Fah11, 342–345; Fri12, 206, 218 f.; Kol98, 236 ff.; Oeh66, 145 f.; Pah13]:

W1. Die leichte *Zugänglichkeit* der Fügestellen muss sichergestellt werden; im Gegensatz zum Laserschweißen müssen zudem beide Seiten zugänglich sein. Extreme Formen, z. B. tiefe und enge Fügestellen, sollten vermieden werden. Sie können in begrenztem Maße durch komplexe Spezialelektroden realisiert werden, die jedoch häufig weniger formstabil sind und zu höheren Anschaffungs- und Betriebskosten führen.

W2. Die Schweißpunkte sind hinsichtlich ihrer *Beanspruchbarkeit* eingeschränkt: Torsions-, Kopfzug- und Schälbeanspruchungen sollten vermieden werden, Scherbeanspruchungen sind zu bevorzugen.

W3. Die Kombination/Fügbarkeit von Blechen ist hinsichtlich *Blechdicken, Anordnung und Anzahl* eingeschränkt. Extreme Blechdickenunterschiede der Fügepartner führen zum einen zu Spannungskonzentrationen, zum anderen können auch produktionstechnisch nur begrenzte Blechdickenverhältnisse realisiert werden (Richtwert: bis zu 1:3). Die Anordnung von Blechen unterschiedlicher Dicke unterliegt ebenfalls Einschränkungen: Bei mehrschnittigen Verbindungen sollten dünne Bleche beispielsweise zwischen dicken angeordnet werden. Verbindungen von mehr als drei Blechen sollten vermieden werden; Zwei-Blech-Verbindungen sind zu bevorzugen. Unterschiedliche Blechdicken reduzieren die Anzahl der schweißbaren Bleche. Die maximale Blechdicke betragt in der Praxis ca. 8 mm und ist zudem werkstoffabhängig.

W4. *Werkstoffe* weisen unterschiedliche Schweißeignungen auf, z. B. sind Stähle deutlich besser geeignet als Aluminiumlegierungen. Darüber hinaus sind Paarungen unterschiedlicher Werkstoffe häufig schwierig schweißbar.

W5. *Nebenschlüsse* (Stromfluss an einer anderen Stelle als am beabsichtigten Schweißpunkt durch einen geringeren Widerstand) sind zu vermeiden. Sie treten insbesondere bei zu geringen Schweißpunktabständen auf (Richtwerte: Schweißpunktabstand mindestens 15-fache Blechdicke für Stahl, 8-fache Blechdicke für Aluminium und Magnesium). Ohnehin wird eine hohe Festigkeit der Verbindung eher durch wenige große als durch viele kleine Schweißpunkte erzielt. Nebenschlüsse können darüber hinaus an Falzblechen, bei bestimmten Blechdickenverhältnissen, an Fixiereinrichtungen und durch zu geringe Flanschbreiten entstehen.

W6. Die Gestaltung von Flanschgeometrien unterliegt folgenden Regeln: Bei *Flanschabmessungen* müssen bestimmte Mindestwerte eingehalten werden, um beispielsweise Mindestabstände der Elektroden zur Fügeteilwandung nicht zu unterschreiten und die Wärmeabführung zu gewährleisten. Auch für Überlappung gelten Mindestmaße, die z. B. von Werkstoff und Blechdicke abhängen. Flanschabmessungen können über empirisch ermittelte Formeln berechnet werden. Außerdem sollten die *Anlageflächen* der Elektroden groß, eben und parallel sein. Gekrümmte/gewölbte Flansche sind grundsätzlich möglich, erfordern jedoch Spezialelektroden (siehe oben).

W7. Nicht zuletzt sind ein *Toleranzausgleich* und mögliche *Schrumpfungen* in der Konstruktion zu berücksichtigen.

B.2.4 Fräsen

Beim Konstruieren für das Fräsen sind folgende Regeln zu beachten [Bod96, 203 ff.; Boo11, 284–301; Bra99, 4.5–9, 4.65–69; Pah13; Fri12, 398 f.; Gib15, 10 ff.; Kal12, 495; Mat57, 133–143; Pro09; Ros12; Rög68, 86, 91 f.; Zäh06, 109 f.]:

F1. Die erforderliche *Zugänglichkeit* jeder zu bearbeitenden Stelle beschränkt maßgeblich die konstruktive Freiheit, wobei zwischen einer unmöglichen und einer aufwendigen/ teuren Fräsbearbeitbarkeit zu unterscheiden ist. Zu berücksichtigen sind unter anderem die Größe des Fräskopfes sowie die maximale Bearbeitungstiefe eines Schaftfräsers. Die Zugänglichkeit beeinflusst auch die (begrenzte) Herstellbarkeit von Hinterschnitten.

F2. Die *Zerspankräfte* müssen vom Werkstück und vom Werkzeug ausgehalten werden können. Hierdurch sind Aspektverhältnisse eingeschränkt, z. B. die minimalen Abmessungen von Wanddicken und Lochdurchmessern oder filigrane Überstände.

F3. Für die Fräswerkzeuge ist ein geeigneter *Auslauf* vorzusehen, um Flächen vollständig bearbeiten zu können.

F4. Es ist eine sichere und möglichst einfache *Einspannung* vorzusehen. Hierfür erforderliche Flächen können die Gestaltungsfreiheit einschränken. Umspannvorgänge sollten vermieden werden.

F5. *Einfache Geometrien* sind zu bevorzugen, z. B. ebene Flächen gegenüber gekrümmten oder Freiformflächen.

F6. Das *Zerspanvolumen* sollte möglichst gering sein.

F7. *Fräsflächen* sollten möglichst in gleicher Höhe und parallel zur Aufspannung liegen.

F8. Der Einsatz von *Standardwerkzeugen* ist zu bevorzugen.

B.3 Konstruktionsregeln für additive Fertigungsverfahren

Für additive Fertigungsverfahren insgesamt gelten folgende Konstruktionsregeln [Ada14; Ada15a; Ada15b; AK08; Bre13, 121–128; FKM15; Ger08; Gib15, 55–59; Hoc08; Kir11; Kra15; LBC13; Qui15; See12; Str15; Tho09; VDI15; Weg12; Zäh06, 110–115; Zäh12, 917–923; Zim12; Zim13]:

AM1. Die Bauteilgröße darf den maximalen *Bauraum der Anlage* nicht überschreiten. Gegebenenfalls sind eine mehrteilige Fertigung oder eine geänderte Produktstruktur in Betracht zu ziehen.

AM2. Bei Pulverbettverfahren muss die *Entfernung des Restpulvers* ermöglicht werden, da unverschmolzenes Pulver in der Regel nicht in Hohlräumen verbleiben soll. Neben den erforderlichen Öffnungen ist eine möglichst günstige Hohlraumgeometrie anzustreben. Beispielsweise darf bei komplexen Kanälen das Länge-Durchmesser-Verhältnis bestimmte Grenzwerte nicht überschreiten. Gegebenenfalls sind mehrere Öffnungen zur Pulverentfernung vorzusehen.

AM3. Einige AM-Verfahren benötigen solide *Stützstrukturen* zwischen Bauteil und Bauplattform, die im Rahmen des Post Processing entfernt werden müssen. Stützstrukturen sind erforderlich, wenn der Winkel zwischen Bauteilgeometrie und Bauplattform einen Grenzwert unterschreitet (z. B. 45°). Sie sind daher von der Ausrichtung des Bauteils in der AM-Anlage abhängig. Sie sollten konstruktiv vermieden werden und insbesondere bei mechanischer Entfernung gut zugänglich sein. Stützstrukturen beeinflussen beispielsweise die Herstellbarkeit von Hinterschnitten.

AM4. Aufgrund des Schichtbauprinzips führen viele AM-Verfahren zu *anisotropen Materialeigenschaften*: In der Regel sind die Eigenschaften in Aufbaurichtung schlechter als in Schichtebene. Anisotropien sind somit sowohl bei der Festlegung der Aufbaurichtung als auch in der Konstruktion/Berechnung zu berücksichtigen.

AM5. Durch die Zerlegung von 3D-Geometrien in endlich dicke Schichten entsteht ein *Stufeneffekt*, dessen Ausprägung primär vom Winkel der Geometrie zur Bauplattform und von der Schichtdicke abhängt. Die Qualität einzelner Bauteiloberflächen wird somit von der Aufbaurichtung beeinflusst. Die höchsten Oberflächenqualitäten werden auf den aus der Bauebene hinausragenden Flächen (Upskin-Flächen) sowie auf senkrecht zur Bauebene orientierten Flächen erzielt. Downskin-Flächen weisen bei Pulverbettverfahren durch Pulveranhaftungen geringere Qualitäten auf.

AM6. Durch Materialanhäufungen, Wanddickensprünge und Kerben können *Verzüge und Eigenspannungen* entstehen, denen konstruktiv vorgebeugt werden sollte.

AM7. *Schwindung* ist konstruktiv zu berücksichtigen.

AM8. Die *Auflösung/Genauigkeit* ist von zahlreichen Faktoren abhängig, u. a. von der Orientierung (i. d. R. höhere Auflösung in Schichtebene als in Aufbaurichtung) und vom schichterzeugenden Element (z. B. Laserstrahldurchmesser). Sie beeinflusst die minimal möglichen *Abmessungen geometrischer Grundformen/Elemente (Features)*.

AM9. Sofern im Rahmen der Nachbehandlung (Finishing) weitere Fertigungsverfahren zum Einsatz kommen, z. B. eine spanende Bearbeitung von Funktionsflächen, sind die Konstruktionsregeln für diese *Folgeprozesse* ebenfalls zu berücksichtigen.

Printed in the United States
By Bookmasters